一 设 计

翻转极限

生态文明的觉醒之路

[德] 魏伯乐　　[瑞典] 安德斯·维杰克曼　编著

程一恒　译

同济大学出版社

TONGJI UNIVERSITY PRESS

目 录

译者序

1974年，我从台北工专（现名台北科技大学）毕业，正准备离开台湾到德国留学。那时，《时代周刊》（*Time*）上刊载的一篇关于《增长的极限》（*The Linits to Growth*, 1972）的报道吸引了我。尤其文中提到，这是由"未来学者"组成的罗马俱乐部的报告。什么是未来学者？要怎样才能成为其成员？这股冲动伴随了我多年。毕业后在巴斯夫（BASF）工作的20多年里，我有一半的时间在追求利润的市场部，另一半的时间则在照顾社会的责任关怀小组，也因此而认识了比欧（菲德烈·斯密特-布列克[Friedrich Schmidt-Bleek] 的小名，我的第一本译作《资源就是生产力》[*Nutzen wir die Erde richtig?*, 2007] 的作者）、魏伯乐（我的第二本译作《五倍级》[*Factor Five*, 2009] 的作者），以及经由他们两介绍认识的冈特·鲍利（Gunter Pauli，我的第三本译作《蓝色经济》[*Blue Economy*, 2010] 的作者），并与罗马俱乐部有了接触。时光荏苒，2013年我终于正式成为俱乐部的国际成员，圆了我40年的梦。当然，这并非什么光环或者特权，除了每年要交年费，参加年会还得自掏腰包。我所拥有的，是和所有"呈罗马俱乐部的报告"（包括本书在内）的作者们紧密相连的共同的使命感。

即使有着共同的使命感，我们在着笔时，还是需要沟通想法。30多位作者曾在2016年4月，花了整整两天，在乌珀塔尔气候环境能源研究院彻底地经历了"利益相关的多方协作"调整（见本书3.15）。也是因为如此，才让我对本书的各章节有了大致的了解。

本书第一部分及第三部分的 3.12 至 3.18 的英文初译

稿，由好友许光俊的爱女英国爱丁堡大学教育硕士许本妍负责；第三部分的 3.1 至 3.11 由多年的伙伴，亦师亦友的台湾逢甲大学校务顾问林德培教授举荐其助理苏沁榆，由其负责初译。这本书的翻译期间，我接受了同济大学设计创意学院娄永琪院长的邀请，成为该院的客座教授，除了负责生态创新研究室（econoVation Lab），也与同在该院任教的诺萨拉（Susu Nousala）教授合建了创意系统研究平台，进行城镇的社会资源利用和文化产业的传承与创新。

由于魏伯乐曾任德国国会议员的政坛经历，他在德文修辞上的造诣颇深。所以，原译稿除第二部分（直接从德文翻译）外，均采用英文版作为初译的依据，而以德文版的表达为准进行修改，为方便查阅，中文版中保留了对应的英文版页码。特别要感谢同济设计创意学院院长娄永琪的应允出书，并且安排马谨、周慧琳、谢怡华三位同仁，严谨地校正了人名和专有名词，通俗化地改写了文句，减少了由于多位作、译者而造成的文风差异，他们添加的中文译注，大大地增加了本书的可读性；安排胡佳颖对本书的版面设计等。此外，还要感谢同济大学出版社的袁佳麟编辑在编排付印上所做的即时配合，使本书得以按时出版。

在征得魏伯乐的同意后，中文版特别在本书 2.10.2 中加入中庸的"致中和"以及程朱理学的"存天理，灭人欲"作为与本书主旨——"新觉醒"，面对西方"愿祢受赞颂"的呼吁，呈上中华传统文化的东方响应。其他诸如在 2.10.3 中，以"共生平衡"取代原文单纯的"平衡"，以表达动态平衡的状态——"共生"，这才是目的。本书 3.16 中论及的"共栖"与中国政府提倡的"命运共同体"等，都是东西方文化的结合；书中论及的用化约论哲学（reductionism）来指引科学和经济的错误发展观、GDP 指标的缺点、金融行业的祸害，乃至颠覆性技术（如基因编辑、数字化等）带来的负面未知，以及时髦的共享经济依旧浪费自然资源等，也正是中国目前面临的挑战。这些，都有待读者自己挖掘。

本书的中文书名，源于 2018 年逢甲大学绿色产品与清洁论坛举办的前一天，我与德培学长在学思楼办公室里的讨论。我们考虑英文的"Come On"——"来吧"，德文的"Wir sind daran"——"该我们了"，均未能充分表现本书改变现状的决心和东西方哲学相会的必要，遂决定改为"翻转极限：生态文明的觉醒之路"。

如同在"结论"中所述，希望大家在读完本书后，都能欣然接受邀请，一起踏上自己掌握未来的旅途！相信读者们成为"未来学者"所花费的时间，比我的要短得多！

程一恒

罗马俱乐部成员

全球共生研究院副院长

世界十倍级俱乐部成员

国际生态联盟亚洲分会副理事长

同济大学设计创意学院客座教授

中国国家化工行业生产力促进中心特聘专家

早醒者的呐喊
—— 从增长的极限到翻转极限，试图唤醒更多的人

　　早醒者有时是比较痛苦的。就像罗马俱乐部在 20 世纪 70 年代出版的《增长的极限》一书，其主要作者 —— 罗马俱乐部成员乔根·兰德斯（Jørgen Randers）教授，意识到了当时那个时代的经济发展和增长模式存在的潜在问题，而这些问题将对地球生态环境、对人类未来生存带来重大危机，于是把对未来的预见写入书中，试图以此唤醒更多的人。

　　《增长的极限》一书，不仅成为提升全球可持续意识的奠基石，其思想也最终促成了"联合国可持续发展目标"的出台。2015 年 9 月，联合国 193 个成员一致通过了《2030 议程》（2030 Agenda），承诺所有人民和机构共同努力，以促进可持续且具有包容性的经济增长、社会发展和环境保护。

　　智者之虑，虑于无形；达者所规，规于未兆。我感到很庆幸，当我还在北京大学求学的时候，便有幸读到了《增长的极限》这本来自罗马俱乐部的第一份研究报告。当时的中国正处于全面发展经济的时期，西方发达国家也正陶醉于高增长、高消费的"黄金时代"。在当时的人们看来，增长会有极限吗？不，当然没有。是的，当时我们都沉溺在经济高速发展带来的巨大转变中。但是，未来会怎样呢？

　　从 20 世纪 80 年代开始，地球就开始进入"透支模式"。每年中，人类耗尽一年份可自然再生的地球资源的日期（"地球生态

超载日"），变得越来越早。以2018年为例，该年的"地球生态超载日"已经提前到了8月1日，这是有史以来抵达这一节点的最早记录。也就是说，截至这一天，人们已经把本年度地球可再生的自然资源用尽了，即日起将开始生态"透支"的生活。

时光荏苒，现在回头看，距离《增长的极限》第一次刊印已经滑过近50年，书中提到的很多在当时看来被认为惊世骇俗、匪夷所思的言论，正在一一演变为现实。比如，人口问题、粮食问题、资源问题和环境污染问题……这些也已经成为世界各国学者、专家们热烈讨论和深入研究的重大问题，成为当下世界各国政府和人民最不容忽视和亟待解决的重大挑战。

书中的观点深深地影响了我，也使我有幸成为被唤醒的一员。很多年后，我离开学校，开始创业，后来担任了全国政协委员，并在好友莫里斯·斯特朗（Maurice F. Strong, 前联合国副秘书长）的推荐和马丁·利斯（Martin Lees, 罗马俱乐部前秘书长）的邀请下，参加了罗马俱乐部在维也纳举办的讨论会，记得当时奥地利总统也出席了这次会议。尽管时隔15年之久，但当时讨论会自由、热烈、超前、面向未来的气氛，至今依然浸润着我。而罗马俱乐部成员们对中国人口政策、植树造林等策略所持的开放、务实的态度，当时也让我深受震动。可以说，"学识"二字的魅力，淋漓尽致地在他们身上得以展现。

后来，在我结束中华职业教育社副理事长的10年任期后，应中国生物多样性保护与绿色发展基金会理事长胡德平先生邀请，正式担任基金会秘书长一职，开始了全新的职业生涯，致力于践行生物多样性保护、生态环境保护、可持续发展等崇高目标。此后，我与罗马俱乐部的联系更加紧密，包括《增长的极限》在内的罗马俱乐部的很多观念与实践，更深入地进入我的思考领域。我本人也荣幸地被罗马俱乐部吸纳为正式成员。

当前，中国在生态环保领域持续努力，并深度参与全球生态治理，罗马俱乐部对中国生态文明建设、绿色"一带一路"和人类命运共同体等发展理念的关注与研究也在不断加强与提升。中国的环保理念和发展之路，会给未来带来什么样的影响？这也是罗马俱乐部所关注的。乔根·兰德斯教授应中国科学院发展研究中心邀请，分别在 2017 年中国环境与发展国际合作委员会年会、2018 中国发展高层论坛发表演讲；我所任职的中国生物多样性保护与绿色发展基金会也先后邀请两位罗马俱乐部成员——乔根·兰德斯和冈特·鲍利在北京大学开展了专题讲座。期间，兰德斯先生和我也荣幸地被聘为北京大学客座研究员。还有非常值得一提的是，2018 年 7 月，罗马俱乐部中国委员会获批筹建，由乔根·兰德斯担任主任，我也荣任秘书长一职。这一系列的经历，也从侧面反映了中国走向世界，以及世界更深入地走近中国、认识中国的历史转变。

如果说《增长的极限》第一次唤醒了我，那么见证并参与了中国首次踏入国际环境领域全过程的忘年好友莫里斯·斯特朗，则第二次唤醒了我，并将我引入更深的思考层次。这之后，我的每一次"被唤醒"，都愈发深刻。

伴随着一次次被"唤醒"，以及我在生态环保领域工作、学习、思考的不断深入，很多次我都不可回避地想起了复活节岛的故事。

复活节岛矗立的巨大石像在被发现之初，震惊了整个世界，被认为是文明高度发展的成果（现在应该说遗产更为合适）。这个岛上的辉煌文明已经随着当时人类对岛上资源的过度开发、不加节制地利用而最终走向消亡。可惜，且可叹。现在回过头来思考，在岛上文明消亡前，应当不乏早醒的智者，向岛上居民发出警告、劝说、呐喊；可惜的是，他们的呐喊没有得到重视，沉溺于非可持续发展一时繁荣的岛上众人，依然沉溺其中。也许，消亡前的一刹那，他们曾经醒悟，只是为时晚矣，情况已经无可挽回。

那么现在，我们是否已经走在了复活节岛曾经走过的路上？我想回答：是的。如果人类继续这样走下去，那么留给世界证明其存在的足迹，将不会是雕像，而是大量的动物化石、塑料垃圾和钢筋水泥。

我们可以做一个形象的比喻。如果把地球 45 亿年的历史压缩成普通的一天，那么，生命起始很早，出现第一批最简单的单细胞生物大约是在早上 4 点钟，但在此后的 16 个小时里没有取得多大进展。晚上 11 点刚过，恐龙才迈着缓慢的脚步登上了舞台，支配世界达三刻钟左右。午夜前 20 分钟，它们消失了，哺乳动物的时代开始了。人类在午夜前 1 分钟 17 秒出现。按照这个比例，我们全部有记录的历史不过几秒钟长，一个人的一生仅仅是刹那功夫。人类能存活"10 分钟"吗？在第六次生物大灭绝已经来临的今天，我想我不能亦不敢来回答这个问题。

但是，我能肯定回答的是，很多生命在我们有生之年将会消失。比如穿山甲，我所在的机构一直在做穿山甲保护工作。在短短 30 年时间内，全球有八种穿山甲已成为濒危物种，其中尤以中华穿山甲种群最为危急。这种生性胆小、昼伏夜出、以白蚁为食的动物，不会对人类生活构成干扰或威胁，然而，在人类的口腹之欲和对其鳞甲药用价值的认知下，它们被大量猎杀。2018 年，我们将该年度定为穿山甲盘点之年，我们盘点在中国还有多少穿山甲，盘点被走私、非法贩卖、食用药用消费的穿山甲有多少……道阻且长，我们在坚持。

　　与穿山甲类似的还有黄胸鹀，俗称禾花雀，这一曾经像麻雀一样普遍存在的一个物种，在短短 13 年内，从无危升至极危。这是我们在动物界发现的情况。和人类共同生活在地球上的动物伙伴在日益加速消失，整个生态系统的稳定性正在面临极大挑战。我们希望通过各种努力来减缓物种消失速度，来维护生态链的平衡与稳定。2018 年 7 月，我们在庆祝全球生物多样性信息网络（Global Biodiversity Information Facility）的物种数据记录突破十亿大关，暨中国境内极具代表性濒危物种信息录入成果发布会上，宣布将中华穿山甲、白鱀豚、大鸨等濒危物种的野外数据成功提交至平台，特别是让 2018 年 4 月被重新拍摄到、此前已被宣布功能性灭绝近 13 年的白鱀豚野外数据信息实现了共享，这让我们在生物多样性保护事业的坚守中看到了更多的希望。通过穿山甲盘点和数据共享等系列工作，让我们可以更好地摸清野生动植物生存现状，也让我们可以更好地开展后续工作。

　　当然，人类对地球生态的威胁不仅仅存在于动物界。随着快递行业、外卖餐饮的日益兴起，越来越多的塑料包装、一次性塑料餐具等垃圾充斥在我们身边。据统计，全球每年使用 5 000 亿个塑料袋；每年至少有 800 万吨塑料进入海洋，相当于每分钟就有一整辆卡车的垃圾倾泻入海；我们在过去 10 年中生产的塑料比整个 20 世纪还多；全球每 1 分钟就会售出约 100 万个塑料瓶；在我们产生的所有废物中，塑料占 10%。

　　这一组组数据庞大且令人恐惧。塑料难以降解的特性，让塑料垃圾的困局更加难解。被吞食的塑料袋让鱼类无法消化；

被塑料网缠住的海龟，可能无法游到海面呼吸；塑料微粒已经通过生态系统充斥在我们的食品甚至食用盐中。有人将塑料列为最糟糕的发明。在我看来，与其责备发明，不如去改变我们的生活方式与消费方式。这也是我所在单位发起"减塑捡塑""绿瓶行动"的初衷，通过减少塑料制品的使用、合理给塑料制品做好回收分类、让一次性饮料瓶循环利用起来……更重要的是，让每个人都可以亲身参与进来，通过力所能及的事情，给我们的地球带来改变。公众参与，是件了不起的事情，也是我们唤醒更多人非常重要的方式。

本次罗马俱乐部的《翻转极限：生态文明的觉醒之路》(Come On!) 一书的中文译稿，我最早看到是在 2018 年春末，筹备出版时正值盛夏。我相信 2018 年夏天会给很多人留下深刻的印象。因为在这一年，全球多地均出现罕见高温，北极圈内最高温度甚至突破了 32℃，整个地球好像都在"发烧"。就在这个夏天，麻省理工学院发表的一篇研究报告显示，在温室气体排放的基准情景下，华北地区 2070—2100 年间地球温度将多次达到 35℃ 的"阈值"，这将导致华北地区可能因为极端热浪而变得不宜居住；而农业灌溉则进一步加大了空气的湿度，会进一步加重华北平原的致命热浪。我在接受媒体采访时告诉记者，除了高温，近年来通过卫星、地面等观测还发现，华北地区湖泊、沼泽消失得很快，物种的变化速度也在加快。就像物种灭绝了之后，现在的科技无法让它们复活，我们的生态环境也是一样。比如 2018 年夏初的内蒙古旱情，一方面和内蒙古地区自然条件有关系，但是另一方面，地下水持续超采，地下湿度不足，导致有限的降雨不能缓解过分的干旱，继而可能进一步推进土地沙化、荒漠化。

很多时候，我们认为的偶发情况，事实上往往会造成不可逆转的现象。这也是我最近一直在奔波倡导"良食"理念的原因。我们机构专门成立了一个良食基金，倡导合理、科学、环保的饮食，提倡增加素食，减少肉食，多食用本地食物，避免食物浪费，减少食物各环节的环境与生态代价。现在，我们已经和国内外的很多高校食堂联动起来，从大学校园开始宣传与推动，引导良食变革。

在对地球的索取上，我们已经负债累累。我自从被"唤醒"以来，往往不敢深思几十年后子孙后代所生活的环境，每每略作思考，便被惊醒，这也是身为觉醒者的痛苦，然而，我需要感激这种痛苦，它鞭策、驱使着我更有责任感、更加坚定地走下去，就像我的朋友莫斯利·斯特朗他们一样。

让我感到幸运的是，我们或许还来得及做出改变，避免重蹈复活节岛的悲剧。罗马俱乐部半个世纪前《增长的极限》一书唤醒了像我这样早醒者，而现在，《翻转极限》再次走来，我们将迎来更多的觉醒者，一起发出呐喊，争取有所改变。

令我感到特别欣慰的是，在生态"一带一路"的推进过程中，在我们机构等社会组织走出去的过程中，我越来越深切地感受到越来越多的政府和人民对生态与环境问题的关注，生态文明建设正在被日益接纳与践行。我想，这就是觉醒的力量。

不论是被唤醒还是自发的觉醒，都将带给我们面对挑战、迎接未来的精神力量。醒来的人们，将拥有明确、坚定的目标和为之付出的勇气，如同文艺复兴一样，这将形成一股时代的"绿色浪潮"，超越过往，引领地球未来的可持续发展方向！

早醒者或许会感受到更多的面向未来环境的压力、磨炼，甚至痛苦，但是不会有最后消亡前的悔恨与无能为力。醒来，为更多的人点燃一盏照亮未来的灯，这样的生命历程，是值得的。我亦庆幸自己被早早唤醒了。这就是书籍的力量，智慧的力量，接下来还会进一步凝聚为全人类的力量。

Come on，来吧！你将会是下一个觉醒者，只要你愿意。

周晋峰 博士
中国生物多样性保护与绿色发展基金会秘书长
第十、十一届全国政协委员
罗马俱乐部成员
第九、十届中华职业教育社副理事长

罗马俱乐部的名字，是与其第一份报告《增长的极限》紧密联系在一起的。尽管后来我们知道，书中的预测模型存在不少问题，但书中揭示了人类无节制发展和地球环境容量之间的矛盾不能调和，由此将导致人类灭绝。时至今日，这一危机依然严峻。

时隔近50年，罗马俱乐部的新报告《翻转极限：生态文明的觉醒之路》的出版，是又一个具有里程碑意义的事件。这个报告除了用更新的资料和研究再次向全世界敲响了人地关系危机的警钟，更进一步提出了需要用"彻底的再设计"来推动一个"显著的结构转型"。整本书就是一个充满使命感和乐观主义精神的行动宣言。

人类的发展欲望是人地关系危机产生，进而威胁人类生存的根本原因。但与此同时，人不仅仅是"有需求要满足"的生命体，人类的主观能动性，可以帮助其在一定价值观的指引下，指导其行为，为某一目标而共同推动社会变革。因此，要彻底解决人地关系危机，还是要从人类的活动本身寻求出路。我们特别需要的是，用全新的价值观，重新设计和变革我们的生产和生活方式，在人类的发展与其创造的"人造物世界"的运行，以及地球环境的自我修复机能之间实现平衡。这种"集合式的社会变革"，在现代国家的政治框架下，既与每个人息息相关，也需要得到每个人的支持和每个人的努力。

值得欣慰的是，在全世界范围内，相关思想、研究和实践正在蓬勃兴起，为人类的可持续发展提出了一个个新的可能。但这些积极的尝试和真正推动整个社会的可持续变革之间，还横亘着一条鸿沟。这条鸿沟就是思想、科技、知识如何实现创造性的、快速的和大规模的转化。要跨越这条鸿沟，这个世界对"设计驱动型创新"的新思维的需求是空前的。因为设计始终是愿景导向的，它关注人的需求，关心意义的创造，注重人与外部世界的各种交互和关系。从需求和愿景出发，创造性地选择、应用、组合、转化和发明技术，是设计驱动型创新的重要应用。

培养可持续设计创新领军人才是同济大学设计创意学院的重要使命，这也是为什么学院会支持《翻转极限：生态文明的觉醒之路》的翻译和出版。本书的顺利出版，得益于整个翻译和出版团队的热情和无私投入：罗马俱乐部成员、学院客座教授程一恒博士充满激情地主持翻译了全书，用他的话来说是"翻译得很过瘾"；《She Ji》学报运营主编、学院出版平台主任马谨博士等在此基础上对译稿做了全面和细致的校对、订正和补充；同济大学出版社华春荣社长和袁佳麟编辑为本书提供了及时和周到的出版事务支持。

我相信，在这个各种转型可能并存的变革时期，出版这本报告的中译本，具有特别重要的意义。尽管和《增长的极限》一样，这份报告不可能是完美无缺的，但我还是希望受到启迪和鼓舞的读者，能够加入到"翻转极限，开启全新生态文明之路"的队伍中来！

娄永琪

同济大学设计创意学院 院长 教授

2018 年 8 月

　　罗马俱乐部自 1968 年成立至今，已收到了 40 多份报告。第一份报告《增长的极限》让罗马俱乐部成了世界的焦点。该报告的出版对于当时的世界来说的确是一大震撼，因为之前从没人想过世界不停地发展所带来的长远影响。今天人们称之为"人类的生态足迹"（human ecological footprint）。罗马俱乐部的创始人兼时任主席奥雷利奥·佩切伊（Aurelio Peccei）看到了世界所面对的各种问题，他将这些问题称为"人类的困境"。他也将传播这些信息视为己任。可即便是他，在读到这份报告后，才得知这些问题原来都与人类在有限地球上的无限欲望相关，这难免让他深感震惊。这个预言式的信息由负责该报告的年轻大胆的麻省理工学院团队传递出来：以当前的增长速度继续发展下去，世界终将由于资源缺乏和严重污染而毁灭。

　　毫无疑问，当今的电脑模型比当年 World3 模型（见 1.2）强得多。在过去近 50 年的时间里，人类通过不断的创新也开发了一些对生态有益的增长模式。但是对于当今世界，《增长的极限》所传递的主要信息与 1972 年时相比，丝毫未变。当今世界同样面临着 20 世纪 70 年代所预料的那些挑战，如气候不稳、可耕种土地减少、物种消失等。除此之外，有近 40 亿人生活在不同程度的危急情况下：干旱、水涝、饥饿、赤贫和恐怖的战争。每年估计有超过 5 000 万人被迫离开自己的家园。2017 年已经有6 000 万难民在离家的路上，他们，能往何处去？

　　然而，经过多年的发展，现代社会已经累积了足够的财富、科学知识和科技能力，足以支持和落实《增长的极限》里所描绘的转变愿景，创造一个可持续发展的世界。

　　罗马俱乐部执行委员会非常感谢《增长的极限》，以及呈给罗马俱乐部的其他报告，并肯定它们所提供的警世信息的价值。1991 年，在继任主席亚历山大·金（Alexander King）与当时的执行秘书贝尔特朗德·施奈德（Bertrand Schneider）的大胆尝试下，《第一次全球革命》（*The First Global Revolution*）正式出版了。与罗马俱乐部收到的其他报告不同，这是由罗马俱乐部理事会（等同于今天的执委会）提出的报告。金和施奈德意识到冷战已然结束，和平繁荣发展时期的到来会给世界带来大量新的机遇。书中所表达的对世界的乐观态度让罗马俱乐部再度成为世界的焦点，其成就不亚于《增长的极限》。

　　今天的世界又到了关键点。我们需要的是大胆的重生。这一次我们认为要从哲学根源去审视当今世界的状态。我们质疑当今世界发展的主要驱动力——"物质私欲"——是否合适？我们感激教宗方济各在通谕《愿祢受赞颂》（见 2.1）中揭示了人类深层次的"价值危机"，这也是罗马俱乐部多年来关心的问题。我们需要新一轮的启蒙，转变现有习惯性的短期思维模式和行为。我们乐见联合国在 2015 年制定的《2030 议程》（见 1.10）中提出 17 个可持续发展目标这一强有力的做法。除非我们不再一味地追求经济增长，否则，15 年后人类将面临比今天更加恶劣的生态环境。

　　因此，我们衷心支持由两位现任联合主席主笔的这份崭新且充满抱负的报告，报告反映了今天的现实，探究了人类所处的困境。

　　最后，关于本书的书名，原书名"来吧！"（*Come On!*）在英文里有不同的意思。在口语中的意思是"算了吧，别再忽悠我了！"这是本书第一、二部分所要表达的含义。也就是说，我们

不想再被有关世界状态的一般描述和相应的一般解答所蒙蔽，
这些说辞只会让事情变得更糟。我们不想再被这些过时的哲学
所糊弄。但书名也有一层非常乐观的意思，就是"来吧，加入我
们！"这是本书第三部分要传达的含义，就是邀请读者加入这个
令人兴奋的创新之旅。本书的架构，确实也包括了这两层意思。
德文版的书名"该我们了"（Wir sind daran）着眼于使命的传承。
中文版综合英、德两版，采用"翻转极限：生态文明的觉醒之路"
这一书名，体现了我们对世界的责任和敢于担当的勇气，也表明
我们对未来充满着期望！

2017年6月，罗马俱乐部执行委员会委员：

苏珊娜·查孔（Susana Chacón）、恩里科·乔万尼尼（Enrico
Giovannini）、亚历山大·里科塔（Alexander Likhotal）、亨
特·L.洛文斯（Hunter L. Lovins）、马光明（Graeme Maxton）、
席拉·默里（Sheila Murray）、罗伯托·佩切伊（Roberto
Peccei）、乔根·兰德斯（Jørgen Randers）、雷托·林格（Reto
Ringger）、霍安·罗萨斯·西科塔（Joan Rosàs Xicota）、魏伯
乐（Ernst Ulrich von Weizsäcker）、安德斯·维杰克曼（Anders
Wijkman），以及荣誉成员里卡尔多·迭斯·霍赫莱特纳
（Ricardo Díez Hochleitner）。

人类主宰的世界仍然可以拥有"繁荣的未来"。但这需要我们确保今后不再继续破坏地球。我们坚信这是可能的，但是等待采取适当措施的时间越长，就越难实现。目前的趋势绝对是不可持续的。传统式的不停增长直接在多方面冲击了我们这个行星的界限。我们的经济体系受到金融市场投机性诱惑的主导，贫富差距不断拉大。

世界人口的增长终究必须稳定下来，不仅是为了生态环保，更是因为社会和经济的紧迫压力。很多人看这个世界，是一个充满了纷杂、乱象和不确定的状态。社会不公、国家不稳、国际和国内的战争、失业和大量移民，造成了成千上万民众的焦虑和不安。

联合国已经一致通过《2030 议程》来应对这些挑战。然而，如果成功地落实该议程所提出的 11 个社会、经济目标，极有可能会影响到 3 个生态目标（稳定气候、维护海洋资源、维系生物多样性）的实现。为了避免这种不协调的发展，必须打破当前经济、社会和环境各自为政的壁垒，采用组合集成的方式去制定决策。

本书的第一部分诊断了我们目前不可持续发展的态势。当前的时代被称之为"人类纪"。在这个时期，人类主导一切，甚至连地球的生物地质化学成分也要因此而改变。"繁荣的未来"需要人将经济的良好状态与自然资源（尤其是农业上）的毁坏、温室气体排放等大幅度脱钩。尤其在影响全球发展的问题上，国家的主权主张不能再是各国逃避责任的借口。

第二部分以教宗方济各的通谕《愿祢受赞颂》开头，深度分析和描述了当前社会的根本哲学危机。过去"空旷的世界"时期的经济模式，已经不再适用于当前"拥挤的世界"。因此，我们需要新的"启蒙"来渡过难关。启蒙强调的是，人类和大自然、短期和长期、公共和私人利益的平衡伦理，而不是硬性的教条。这可以说是本报告最具"革命性"的部分。

饱受冲击的地球大自然系统，还有时间等待所有的人类文明都受到这个启蒙的洗礼吗？不，正如在第三部分所强调的，我们必须现在就开始行动。这是完全可行的。我们罗列了从清洁能源、可持续工作岗位，到使人类福祉与化石燃料、基础材料、稀有金属的使用大规模脱钩的现有成功案例，其中也涉及有关财政系统的实用政策。书中也提及一些框架性的条件，使得可持续技术能真正产生收益，并鼓励投资人支持长期的方案。

本书的结语诚邀读者和批评者参与到创造可持续发展世界的行列中来。

第一部分

算了吧，
别忽悠我当前的趋势是可持续的！

1.1   引言：世界正处于纷乱之中

1

我们将以乐观的态度来看待当前的问题，这种态度将贯穿本书的三个部分。但请记住，之所以需要乐观，是因为我们将让读者熟悉一下现实世界中令人不太愉快的事实，而乐观的态度能让我们更容易找到可以实现的策略，来缓解目前面临的严峻问题。

世界正处于危机之中 —— 科学告诉我们，在过去的 150 年里，[1] 几乎有一半的地球表层土壤已经消失，接近 90% 的鱼群不是被过度捕捞就是被捕捞殆尽；[2] 气候稳定性已经真正陷入危机（见 1.5 和 3.7）；地球现在正处于历史上第六次大规模的物种灭绝时期。[3]

包括格罗·哈莱姆·布伦特兰（Gro Harlem Brundtland）、詹姆斯·汉森（James Hansen）、卢安武（Amory Lovins）、詹姆斯·洛福洛克（James Lovelock）和苏珊·所罗门（Susan Solomon）在内的 18 位"蓝色星球奖"获得者在 2012 年共同提出的《势在必行》报告，[4] 或许是对当前生态情况最准确的描述。它包含的核心信息是："人类的行为能力已经远远超出其理解能力。因此，人类当前正面临着由于人口过剩、富人过度消耗、应用破坏环境的技术和严重的不平等导致的空前浩劫。"此外，该报告还指出，"这种正在加速恶化的生物物理状态……由于受到经济可以无穷增长的观念影响，尚未引起全球社会的关注。"

1.1.1   不同的危机和无助感

2

危机在持续扩大。除了生态危机，还有社会危机、政治危机、文化危机、道德危机，以及关于民主的、意识形态的和资本主义体系的危机。其中，还包含由于日益加重的贫困以及无援无助的失业所导致的危机。数十亿的人们已经失去了对自己政府的信任。[5]

从地理上来看，危机的征兆几乎遍布全球：继"阿拉伯之春"[1]后，国际战争、内战和人权侵犯事件层出不穷，数以百万计的难民流离失所；厄立特里亚、南苏丹、索马里和洪都拉斯的国内局势动荡；委内瑞拉和阿根廷这些曾经较富裕的国家面临着空前的经济挑战，邻近的巴西也遭受了多年的经济衰退和政局动荡；处于后共产主义阶段的俄罗斯和难兄难弟的东欧国家正经历着重大的经济和政治纷争；日本正忙于应付长达十年之久的经济停滞和 2011 年的海啸及核灾难后果；矿产丰富的非洲国家的经济起飞受到矿产价格一路滑坡和不寻常的干旱影响而失去活力；困扰着非洲大部分地区和世界上其他地区的土地掠夺，导致数以百万计的人民流离失所，也引发了这些国家内部以及涌向他国的难民大潮。[6]

这些政府采取的应对，最差的，是管好自己的政治形象；而最好的，也不过是缓和一下危机的症状。因为政治在很大程度上受到私营企业，尤其是来自投资者的巨大压力的影响，而他们只考虑自己的利益。

这表明当前的危机也是全球资本主义的危机。从 20 世纪 80 年代以来，资本主义已经从推动国家、地区和世界的经济发展，转而成为追求利润最大化和投机性的投资。此外，自 20 世纪 80 年代起，一种崭新形式的短期金融资本主义的经济行为在英语地区开始兴起，并于 1990 年蔓延到了整个世界。这种趋势

[1]　Arab Spring，又称阿拉伯革命，指 2010 年 12 月 17 日从突尼斯开始，后逐渐扩散到西亚和北非的暴力和非暴力示威、抗议、骚乱、政变、外国干涉和内战的革命浪潮。——译注

所受的管制过于宽松, 又有经济自由化的支持（见 2.4）。"股东价值"[2] 这个术语突然出现在全世界各大媒体的商务版面中, 俨然成为了所有经济行为的新顿悟和护卫盾。实际上, 这往往以牺牲社会生态价值为代价, 将金融缩减到仅剩短期收益。林恩·斯托特（Lynn Stout）在她的新书中尖锐地揭穿了"股东价值"的神话。[7]

与此同时, 还有另一种乱象 —— 民粹主义的兴起, 这一右翼倾向的运动咄咄逼人, 旨在对抗经济合作与发展组织（Organization for Economic Cooperation and Development, 简称经合组织, OECD）国家的全球化。英国脱欧和特朗普当选美国总统等大事件也体现这一点。正如法里德·扎卡利亚（Fareed Zakaria）所说:"特朗普是横行西方世界的泛民粹主义热潮的一部分……在大多数国家中, 民粹主义力量虽在增长, 但仍停留在反对党的角色; 而在有些国家, 如匈牙利, 民粹主义反倒成了目前的主流。"[8]

这种右翼民粹主义的现象大致可以用"大象轮廓曲线"来解释。[9] 图 1.1 显示, 在这 20 年间发达国家的中产阶级实际收入增长呈下降趋势。虽然乐观看来, 世界上有一半以上的人口收入增长超过 60%, 但在美英等国的主要地区, 去工业化和失业导致中产阶级蒙受损失。在美国, 自 1979 年起, 平均收入仅仅升高了 1.2%。

首先, 曲线的左边 ——"大象的背脊", 收入增长惊人, 主要是中国和其他国家的经济成功帮助了 20 亿人脱贫。但在图的最右侧,"象鼻子"的尾端, 看不见的是世界上最富有的 1% 的人口

---

[2] Shareholder Value, 股东价值是一个商业术语, 意味着公司成功的最终衡量标准是其追求股东利益最大化的程度。——译注

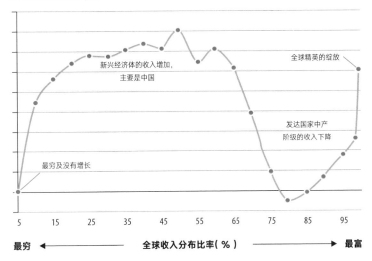

图 1.1　1988—2008 年间的全球收入增长，从最贫穷到最富有分成 21 个收入组别。所得曲线类似大象的侧影，因此也被称为 "大象轮廓曲线"。图片来源：http://prospect.org/article/worldsinequality

收入，而他们的财富还在增长。更令人难以接受的是，世界上最富有的 8 个人所拥有的财富，相当于占全球人口总量一半的最贫穷人口的财产总和——这个数字是乐施会（Oxfam）在 2017年的世界经济论坛（World Economic Forum，简称 WEF）上公布的。[10]

　　其次，"大象轮廓曲线" 是不完整的。牛津贫穷与人类发展计划（Oxford Poverty and Human Development Initiative，简称 OPHI）提出了一项 "多重贫困指数"（Multidimensional Poverty Index，简称 MPI），其中反映的不仅是收入水平，还包括健康、教育和生活水平等十项指标。OPHI 运用这个指数算出，在 2016 年有 16 亿人生活在"多重贫困"的极端环境中，这几乎是单按收入水平计算出的人数的两倍。[11]

再次，图中每个百分比之下的人群还需要进一步的分析。例如图中看不出位于 19% 收入的人群之间的差异。也就是说，数以百万计的东欧国家或者底特律、英格兰中部的人群从右边滑落到了左边；相反地，同等数目的中国人和印度人则转而升到了右边。[12] 此外，图上也没有体现出货币和收入从制造业和贸易转移到了金融行业。[13] 里根和布什政府的高级政策顾问布鲁斯·巴特利特（Bruce Bartlett）认为，经济"金融化"是造成收入不平等、工资下降和生产力疲软的根源。里根政府的行政管理和预算局主任戴维·斯托克曼（David Stockman）也同意这一观点，他将我们当前的情况称为"腐蚀性的金融化"，这种"金融化"会将经济变成一个巨型的赌场。[14]

经合组织国家的民粹主义政治家乐意扮演被遗忘的"普通"群众的代表，他们认为自己才是真正的爱国主义，以此转而成为反对民主体制的政治代表，这是多么讽刺啊！

对欧盟来说，引发民粹主义的最强动因是数百万从近东、阿富汗和非洲迁移到欧洲的难民。即使是最慷慨的欧洲国家也已经达到了难民接收的上限。欧盟已经很疲弱（正如新民族主义者所说，"不那么强大"），无力再处理难民危机，而这最终导致了欧盟的身份危机。欧盟曾经是大和解的成功案例，为欧洲带来了和平与幸福，但突然间就沦为了寡头们把控权力的官僚体系。民粹主义的右翼运动和政党将各种不幸事件的罪魁祸首归为欧盟。讽刺的是，欧盟如果想要延续先前的成功，就需要获取更多的权力。欧盟理应担负起保卫边界、制定良策应对难民危机、维持申根协议优势的责任；而且为了重新稳定欧元，欧盟或

5 至少欧元区需要一个共同的财政政策，这正是法国总统马克龙（Emmanuel Macron）所提议的。然而，这些也是新民粹主义者最担心的。

欧盟目前的形式并非没有缺点。自由市场的原则主导了欧盟的政策制定，以致其他有利的政策都受到了压制。特别是英国，一直只愿把欧盟视为单纯的贸易联盟。主要由德国倡导的财政支出紧缩政策，则阻碍了许多良性投资，导致数以百万计的欧洲人承受不必要的困境。但是，即便存在这些问题，也不应该质疑欧盟的总体目标——成为一个拥有和平、法治、人权、相互理解、可持续发展，以及内部自由市场的联盟。

为解决全球民主危机，德国贝塔斯曼基金会（Bertelsmann-Stiftung）以贝塔斯曼转型指标（Bertelsmann Transformation Index，简称BTI）为标准出版了一份长达3000页的关于民主和社会市场经济进步（或退步）的实证报告。[15] 该报告认为，在过去几年里，公民权利、自由公平选举、观点自由、新闻自由、集会自由、权力分立等参数一直在衰退。在同一时间框架内，决策主要受宗教教条影响的国家数量从22%上升到了33%。这份报告是在2016年夏天土耳其和菲律宾的民主和公民权利蒙受打击之前发布的。暴政的症状正在蔓延扩大，甚至一些具有坚实的自由民主传统的国家也深受其害。[16]

让我们来谈另一种危机——"社交媒体"。严格说来，这不能算是危机，除了令人不太舒服，它仍是很有效的沟通工具。社交媒体确实在日常需求、交换消息和提供合理意见方面相当实用，但它也成了强化冲突、诋毁无辜人士以及传播"后真相政治"[3]

[3] Post-Truth，即后真相政治，是一种政治文化，是忽视真相、不顾事实的委婉说法。后真相政治是"雄辩胜于事实"，意见重于事实，立场决定是非的一种现象；人们把感情和感觉放在首位，证据、事实和真相沦为次要。2016年《牛津英语词典》将其定为年度词汇。——译注

的手段。来自中国的一份实证报告显示，发怒和气愤远比其他情绪传播得更快，更有影响力。[17] 社交媒体传送的大多是政治垃圾，助长了由沮丧而无助的市民形成的"应声虫"网络。[18]

互联网和社交媒体成了摧毁信息、传播谣言、制造恶作剧的温床。有无数种恶意爬虫软件和僵尸网络，专门收集电子邮件地址、截取网站内容售卖图利、传播病毒和蠕虫、霸占剧院的特等座位、人为地增加视频观看次数或访问流量，以向广告商诈钱。

另一种更骇人的纷乱则与恐怖主义有关。早先，人类的暴力冲突主要发生在国家、种族或者社会群体之间。现在，宗教和意识形态的冲突占了上风，这些冲突多采用恐怖袭击，意图加深人们的恐惧。20世纪的大部分时间里，宗教是平静的，没有侵略性，并且只限于区域内。这一切如今已面目全非。一部分原因是宗教的极端化，另一部分原因则是大量的人口迁徙。极端团体对于法国这样政教分离的国家尤其恨之入骨。

但宗教的积极作用到现在仍未受到媒体重视。在启蒙运动彻底洗净了早期信仰的教条、专制和传教士殖民思想的影响之后，自由和宽容成为欧洲特色的一部分。冷战期间，源于基督教的社会凝聚目标，引导建立了以社会公平正义为基础的"西方价值观"和"社会市场经济"（至于其部分覆灭，见 2.4）。

伊斯兰教能够扮演良性合作的社会角色。一些伊斯兰学者，如在叙利亚出生、在德国哥廷根大学任教的巴萨姆·迪比（Bassam Tibi）教授就持这一观点。他呼吁欧洲的穆斯林融入民主社会，尊重当地的价值观。[19] 然而，说得委婉一些，迪比并不受激进的伊斯兰教徒欢迎。此外，如果我们想要理解伊斯兰教为何激进，就不能低估西方特别是美国对近东国家暴力干预的影响。

　　媒体的政治头条反复出现的"纷乱"，大致都属于表面现象。更深入、更系统的问题则包括速度惊人却也极易失控的技术发展。其中一个趋势，是可能威胁数百万工作岗位的数字化浪潮（见 1.11.4）；另一个趋势，则体现在生物科学和技术方面。自 CRISPR Cas 9 技术面世以来（见 2.6.3），[20] 基因工程加速爆发，引发了人类对创造怪物的恐惧，或正导致在人类看来无实用价值的物种灭绝。总的说来，有种不确定的感觉正在蔓延，所谓的"进步"也有可怕的一面，精灵可能早已飞出了瓶子（见 1.6.1及 1.11.3）。

　　我们认为有必要对政治、经济、社会、科技和生态危机的征兆及其根源进行分析和了解。同样重要的是，我们必须认清人类在多大程度上对各种纷杂乱象有所体察并感到无助。我们也必须清楚，认识混乱的现实和我们的感觉，有着道德甚至宗教层面的意义。

1.1.2　金融化造成的纷乱

7

　　纷乱的主因之一是金融市场的不明朗。以后的历史学家若回过头来看这 30 年，会发现这是银行债务扩大、坏账增加、资产负债不平衡的膨胀期。这其中或许会有暂时性的经济复苏，但整体却是泡沫。这种泡沫经济带来的是长期的、大规模的全球金融行业（金融、保险、房地产）的大幅增长，通常称为金融化。这一进程结果导致了 2008—2009 年的金融危机。那场危机几乎把整个金融体系彻底击溃。但当泡沫破灭时，政府不得不出面拿纳税人的钱来干预救市，最终使其免于崩塌。

　　各国政府被充满市场气息的时代新思潮所鼓舞（见 2.4），一直是放松管制的主要参与者，总是期待获得长期持续的经济增长。如果不是放松管制，私人银行将不得不坚持过去的常规原则，并要求客户提供足够的抵押品。

没有超级宽松的管制，就不会有过高的贷款额度、掩人耳目的金融衍生产品、自动降低评级的债券交换，监管会和中央银行放血似的超风险放款业务也不会获得通过。而这些操作都是引发美国雪崩式清算的核心。评级机构对最大胆的产品一般都给予 AAA 的评级，因此许多欧洲的金融机构吞下诱饵，并在危机中蒙受了数十亿美元的损失。加上不透明的避税天堂，让那些巨额利润得以躲过监管，继续获利。

经济学家阿纳特·阿德马蒂（Anat Admati）和马克斯·普朗克研究所的马丁·黑尔维希（Martin Hellwig）[21] 分析了金融危机的主因在于，从数十亿美元衍生品的市场交易到肆意放贷的房地产业务借款太多，担保不足。在银行资产负债表中充当缓冲的储备金又太少。第二次世界大战后的几十年里，银行的储备金为已发行贷款的 20%~30%。然而到了 2008 年，这个数字已暴跌至 3%。银行坚信拥有可以消除风险的工具，能令他们以十分之一的储备金比例渡过一切难关。这显然是个非常不切实际的幻觉，而且他们还把国家层面的救助算了进去。

许多银行家们在这个过程中极大地扩大了自己的财富，让所属机构大到难以倒闭，而自己也不致入狱。2008 年的金融危机主要是由不负责任的贪婪者所造成的。[22] 然而，2009 年，作为最高层的银行主管不仅免遭刑事诉讼，还从政府注入银行的数千亿元计的援救资金中，给自己签发红利。与此同时，美国有近 900 万家庭由于付不起抵押贷款的分期款项，不得不在房价暴跌的时候放弃住房，使房产进入银行清算拍卖的流程。[23]

金融化是指将金融部门置于全球经济的主导地位，以及将利润注入房地产和其他投机性投资的趋势。扩大债务是这个过程的主要方式。例如，在 1980—2007 年期间，美国及其他经合组织国家的国家财政和私人的总负债额是其 GDP 的 2 倍多。[24]同时期，"金融产品的总值从 1980 年 GDP 的 4 倍增长到 2007 年的 10 倍，金融部门的利润在企业总利润中的份额从 20 世纪 80年代初的 10% 增长到 2006 年的 40%"。[25]在危机后的几年中担任英国金融服务监管局主席的阿代尔·特纳（Adair Turner）声称，这种放宽个人信贷的流通膨胀（从 1950 年 GDP 的 50%，增加到2006 年的 170%）是导致毁灭性后果的最重要的系统错误。[26]自此，金融部门成了经济当中一个显著且不断增长的风险因素。

　　金融化程度因国而异，但金融力量的增长却是普遍的。即使现在的金融部门对实体经济的投资至关重要，债务和投机依然起着主导作用。金融部门是在放松管制的背景下发展起来的，管制放松自 20 世纪 70 年代后期开始加速，并于 1999 年在美国取消对商业银行与投资银行的业务区分之后突飞猛进地扩张开来。[27]而那道壁垒正是罗斯福政府为了避免 1929 年投机及贷款无度造成"华尔街崩盘"[4]而于 1933 年设置的。类似的投机出现在 2008 年的危机之前：2008 年 9 月，金融产品的面值达到了640 万亿美元，是全球所有国家 GDP 的 14 倍。[28]

　　列塔尔（Lietaer）等人[29]比较了金融投机和一般货款、服务的支付转账，他们指出，2010 年外汇交易额每天高达 4 万亿美元，其中还不包括衍生产品。相比之下，一天所有越过国界的商品和服务的总值只占 2% 左右。但凡不是用来支付商品和服务的交易额，几乎都是投机性的。这些金融产品和交易，每年固定

[4]　Wall Street Crash, 华尔街崩盘，发生在 1929 年 10 月底，是美国历史上最具破坏性的股市崩盘，标志着持续 12 年的大萧条开始影响所有西方工业化国家。——译注

引发超过十个国家的货币崩溃危机、主权债务危机，或者系统性崩溃。

这样发展的结果，正如本书 1.1.1 中乐施会发布的令人惊讶的数字所显示的那样，经济增长的很大一部分都到了富人的手里。

金融部门的做法表明其无视自身对人类和大自然造成的影响。过低的银行储备与贷款的比例、支持实体经济的银行贷款相对于房地产和衍生投机产品的比例，都与只顾短期利益有关，对长期气候和环境的破坏则完全不在考虑之内。用麻省理工学院奥托·夏莫（Otto Scharmer）[30] 的话来说，"我们的系统，在产生高财务、低环境社会回报的领域有大量过剩的资金，然而在社会投资方面却缺少资金"。

不计入环境危害的成本，意味着已经捉襟见肘的自然资源会被加速消耗，于是人类砍伐树木、污染水源、枯竭湿地，也都在所不惜。只要有买家，石油、天然气和煤炭的开采便如火如荼。这也意味着巨额的储蓄——包括养老基金——被锁在了以化石能源为背景、风险评级越来越高的资产中（见3.4和3.7）。

1.1.3 来自"空旷世界"时代的启蒙

罗马俱乐部向来重视人类历史的哲学根源。肯尼思·博尔丁（Kenneth Boulding）的《20世纪的意义》[5] 堪称其中最有价值的文献之一。简单来说，该书强调了人类对地球这艘太空船的责任。这本书也被公认为五部最先"预知可持续发展会成为公共问题"的经典读物之一。[31]

[5] Kennith E. Boulding, *The Meaning of Twentieth Century: The Great Transition* (London: George Allen & Unwin, 1964). ——译注

人类身处拥挤世界，[32] 可持续的管理越发重要也越发困难。这是罗马俱乐部初创时期写在《增长的极限》[33] 一书中的核心信息。人类无法继续倚赖在空旷世界时代所形成的发展理念、科学模型和价值观，来监管地球这艘太空船。那个不愁自然资源有尽时的时代，那个欧洲启蒙运动刚刚展开、美洲和非洲还是冒险家和垦荒者的天堂的时代，已成过去。

今天的人类，自 20 世纪中叶以来，已经生活在拥挤世界里。各种极限触手可及，几乎出现在人类生活的各个方面。然而，在《增长的极限》成为公共话题的 45 年之后，世界仍然沿袭着 1972 年的方式，按照在空旷世界里的"标准模式"继续生活。最近的研究显示，[34]《增长的极限》中的预测几乎都得到了印证。描述极限的最新词汇是行星界限（见1.3）。[35]

当《增长的极限》刚出版时，许多政界人士认定书中传递的主要信息是，人类必须放弃富足而舒适的生活方式。但这从不是罗马俱乐部的诉求。这本书主要表达的是对人类日益扩大的生态足迹的担忧，同时也表达了对截然不同的、对生态环境友好的经济形式的渴望。

为什么改变旧的趋势那么难？因为一切得从思想转变开始。这是欧洲启蒙运动的经历。这个大胆的过程持续了 17、18 两个世纪，最终把人们从君主或者教会的教条专制统治下解放了出来。因为建构在理性和科学方法上，这样的启蒙是成功的。这场运动同时也确立了崇尚个人自由、经济增长和技术创新的理念。民主、法治和权力分配的概念，让更多的男性（几乎不包括妇女）或是他们选出的代表拥有政治影响力。发明家、企业家和商人得以快速形成新的"贵族"，不凭借皇亲国戚的血统，而是由于所做的工作。在欧洲，启蒙运动受到了大多数人的欢迎。

当然这其中也有黑暗的一面：知识分子在启蒙运动中从未对欧洲殖民主义的傲慢和残酷有过任何批判；属于中产阶级的市民完全没有注意到工人阶级和贫困农民生活的艰难，更不必说各殖民地的原住民们；男女平等无从提起；无限制的增长也完全合理合法。那，就是一个空旷的世界。

历史的巨轮继续前行。全球人口从 18 世纪的 10 亿增加到今天的 76 亿左右。同时，人均能源、水、空间和矿产的消耗量或拥有量也在继续增加。双重的发展一下子把我们弹射进了"拥挤的世界"。面对生态和经济的现状，是时候出现一场新启蒙运动，一场全世界都需要的新启蒙。增长不再代表更好的生活，甚至适得其反。21 世纪相对于 18 世纪的根本区别，正在改变我们对管理所有社会价值观、习惯、法规和制度的技术、激励机制和规则的评估。

因此，经济理论必须进行更新，以适用于拥挤世界。单纯地将环境和社会问题组合在一起，以资本的货币方式表现是不够的。将各种形式的污染和生态系统的退化，简单地统称为"外部成本"，然后作为边缘性的干扰来处理，也是不够的。人类要向"拥挤的世界"过渡，必须改变地球上所有的文明，彻底改变大家的态度、优先事项和激励方式。

幸运的是，仍有一些（即使不多）历史证据可以表明，在发展成熟的阶段，人类一样可以在保持或者甚至降低能源、水和矿产消耗的条件下，维持并改善自己的幸福程度（见3.1～3.9）。经济增长和技术进步可以通过提高资源利用效率，例如"从摇篮到摇篮"[36] 的方式实现。从 18 世纪的蜡烛到今天的 LED 灯，每单位能耗发出的光大约提升了一亿倍。[37] 更多的照明产出，更少的能量消耗，就是一个很好的例子。

　　然而，就在此时此刻，资源消耗、气候变化、生物多样性丧失和土壤退化的趋势正肆无忌惮地愈演愈烈。难怪，世界的人口会无所顾忌地继续增加，而政府的政策和企业的商业策略，也毫不保留地朝着增长的方向倾斜。教育系统丝毫没有改变方向的迹象。一个值得注意的例外，是教宗方济各的通谕《愿祢受赞颂》，文中清楚地表明了人类需要新的思维（见2.10）。

　　罗马俱乐部决定针对这个主题，寻找新的启蒙，倡导敢于立足长远未来的人文主义，不再单纯以人类为中心，而是包容世界的一切，重新规划愿景，迈出新的步伐。

　　本书的内容很难，消化起来并不容易；而且有关长期政治的讨论，向来都是曲高和寡。因此本书需要读者和有兴趣讨论的同行全神参与，加入探索，让这个拥挤世界成为可持续发展、绽放异彩的世界！

1.2   与增长的极限有多大关系？

　　本书担忧的一个主要问题是，人们没有意识到生活在"拥挤世界"到底意味着什么。我们因此重提1972年罗马俱乐部的里程碑——由德内拉·梅多斯（Donella Meadows）、丹尼斯·梅多斯（Denis Meadows）、乔根·兰德斯（Jørgen Randers）和威廉·贝伦斯三世（William Behrens Ⅲ）共同写作的《增长的极限》，[38] 它让罗马俱乐部成为了首个提出"增长不可持续"的组织。

　　该书以"一如既往"[6] 的情景作为切入点（图1.2）。假定自然资源、人均粮食、人口、人均污染和工业产出之间是简单的数学关系。模型显示，按照当前发展轨迹，世界将在21世纪的上半叶陷

[6]　Business as Usual，缩写为BAU，原书中指生产生活一如既往地运作这种状态。——译注

入灾难。许多人读了报告，以为世界会在今后的几十年里完全停下来。报告并没有这样的结论，而是以一百年为期，重点说明了增长的实质效应，也就是人类的生态足迹，但没有讨论增长的本身。

《增长的极限》一经面世就成了全球畅销书，销售数百万册。当然，也有大量的批评紧随其后，批评者中不乏传统的经济学家。例如，没有考虑"人类的创造能力"；资源供应是个价格问题，等等。这些批评都很在理。一般说来，《增长的极限》所用于World3模型的五个固定关系太过静态，例如某些地区的危险物质排放虽然已经得到控制，工业产值却始终和污染绑定在一起；另一方面，今天生态讨论的重点已经不再是危险物质的排放。书中并没有探讨这些内容。[39]

13　　　图 1.2 中的资源稀缺的情况是混杂的。人们会过度攫取可再生资源，例如过度捕捞、地下水过度开采、森林滥伐，而生态系统的退化和污染也属于此类情况。至于图中不可再生资源的情况就更为复杂。有些矿产——如铁矿石——依然充足；但包括铟、镓及稀土金属和磷在内的许多矿物资源，毫无疑问将面临短缺的风险。常见的问题是，当易开采的矿被榨干之后，进一步的开采就需要耗费更多的能源，产生更多的污染物。[40]

尽管 World3 模型存在缺陷，但大多数经济学家对报告提出的警告掉以轻心却是不明智的。他们对自然界的作用一直缺乏理解。他们并没有把金融资本和工业资本同自然资本区分开来，往往只是对这些不同类型的资本进行相互换算。他们甚至认为"只要金融资本增加就没问题"。然而，一旦过度消耗或污染过了头，我们既不能让钱变成食物，也不能让钱生产出猩猩、清洁的水资源，或者稳定的气候。

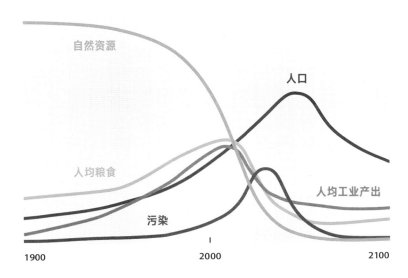

图 1.2   《增长的极限》一书演示的发展趋势。资源耗尽和污染高峰大约在2025年到来。图片来源：Meadows
et al., *The Limits to Growth*, 1972（尾注38）

　　此外，传统经济模型本质上是线性的，不能反映突如其来的
变化或与政治文化对应的情况。科学家们一直在提醒我们重要
的生态系统——如热带雨林、土壤、湖泊和气候系统中——存在
着"转折点"。一旦超过了转折点，损失和破坏便无法挽回。特
别令人担忧的有冻土带融化骤然释放大量温室气体所引起的连
锁反应、珊瑚礁白化，以及亚马逊热带雨林的大范围消失。

　　《增长的极限》出版不久后的 1973 年，石油输出国组织
（OPEC）利用其在石油和天然气领域近乎垄断的地位，把油价
提高了四倍。石油危机引发人们寻找更多的石油资源，不到十
年，供应便超过了需求，于是石油价格下跌。传统的经济学家和
美国、苏联的环境乐观主义者认为，这一现象证明了他们对《增

长的极限》的批判。在 20 世纪八九十年代,罗马俱乐部的警告并没有太多的听众。[41]

然而,核心信息仍然是有效的。当新的工业巨头——中国和印度加入世界商品市场,他们对化石燃料、水泥和金属矿物的需求越来越大,这些商品的价格开始再次上升,新的稀缺时代似乎已经开始了。然而,在 2008 年的经济危机期间,价格再次暴跌(图 1.3)。

14   格雷厄姆·特纳(Graham Turner)在最近的一项研究中以1970—2000 年的历史数据为依据,再次证实了《增长的极限》中

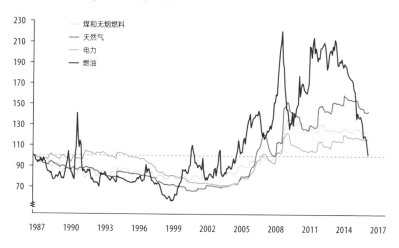

RPI能源价格指标的4个组成部分
相对于所有的 RPI,1987 年 1 月 = 100

—— 煤和无烟燃料
—— 天然气
—— 电力
—— 燃油

图 1.3   作为世界能源价格指标 (RPI) 组成部分的四个能源价格指数,从2004年到2008年末不断上升,跌落后重新上升至2014年,然后又开始下跌。图片来源:Noel Dempsey et al., *Energy Prices* (House of Commons Briefing Paper 04153, London, 2016)

的预测。[42] 尽管还是有许多人认为《增长的极限》一书有抹黑未来之嫌，却已无法阻挡大家认真对待这些经得起严肃科学论证的理论。

1.3　行星界限

行星界限的概念已经被证实是非常有效的用来衡量地球状态的方式。这个概念由约翰·洛克斯特伦（Johan Rockström）和威尔·史蒂芬（Will Steffen）为首的 28 个国际知名科学家在 2009 年提出，最近又有了更新。[43] 这个概念以科学为证，表明了自工业革命以来人类活动已经成为全球环境变化的主要驱动力。一旦人类活动超过特定的峰值或转折点（即所谓的"行星界限"），就会面临"骤然和不可逆转的环境变化"的危险。这些科学家进一步列出了九个对人类生存至关重要的"行星生命支持系统"，并试图量化目前的状况。

以下列出九个行星界限（图1.4）：

- 大气（平流层）臭氧层的破坏；
- 生态多样性的丧失和物种灭绝；
- 化学污染和新型物质的排放；
- 气候变化；
- 海洋酸化；
- 土地系统的变化；
- 淡水消耗和全球水循环；
- 氮和磷流入生物圈和海洋；
- 大气气溶胶负荷。

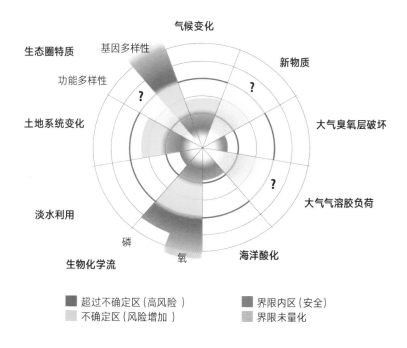

图1.4   从1950年至今7个行星界限可控参数变化的评估。绿色区域表示还在安全范围内。
图片来源：Steffen et al., "Planetary Boundaries," 2015（尾注43），http://science.sciencemag.
org/content/347/6223/1259855

　　本书不会深入评价所有这些行星界限，但会仔细探讨最紧
迫的气候变化（见1.5）。

1.4   人类纪

16   　　如何描述当前人类主宰的时代？素食主义者计算了人类以
及所有养殖农场里的动物、家禽的体重，发现这居然占了地球上

所有陆地脊椎动物总体重的 97%！也就是说大象、袋鼠、蝙蝠、老鼠、各种鸟类、所有的爬行动物和两栖动物加在一起，也只占世界上陆地脊椎动物总体重的 3%。[44]

大气化学家、诺贝尔奖得主保罗·克鲁岑（Paul Crutzen）基于对过去 250 年间观测得到的许多物理和社会参数数据变化曲线的分析，更加科学地将这段时期描述为"人类纪"。这个新名词也因为克鲁岑而摆上了国际会议的讨论桌，专家们围绕是否要正式命名这样一个新的地质纪展开讨论。图 1.5 显示了 24 个这样的参数是如何演化的。[45]

很明显，尤其是在过去的 50 年中，主要由于人类消费的大幅增加，大气和生态圈产生了巨大的变化。这些变化对人类健康产生巨大的影响，即使有足够有效的解药或方法，也有可能同时产生副作用。我们不难想象，如此巨大的变化可能导致的暴力冲突会是前所未见地激烈。显然，一旦发生战争，要实现 11 个联合国的社会经济可持续发展目标（见 1.10）中的任何一项都是不可能的。因此，为了人类整体的福祉，世界必须尽量避免因经济增长而造成的任何环境灾难。

1.5　气候变化的挑战

2015 年 12 月在巴黎举行的《联合国气候变化框架公约》缔约方第 21 次会议（UN Climate Change Conference the 21th Conference of the Parties, 简称 COP 21）被公认为是至今最成功的会议。出席会议的 195 个国家都同意有必要让"全球排放量尽快达到峰值"，并承诺"此后进行快速的减排"。会议呼吁全球平均气温升幅相对于前工业化时代应控制在"明确低于 2℃，并

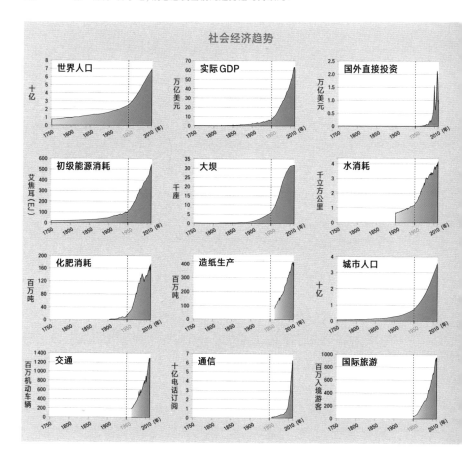

图 1.5   24条曲线图显示了过去250年人口、大气层的化学组成,以及人类衣食住行和消费行为模式快速的
变化,这便是所谓的"人类纪"。显然巨大的改变都发生在最近50年。图片改绘自:Steffen et al.,
"The Anthropocene," 2007(尾注45);由Globaïa提供,http://www.globaia.org

努力限制在 1.5℃"的范围之内。毫无疑问,这是个雄心勃勃的
目标。

当然,《巴黎协定》除了收获一众官方的赞赏,也遇到了很多
批评的意见。气候科学家吉姆·汉森(Jim Hansen)称协定是
个骗局,他对英国《卫报》说:"这些都是些没有价值的话。没有

地球系统趋势

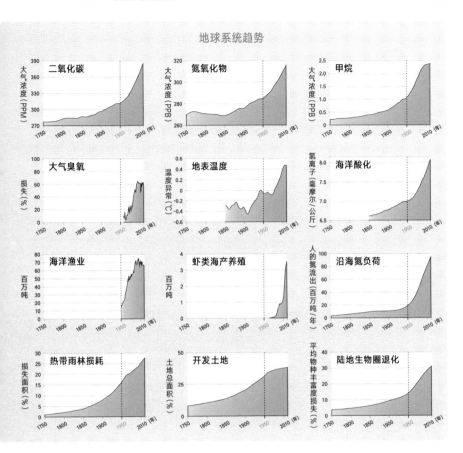

行动，单凭承诺……只要化石能源还是最便宜的燃料，人们就会继续用……如果不对温室气体排放征税，协定就毫无意义。"[46]汉森认为，只有强劲的价格信号才是快速减排的唯一途径。

　　　同样在《卫报》上，乔治·蒙比奥特（George Monbiot）进行了另外一番总结："与原本相比，这个协定是个奇迹；与应该做到的相比，这个协定是个灾难，"他补充说，"真正的结果可能是我们必须承受不同程度的气候崩溃，这对所有人来说都是危险的，对部分人来说甚至是致命的。"[47]

蒙比奥特的意见必须引起重视。事实上，不仅要使温度升幅"明确低于2℃"，还要"限制在1.5℃"以内，达成这样的协定确实是个成就。然而，协定完全没有提到，实现这些目标需要哪些措施。会议也没有就征收全球碳排放税的必要性和淘汰化石燃料达成共识。此外，2030年之前的这些年是避免在大气中积聚过多二氧化碳的关键时期，然而，减排的速度却快不起来。会议似乎在必须做什么、计划做什么和能做些什么之间，存在严重的脱节。

如果所有的国家都仅仅遵守在巴黎所做的承诺，执行所谓的"国家自主决定贡献"，[7] 那么在21世纪后半叶，几乎没有什么可以阻挡全球平均气温比前工业化时代升高至少3℃的步伐。这种程度的气候变暖会是灾难性的。大自然的气候系统是非线性的，即使升温1.5℃或2℃，都极可能使气候达到灾难的拐点。所以，我们必须尽快采取行动。

1.5.1　震撼计划

让我们面对现实吧。要实现《巴黎协定》制定的目标，全世界的生产和消费体系必须进行快速且彻底的改造。要想避免温度上升超过2℃，全球经济的碳强度[8] 必须每年至少降低6.2%。为了达到1.5℃的目标，每年碳排放的减少量必须接近10%。相形之下，从2000年到2013年，全球碳排放平均每年才下降了0.9%！

[7]　Intended Nationally Determined Contribution, 国家自主决定贡献, 简称INDC。——译注
[8]　Carbon Intensity, 碳强度, 是指单位GDP的二氧化碳排放量。——译注

令人欣慰的是，许多规模较小但关键的行动者，诸如国家、城市、企业、金融机构、非政府组织、宗教团体和社区，都表态支持《巴黎协定》；世界上超过1000座城市和将近100个国际大型企业，都承诺将百分百采用可再生能源。

挑战是巨大的。尤其是在自由市场经济中，问题无法任由市场去解决，我们需要的是一个"震撼计划"。没有哪一项单一的技术可以完整解决气候变化的问题，我们需要的是大规模、快速的整体行动。真正的挑战在于，我们要迅速、协调地部署各种新兴和成熟的能源以及非能源技术。为此，政府必须坐在驾驶座上，控制方向盘，而不只是关注市场的短期收益。

19   可以这么说，为了避免灾难的发生，社会拥有足够的知识、金钱和技术及时地朝低碳社会发展。关于利用太阳能、风能和最近发展迅速的储能措施的学习曲线已经显示出积极的态势，我们没有任何借口不采取强有力的行动。

单靠降低太阳能和风能的技术成本是不够的。所有花费在依赖化石燃料的发电厂、汽车和工厂的投资费用，都会因为要收回成本而成为结构转变的阻碍。没有全球一致的二氧化碳税和至少每桶50美元的油价，就不会有真正的改变。

虽然没人乐意谈，但现实状况是，如果没有或无法实施"震撼计划"，那就只剩下两个在实际功效和生态效应上仍有待证实的选项：地球工程和大规模部署的"负排放技术"。

1.5.2   地球工程？

二氧化碳在大气中存留时间很长，而剩余的碳排放容量又那么有限，因此，碳排放超量的情况很可能会发生。那么，到底会超出多少？

　　《巴黎协定》承诺,到 2050 年实现温室气体排放呈中性(不增不减)。在我们难以舍弃煤和石油之时,这个目标就间接向"地球工程"发出了邀请!包括从相对无害但非常昂贵的碳捕获及封存(CCS)[9]、生物能源与碳捕获及封存(BECCS)[10],到通过操控大气、平流层、海洋表面来改变全球辐射模式,以此降低平均温度等各种想法,无奇不有。

　　在罗马俱乐部内部,支持 CCS 的声音非常强烈,认为它是能"阻止"气候变化的唯一方法(但其中也不乏怀疑的声音)。另一方面,无论是技术性的 CCS,还是需要大面积养殖藻类、植物和改变土壤的 BECCS,都会对气候产生非常大的影响。在廷德尔气候变化研究中心(Tyndall Center)兼任副主任的凯文·安德森(Kevin Andersson)教授认为,要通过 BECCS 来实现《巴黎协定》的目标,所要求的行动规模是惊人的:首先,要持续数十年在相当于印度国土面积 1～3 倍的土地上种植并收割能源作物;同时,飞机、轮船、汽车都要改用生物燃料,化工业也要转而采用生物质作为原料;此外,需要调配出足够的耕地,来养活近 90 亿左右的人口。这些都需要经过审慎的讨论。[48]

20　　物流、合法的许可证和公众接受度等问题也很重要。大多数赞成 CCS 的人并不清楚为弥补碳超标而储存的二氧化碳量到底有多大。毫无疑问,CCS 技术必须进一步发展,因为对于世界上很多无法放弃使用煤炭发电、生产钢铁和水泥的地区,这可能是解决碳排放问题的唯一措施。

---

[9]　Carbon Capture and Storage, 碳捕获及封存, 简称 CCS, 是指收集从污染源(如火力发电厂)产生的二氧化碳, 将它们运输至储存地点并长期与空气隔离的技术过程。——译注

[10]　Bio-energy with Carbon Capture and Storage, 生物能源与碳捕获及封存, 简称 BECCS, 是一种温室气体减排技术, 结合了碳捕获及封存和生物质的使用, 能够创造负碳排放。——译注

1.5.3　何不试试马歇尔计划？

确实，我们也需要保有负排放措施——BECCS 就是这类选项。但是，我们必须尽量限制其规模，因为对"负排放技术"的过度依赖是危险的。这会让人们产生错误的安全感，以为找到了解决气候问题一劳永逸的办法。

《巴黎协定》的计划是，从现在到 2030 年，全球二氧化碳的总排量每年减少 2%。如果我们认真地把气候变化视为一个严重的威胁——至少《巴黎协定》的精神是如此——就不应继续拖延，必须尽快采取强有力的行动。我们需要的恰恰是《巴黎协定》没有达成的——通过一个类似于马歇尔计划[11]的行动，优先快速地对低碳技术方面进行大量投资。幸运的是，单从技术成熟度和经济效益来说，这些都是可行的。

巴黎会议之后，主要的希望在于由不同参与者——政府、城市、公司、非政府组织——落实行动。当成千上万的人们认真对待挑战，并尽一切可能来保护气候，便能发挥榜样的效应，汇聚成超级运动。

1.5.4　人类还有机会达到气候目标吗？

《巴黎协定》签订至今，已经两年过去了。[12] 仅在 2016 年，就爆发了许多人为造成的气候变化事件。有的好，有的坏，有的则彻头彻尾很丑陋。

从好的一面来看，《巴黎协定》得到签署国通过的速度比预期的要快得多。2016 年 11 月在马拉喀什，气候大会的各参与方

---

[11]　The Marshall Plan，马歇尔计划，官方名称为欧洲复兴计划，是第二次世界大战结束后，美国对蒙受战争破坏的西欧各国进行经济援助、协助重建的计划。——译注

[12]　本书的写作年份是 2017 年。——译注

再次会面。会议期间，特朗普赢得了美国总统选举，许多人士担心，这条消息会被利用为降低减排目标的借口。不过情况恰好相反，包括美国（当时的总统还是奥巴马）、中国等大国政府，重申了在 COP 21 上做出的承诺，并敦促世界各国加大投入，以实现《巴黎协定》的目标。

此外，2016 年 10 月，在马拉喀什会议前一个月举行的卢旺达基加利会议上，近 200 个国家和组织签署了一项具有里程碑意义的协议。协议提出，应当减少氢氟碳化合物（HFCs，温室效应最高的气体之一）的排放量，截至 21 世纪末，这项举措将阻止 0.5℃的全球升温。

最好的消息要数以太阳能和风能为主的清洁能源，其成本快速下降，应用大幅增长（见 3.4）。"世界能源抵达了转折点"，这是 2016 年 12 月彭博社（Bloomberg）[49] 刊出的新闻标题。太阳能，第一次成为了最便宜的电力来源。

坏的一面是，全球变暖仍在继续。2014、2015、2016 年相继打破了前一年创下的最热年份纪录。"气候进展"（Climate Progress）网站的主编乔·罗姆（Joe Romm）评论说："这三年的情况在过去 136 年的气温记录中前所未见。这只是 2016 年大量证据中最新的一条，表明了全球变暖的情况将会像气候学家几十年来所警告的一样糟糕，甚至更糟。"[50]

如果温度记录尚不能使人们相信气候变暖的趋势，那么请看 2016 年海洋变暖的研究证据。储存在海洋中的巨大的过剩能量将会保持数个世纪，慢慢释放。

截至 2016 年底，这一年是由气候变化引发极端天气最疯狂的一年。世界上许多地区发生了严重的干旱，而其他地区则爆发了大规模的洪水。北极地区出现了令人难以置信的热浪，导致有史以来最低的冬季结冰量。伴随全球变暖，飓风和台风变得更强。根据专家杰夫·马斯特斯（Jeff Masters）的说法，2016年在两个地区出现了有史以来最强烈的风暴，另有七个五级风暴，这样的数字对于一个年度而言无疑是极端的。[51]

说到最糟糕的事件，莫过于特朗普当选美国总统。大家都希望特朗普总统最终会听取科学家的意见，认真对待气候变化问题。然而，2017年3月，他声称要以煤炭、石油和天然气市场来加强美国的能源独立——这个希望破灭了。更糟的是，美国在2017年6月上旬正式做出了退出《巴黎协定》的决定。

气候变化政策无法脱离国际协商发挥作用。从1992年里约热内卢的地球峰会《气候公约》的签署到今天的《巴黎协定》，已经过去整整23年。奥巴马政府在达成协议的过程中扮演了积极的角色。特朗普后来所做的决策，对于气候大会、各国政府、城市、企业和非政府组织防止气候变暖所做的努力，无疑是个打击。当其他各国政府决定把气候问题放在首位时，特朗普决定以美国的利益为优先。可悲的是，不论在国际政治地位上，还是在清洁能源科技发展的领先地位上，美国都是一个输家。而其他国家，尤其是中国，将取而代之。

如上所述，未来几年的减排步伐必须远远超出《巴黎协定》定下的水平。若非这样行动，目标实现基本无望。而没有美国的积极参与，这个挑战将变得非常艰巨。

特朗普总统无法撤销《巴黎协定》，也无法阻挡可再生能源的推进。太阳能电力已经是美国大多数州最便宜的替代电力能源，几乎没有一家电力公司认为煤电还值得投资。金融市场已经把投资煤电当作损失看待。

总之，我们对《巴黎协定》的看法，以及将全球气温上升"控制在 2℃ 以内"的可能性,较一年前要悲观得多。特朗普当选当然是一个重要的因素;另一个因素则是,各国政府都被动地遵循《巴黎协定》既定的目标,这当然远远不够。世界仍旧在至少升温 3℃ 的道路上飞奔。

首先,最需要积极行动的是欧盟。在过去的 20 年中,尤其在小布什担任美国总统期间,欧盟在气候保护上一直保持领先的地位。若要继续发挥这样的作用,以欧盟目前制定的目标——即 2030 年相较于 1990 年温室气体排放量减少40%——而言,是完全不够的。同样,作为负责任的大国,中国和印度也需要重新审视自己的目标。同时,需要缴纳碳排放税或碳排放权交易费的产品与从美国进口的产品相比,价格明显处于劣势;因此各国必须考虑设立什么样的关税,来抵消这一劣势。在本书 3.7 中我们将继续这个讨论。

1.6　面临的其他灾难

1.6.1　技术通配符和必然的威胁

2012 年在英国剑桥成立的现存风险研究中心(The Centre for Study of Existential Risk, 简称 CSER)研究了可能导致人类灭绝的各种威胁。当然,这些威胁包括比如来自外太空的灾难——地球与巨型的陨石相撞;出现极具传染性的致命病原体,而人类无法快速找到应对和补救办法。但聚焦更现实的层面,该研究中心的主任肖恩·赫格提(Seán Ó hÉigeartaigh)带领的小组专注调查人类研发的新技术,他也将这些研究称为"技术通配符"[52]——指机会虽小但具有前瞻性、颠覆性的技术〔见 1.11.1〕——的风险研究。这些技术通配符包括:

- 合成生物学创造了具有传染性的致命病毒和细菌;特别引

起争议的研究领域是对至今完全陌生的、让微生物具备完全不为人知的"功能获得性突变"[13]能力的研究。现有的顾虑是，由于农场过量使用动物抗生素，同时制药工厂对抗生素含量过高的废水处理不当，导致广谱耐药性微生物的扩散。[53]

- 地球工程，通过大规模的技术干预，阻止气候变暖。然而我们几乎无法检验是否会产生超出预期的副作用。特朗普总统似乎准备在地球工程的研发上投以重金。[54]

- 人工智能如同雷·库兹威尔（Ray Kurzweil）的"奇点"假设那样迅速发展，在许多领域与人类势均力敌甚至超越人类。无人知晓之后人工智能将如何发展，还会向人类发动怎样的战争（见1.11.3）。

当然人类应该对这些风险负责，起码应该像 CSER 已经开始的工作一样，有扎实完整的技术后果评估。

除了这些近乎科幻小说式的危险，还有很多危险几乎是必然会发生的。媒体不停地讨论世界经济崩溃的危险征兆，而在网上用英文搜索"经济崩溃"，能得到近 3 500 万条结果，中文搜索有 280 万条，而"中国经济崩溃"则有 200 万条。[55]英文的搜索结果还包括"莫伦全球经济崩溃指南"和"崩溃余生论"；而中文的相关搜索，则专注于房市和股市。显然，危险除了气候变化和传染性病菌之外，还与人性有关，多数是人类自己造成的经济和社会危险。此处将像前一节关于气候问题的论述一样，专门讨论导致大自然自我调节功能失衡所产生的危险。

英国 2016 年地质调查报告指出，由人类引发的地球变化比

[13]   Gain-of-Function Mutation，功能获得性突变，指获得原先没有的功能的基因突变。——译注

最后一次冰川时期对地球造成的变化更大。[56] 也就是说，"人类纪"造成的地质改变比"全新世"[14] 要大。原始自然界并不存在的危险化学品全氟化光酸，今天存在于北极熊和地球上所有人类的身体组织里。90% 的海鸟的内脏中含有塑料，[57] 而每年数百万吨塑料垃圾焚烧处理产生的颗粒无处不在。[58] 90% 的石油消耗发生在 1958 年后，其中 50% 在 1984 年之后。[59] 而这些都会在冰川层留下永久的碳痕记。

24

在沃尔特（Gernot Walter）和韦茨曼（Martin L. Weitzman）相当极端的预测中，[60] 他们描述了气候变化可能导致的各种经济冲击。他们还预测会出现大规模的农业破坏，从而导致营养问题，摧毁可持续发展目标中的第 2 个（见 1.10）的大部分希望。

我们从未具体地阐述过生物多样性缺失带来的巨大损失，但这却很有可能导致灾难性的后果。今天，地球正处于"第六次生物大灭绝"时期。[61] 前五次灭绝事件是由于地壳运动和火山活动引起的，发生在相对应的地质时空当中；在恐龙灭绝的例子中，外太空飞来的陨石引起的碰撞被认为起了决定性的作用。然而，20 世纪迅速发展的第六次物种大灭绝则完全是由人类造成的。在此期间，爆炸性增长的人口和不断增加的土地使用（人口增长和城镇化，见 1.7），已经破坏或彻底改变了野生动植物的大部分栖息地。不足为奇的是，每天都有大约一百种动物和植物从地球上消失，其中大部分甚至在灭绝之前还没有经过科学认定。这场悲剧对人类的影响很可能是非常危险的，但具体细节很难预测。爱德华·威尔逊（E. O. Wilson）在新书中建议，地球表面的一半应该留作自然保护区域，从人口不断增长的现

---

[14]   Holocene，全新世，是最年轻的地质时代，从 11700 年前开始。根据传统的地质学观点，全新世一直持续至今，但也有人提出工业革命之后应该另分为人类纪。——译注

况来看，这已经变得不切实际。[62]

土壤遭侵蚀，发生退化，而干旱、水涝和入侵的物种都会极大地增加未来几代人面临的危险。工业化农业使用的"系统性杀虫剂"，如烟碱类杀虫剂，对蜜蜂和其他授粉昆虫产生了致命的威胁（见 2.7.1 的表框）。[63] 越来越多的证据表明各种食物中都有农药残留。一个躲不开的问题是：生物系统还能被我们虐待多久？杀虫剂对土壤的长期影响，我们知之甚少。然而，土壤里有益的微生物却在逐渐消失。土壤学家伊莱恩·英厄姆（Elaine Ingham）说："每当土壤受到干扰，或被施撒化肥和杀虫剂，土壤的生命就会结束，结构也会随之改变。"[64]

生物质燃料的发展也是个问题。如果生物质的来源是农业和林业的残留废弃物，那好处是显而易见的。但是，如果把世界上像美国或者罗马尼亚拥有的肥沃土地或原始森林，同印度尼西亚或者巴西那样改造成大规模的单一作物（如玉米或油棕）种植用地，所造成的负面生态及社会后果将远远超过这种做法带来的益处。

还有一项崭新却令人不安的技术是人工设计的"基因驱动"技术。[65] 一次成功的基因驱动操作能够有意无意地导致一个物种改变或灭绝。目前，人工基因驱动技术是基于最新的基因编辑系统而开发的，即广为所知的 CRISPR-Cas9（见 2.6.3）。出于保护（本地物种的）目的，基因驱动技术可能会被有意用于对付入侵物种，以将它们在野外清除；或借以灭除农田中的野草。乍看之下，这是个令人满意的计划，但是基因驱动也很容易被用于军事目的，例如制造生物武器，或抑制敌方的粮食生产。还有一些不可预料的效应："研究人员和评论家们普遍担心那些被有意散播到环境中的基因改造生物会对其他物种或生态系统产生有害的影响。"[66] 目前没有国际协议来控制使用基因驱动所造成的跨国界效应——这是很大的管理盲区。因此，2016 年 12 月在墨西哥坎昆召开的第 13 届联合国生物多样性公约会议（United Nations Convention on Biological Diversity，简称UNCBD）上，有超过 160 个主要来自发展中国家的非政府组织出席会议，要求暂停应用、研发和发布用遗传工程改造的基因驱动技术。[67]

眼下的危险当然还包括主要发生在中东、非洲等地和阿富汗地区的国际和国内战争。这些都导致了饱受战争蹂躏的地区及周边国家出现前所未有的难民潮。

政治灾难常常与自然变迁密不可分。气候变化是导致水资源和肥沃土壤争端的原因之一；而我们不能忘记，爆发战争的地方又往往是人口增长最快的地区。当然，在空旷世界里曾经就是如此；但在拥挤世界里，因为没有"出路"，人类为了争夺资源而发生冲突的可能性就更大。在早前，即便是穷人也还生活在一个整体良好、有活力、富饶的星球上，而今天，此情此景已无法再现。

1.6.2   被遗忘的核武器 [68]

还有一种几乎被遗忘的威胁，那就是核武器。核武器是杀伤力最大的杀戮装备，至今仍旧是人类未来，甚至是地球上所有生命未来最严重的危险。尽管它不合法、不道德，却依然存在，而且还在竞相"现代化"！在冷战时期，人们每天最大的担忧就是战争升级到动用核武器的地步。冷战结束后，这样的担忧却一点也没有减少，就算朝鲜更换了最高领导人和领导层，担忧也不会就此消失。

同时，核战争有可能导致核冬季，气温将骤降至自冰川时期

以来的最低水平，并消灭地球上大部分生命，这样的物理认知也
被抛在了一边。

1970 年的《核不扩散条约》(*Treaty on the Non-Proliferation of
Nuclear Weapons*, 简称 NPT）把世界划分成了"有核"和"无核"
国家。有核国家是指在 1967 年 1 月 1 日前已经拥有并且使用过
核武的国家。法国和中国后来签署条约，也加入了有核国家之
列。以色列、印度和巴基斯坦从没有签署条约，但一直在发展自
己的核武器。朝鲜在 2003 年退出条约，这证实了其拥有少量核
武的可能性。图 1.6 展现的是今天各国的核武器拥有量。

九个拥有核武器的国家都继续投资核武器的现代化升级。
美国在奥巴马执政时期就计划在 30 年内投入 1 万亿美元用于此
目的。其他拥有核武器的国家也有类似的举动，他们把核武器
的承载体变得更小、更精确、更有效率。所有举动都为了让军事

世界核武库
2017 年全球核弹头数量估计清单

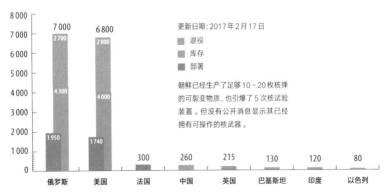

图 1.6   2017 年世界各国拥有的核武器。图片来源：Hans M. Kristensen and Robert S. Norris, *Status of
World Nuclear Forces* (Washington: Federation of American Scientists, 2017)

指挥官更方便地操作核武器,也意味着核武器更有可能被投入使用。但这样的现代化措施显然违反了《核不扩散条约》。

全球安全研究所(Global Security Institute)的乔纳森·格拉诺夫(Jonathan Granoff)补充道:世界上九个核武器拥有国总共有14 000枚核弹,其中即便只有不到1%的核弹发生爆炸,大量的碎片将进入平流层,降低地球的温度,破坏臭氧层的稳定,导致癌症及其他可怕疾病的蔓延,并且终结我们的农业生产。这也就是说,两个拥有核武器的国家 —— 比如印度和巴基斯坦 —— 如果发生核武器交战就足以抹除全部人类文明。更不必说俄罗斯或者美国,无论谁先开始攻击,都会以快速而恐怖的方式终结文明。[69]

冷战结束距今已有四分之一个世纪,还有大约2 000枚核武器处于高度戒备状态,随时准备在收到命令后的几分钟内发射。针对这一情况,2016年7月,"国际人民核武器法庭"在澳大利亚悉尼开庭。罗马俱乐部成员凯斯·苏特(Keith Suter)是当时的法官之一。法庭对核武器进行了审判,谴责政客以及核武器制造业依旧对核武器装备进行"现代化"升级,并且不放弃考虑使用核武器的做法,称这样的行径违反人权。[70]

威胁是全球性的,解决方案也必须是全球性的。人类必须以真正禁止和消除核武器为目标进行谈判。我们需要的是一种全新的法律工具,阶段性、可核查、不可逆转地逐步消除核武器。各国必须达成一项条约,实现核武器的完全消除,不要继续放手让传统武力霸权主导世界。这个条约最终会将地球从彼此承诺毁灭对方的疯狂中拯救出来,转变为保障地球安全与生计的新现实。[15]

[15] Mutual Assured Destruction, 彼此承诺毁灭对方;Planetary Assured Security and Survival, 保障地球安全与生计。前者缩写"MAD",意为疯狂;后者缩写"PASS",意指通过。从疯狂状态到顺利过关,此处一语双关。——译注

1.7   人口增长和城镇化

在本书1.10的图1.13中有两条水平的虚线。上面一条线代表"1961年的世界生态承载力",指的是人口31亿的世界所允许的人均生态足迹。下面一条线代表"2013年的生态承载力",而它承受的负荷是70亿人口。如果世界人口稳定在50年前的35亿以下,情况会舒适得多。然而,大多数人口统计学家认为,在2050年前,人口不会实现稳定,而且会突破100亿。我们既然讨论可持续发展,就无法绕过世界人口的问题。而这在政治上又是极其敏感的议题。

1.7.1   人口动态

老牌工业化国家的人口骤增发生在19世纪。当时解决人口过剩问题的方式是征服世界其他地区,尤其是美洲、非洲和澳大利亚,然后向这些地区大量移民。因此,已完成工业化的国家以告诫的姿态要求发展中国家停止人口增长,这种行径是厚颜无耻的。

28

然而,发展中国家利用这个机会研究如何实现可持续的人口政策,却是既合法又合理的。

联合国人口基金会(United Nations Population Fund,简称UNFPA)最近公布了一项研究,[71]证实了经济成功与抑制人口增长成正比(图1.7)。人口增长速度越快的地区,发展越缓慢。而对大多数国家而言,发展程度、受教育比例和妇女自主权提高,以及有充分能源可供利用,会促进人口的稳定。政策制定者和宗教领袖必须认识到,至少在现在这个拥挤世界,强劲的人口增长往往会削弱国家的经济发展。

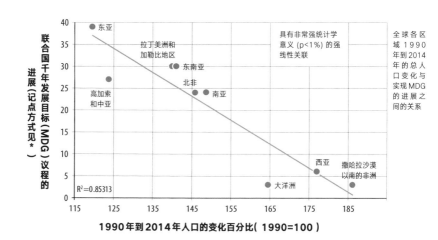

* 与 MDG 议程的差距根据联合国统计署公布的 16 个目标进步表格计算。每达到 1 个目标得 3 分, 未达到或缺少数据的目标得 0 分, 没有进步或者变坏的目标 -3 分。分数总和代表总体进步。

图1.7　　人口增长与经济发展成反比。图片来源: Herrmann, "Consequential Omissions," 2015 (尾注71)

　　在资源有限的地球上, 应该采取措施限制人口增长, 而不是坐以待毙。罗马俱乐部赞赏那些能迅速稳定人口的国家, 认同他们为达成这一目标所采取的行动, 如为婴儿及 5 岁以下儿童提供医疗保健, 提升妇女的受教育和解放程度, 以及为老年人提供社会福利等, 所有这一切都有助于改变将多子多孙视为养老保障并以多生多育来应对过高的婴儿死亡率的传统。

　　据最近的一项研究估计,[72] 到 2050 年, 较好的教育可能导致人口较之目前减少 10 亿(图 1.8)。对于发展中国家来说, 如要开展合作发展, 就需要专注于达成教育目标。

29

人口预测

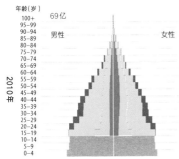

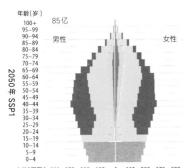

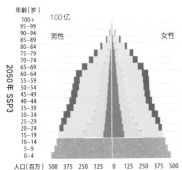

■ 文盲 ■ 初级教育 ■ 中等教育 ■ 高等教育

1994 年参与联合国开罗行动计划的国家虽然都承诺提供生殖健康服务并资助计划生育，但实际上很少兑现。全世界每年约有 50 万妇女死于分娩。数以百万计的夫妇缺乏避孕药具。虽然当前就学的孩子比十年前多得多，但是女孩在许多地区仍受到差别待遇。在印度、尼泊尔、多哥、也门和土耳其的部分地区，学校里的男孩比女孩多出 20%。在巴基斯坦的贫困农村地区，接受教育的女孩比例也不足四分之一。

在许多发展中国家，每名妇女的生育数仍在 4～8 之间。高生育率的最主要原因是贫困、妇女社会地位低下和其他

图 1.8 根据人口的教育情况得出的对 2050 年世界人口总量的不同预测。SSP1 指的是教育情况较佳的条件下，2050 年人口总数预计为 85 亿。SSP3 指的是教育情况较差的条件下，2050 年人口总数预计为 100 亿。图片来源：Samir KC and Wolfgang Lutz, "Demographic Scenarios by Age, Sex and Education Corresponding to the SSP Narratives," *Population and Environment* 35, no. 3 (2014): 243–60, DOI: https://doi.org/10.1007/s11111-014-0205-4

30   形式的性别歧视。印度已经启动了"才能经济"计划，[16] 以此来
衡量性别歧视导致的经济成本效益比，同时增加女性的机会。[73]

高人口增长率当然对环境有着负面的影响。不过，单凭人
口数量并不能说明真相。保罗·埃利希（Paul Ehrlich）和约
翰·霍尔德伦（John Holdren）[74] 的"I=PAT方程"指出了影响环
境（I）的三个因素：人口数量（P）、人均财富（A）和科技（T），
科技代表着显著减少每单元附加值所产生的环境影响的希望
（见3.4、3.8和3.9）。

"大提速"的时代（图1.5）清楚地显示，单一的人口增长因
素无法解释人类活动对环境产生的巨大影响：人口的数量只翻
了5倍，而世界经济产出增加了40倍，化石燃料消耗量增加了
16倍，渔业产量增加了35倍，用水量增加了9倍。但中国是一
个特例。"独生子女"政策从1978年开始推行，随后，中国的人
口增长快速减缓，并达到了稳定，此后，人均GDP增加了67倍，
从人均153美元增加到10240美元。产生的变化确实影响了亿
万人的生活水平，但也对环境造成了巨大的影响。然而，在非洲
还看不到人口稳定的迹象，贫困如影随形。

1.7.2   城镇化

人类正在从农村转向城镇。城镇化似乎是不可阻挡的全球
性进程（图1.9）。在所有的国家，城市都比农村地区更容易获得
就业机会、教育、娱乐和医疗设施。作为经济、政治和社会互动
的权力中心，生产和消费的交互点，城市具有磁铁般的吸引力。

在1800年，全世界只有一个100万人口的城市——伦敦。

[16]   Talent Nomics，才能经济，是一个最早发起于印度的基金会，影响力现已遍及全球，以5年内培养、
汇集10万名女性领袖来影响当地经济为宗旨。——译注

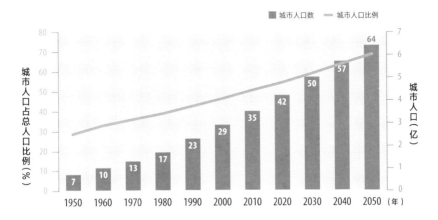

■ 城市人口数　　— 城市人口比例

图 1.9　城市时代的形成：100 年间城市人口预计增长到原先的 10 倍，达到世界总人口的 70%。图片来源：联合国经济与社会事务部人口司

从那时起，全球城镇化便与引发工业革命的科技紧密联系在了一起。从 1900—2017 年，全球人口增长到原先的 5 倍，从 15 亿增至 75 亿。在此期间，全球城镇人口增长到原先的 18 倍，大约占世界人口的 55%。到 2030 年，居住在城镇地区的人口预计将达到世界人口总量的 60%，约有 50 亿。这个数字，会是 1900 年世界人口总量的三倍有余。[75]

31　　　今天，全球有超过 300 个城市的人口超过 100 万，22 个特大城市人口超过 1 000 万，其中有 16 个分布在发展中国家。[76]

拥有 100 万以上人口的现代化大城市无疑是令人叹为观止的。它们既提供了大部分社会、经济和文化的服务，又是全球通信和运输系统的枢纽，还以相对低廉的成本提供必要的服务，因而吸引了大批投资者。从可持续性的角度来看，城市对稳定人口的增长作出了贡献。[77]

但城镇化也存在一些对生态不利的因素：在人均原材料和

能源消耗量以及废弃垃圾量的方面，城市要高出农村，在中国和印度甚至要高出 4 倍。[78] 人类对环境的影响已经大大超过了地球的承载力（见 1.10）。今天城镇化的模式，让问题更加尖锐。

　　随着物质生活日益富足，人们愈发想要尽可能地远离噪音、环境污染和犯罪，拥有更多的生活空间。这些愿望反而导致了城市更加分散，消耗更多汽车通勤所需要的资源。城市发展和交通运输的增加，吞噬了越来越多的农田和野生动植物的生存空间。

　　虽然城市只占陆地面积的一小部分，其生态足迹却覆盖了全球大部分富饶的陆地和海洋表面。本书作者之一赫尔比·吉拉德特（Herbie Girardet）计算得出，伦敦的生态足迹是城市本身面积的 125 倍，大小相当于整个英格兰的可耕地面积。[79] 一个 65 万人口的典型北美城市需要 3 万平方公里的土地——比台湾地区的总面积略小些——方可满足其物质需求。相比之下，印度的一个人口规模类似的城镇（低生活水平且绝大多数人口保持素食习惯）只需要十分之一面积的土地。[80]

　　作为世界上人口最多的国家，中国尤其引人注目：中国是世界上城镇人口增长最快速的国家。预计到 2020 年，中国的城镇人口占比将从 2016 年的 54% 上升至 60%。亿万人将从农村迁到城市，而且往往是大城市。最近，中国既表明了创建生态文明的意图（见 3.17.1），同时也确认了继续城镇化、提高生活水平的政策。《国家新型城镇化规划（2014—2020 年）》[81] 提及扩大内需，这也有助于减少不健康、不平衡的外汇过剩。所有的这些，要如何与中国的生态可持续性目标协调，会是中国未来最大的挑战。

　　整个世界，拥有巨大生态足迹的城市和特大型城市已经到处泛滥，这难道是不可避免的吗？如果不依赖全球资源而仅仅依靠区域资源，城市有没有可能继续生存、繁荣？城市能否不断再生出所需要的资源？本书 3.6 将提供一些乐观的答案。

1.8 农业和粮食生产

人类自从定居从事农耕之后，粮食保障便成了关注的中心。人类的聪明才智见证了全球社会从一次收成勉强维持到下一次收成（往往还毁于天气、虫害或者其他自然灾害）的艰辛，发展到粮食生产过剩，甚至还出现了可耻的浪费。

尽管全球约有 8 亿人生活在饥饿之中，却有 20 亿人患有肥胖症，这还不包括 3 亿患有 II 型糖尿病的人。导致这些现象的原因在于，发达国家和发展中国家的食品供应和消费模式引起了食品质量低下和饮食多样性不足的问题。当前的农业系统确实做得到生产过剩，但它破坏了土壤、地下水、生物多样性，也破坏了所有的生态系统以及它们所提供的重要服务，甚至破坏了全球的气候。

33　　人类怎么会落得这步田地，我们要怎么做才能改变现状？已经有许多关于农业和食品体系的研究试图回答这样的问题，其中包括在 2002 年约翰内斯堡世界可持续发展峰会上，由六个联合国机构联手世界银行委托国际农业科技发展评估组织（International Assessment of Agricultural Knowledge, Science and Technology for Development, 简称 IAASTD）发布的一份开创性的报告——《处在十字路口上的农业》（*Agriculture at a Crossroad*）。[82] IAASTD 是一个由汉斯·赫伦（Hans Herren）和朱迪·瓦昆谷（Judy Wakhungu）任主管，政府代表、民间社会团体代表各半所组成的多利益相关方共同管理的机构。经四年多发展，其成员涵盖来自各大洲的约 400 人，从农民到科学家，以及所有相关学科专家。农业化学品生产企业在最后一分钟决定退出此项工作，理由是不同意该研究的主导思想。

该报告于 2008 年 3 月得到了 59 个国家的支持，遗憾的是其中没有德国。报告中最关键的发现是，我们清楚知道了农业和食品系统必须做出范式的改变，虽然这一点并没有获得所有参与方的全票支持。报告同时也揭示农业燃料开发、绿色基因科技、各种单一作物对环境的破坏和小农户被排挤等问题的严重性。这些认知得到了许多报告的进一步回应，例如联合国环境规划署（United Nations Environment Programme，简称 UNEP）和国际资源委员会（International Resource Panel，简称 IRP）共同发布的报告《全球土地利用评估》、联合国贸易与发展会议（The United Nations Conference on Trade and Development，简称 UNCTAD）发布的报告《醒醒，不然就太晚了》，以及国际农业发展基金会（International Fund for Agricultural Development，简称 IFAD）的报告《小农户、食品安全与环境》。[83]

所有严重的生态破坏几乎都与农业活动有关。生物多样性遭到破坏，物种消失，都与持续的森林砍伐和湿地逐渐干涸直接关联，而这些行动的大部分目的是为了开辟新的耕地。农业施撒的化肥进入地表径流，扰乱了氮和磷的自然循环，导致有毒农药和除草剂滞留在水体，杀死了数以亿万计的水生动物和植物。农、林产业贡献了约 25% 的温室气体排放。因此，为了缓解当前的生态和气候危机，农业是必须改变的关键部门之一。

工业化的大农企也把小农户和原住民从原本属于他们的

土地上排挤了出去。小农户的人数占世界人口的三分之一，而占世界贫困人口的一半。他们在四分之一的耕地上生产了大约 70% 的粮食，[84] 而且这些耕地中的大部分并没有遭受上述的生态破坏。由于不具备完整的土地所有权保障，小农生产变得更加脆弱，极易受到国际投资者和当地政府的排挤。自 2006 年以来，国际财团和当地政府联手豪夺土地的速度变本加厉，这种现象在非洲尤甚。

34
　　按照更普遍的说法来看，如果将所有"外部成本"都计入生产成本，那么我们这个时代所做的农业就是最"昂贵"的行业，其利润会大幅下降。图 1.10 显示了 10 个不同的经济行业部门。根据生态系统和生物多样性经济学（The Economics of Ecosystems and Biodiversity, 简称 TEEB）的说法，前两个——养牛和小麦种植都是核心农业，在将"外部成本"考虑在内之后，其亏损程度远远超过其他的经济行业分支（红色条）。计算的数据来自设在日内瓦的联合国环境署 TEEB 工作组，而标准普尔的工作组 Trucost 则负责揭露各种隐藏的投资风险。[85]

　　IAASTD 基于对过去 50 年的深入分析所得出的结论是，整个 20 世纪 60 年代以农业技术推广为主的绿色革命虽然带来了一些短期益处，但并没有真正解决饥饿的核心问题：饥饿者既没钱买粮，又无地耕种。与此同时，为了提高农民的劳动生产
35
力，单一作物种植大行其道；人们添加不必要的有毒化学物质来确保高产量（尽管许多传统的主要作物本身就有一定的抗虫性）。新的超级品种和杂交品种特别喜水，由此造成地下水和河水枯竭。而人们又面临害虫和杂草快速形成抗药性的问题，因而需要不断更新化学物质，如此周而复始。转基因作物也有类似的模式。

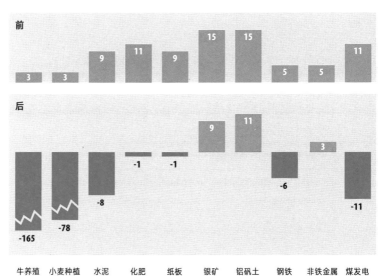

当加上了自然资本的成本后，原材料产业就都成了负利润

图1.10 如果把外部成本加到生产成本上，许多行业都在亏损之列。农业成为其中之最。数据来源：Trucost and TEEB, 2013, 由帕万·苏克德夫（Pavan Sukhdev）提供

现代饮食的另一个不可持续的特点是肉类生产和消费所占的比例不断提高。正如布莱恩·马丘维纳（Brian Machovina）等人所提出的论点，肉类生产是导致森林及其他自然栖息地丧失的主因，这在生物多样性最丰富的热带发展中国家尤甚。[86]

世界上任何国家的大众媒体都没有很好地报道"现代农业"的自相矛盾和破坏性等特征。可能的原因是，人们爱吃，吃的感觉很好；农户想卖，卖的感觉也很好。有谁会在意食品供应链源头产生的关于破坏的可怕信息呢？

　　媒体更感兴趣的是，能否有足够的食物来养活所有76亿人，这个数字很快将达到100亿。罗马俱乐部的拉乌尔·威勒（Raoul Weiler）和他在比利时的小组对气候、地理、人口分布等数据做了分析。[87] 他们认为，目前来说粮食供应没有太大的问题；但是，人口的快速增长，以及今天已经出现的大面积干旱和沙漠化扩张，预示着非洲大饥荒的灾难正在逼近。除了伦理考量之外，比利时小组有关农业技术等方面的意见在许多方面与 IAASTD 的观点并不相同。

　　IAASTD 2009 年的报告难免受到农业化学品生产企业及其政治、科学代表的非难和批判。但至少那些不受政治影响的根本想法（见3.5）是值得落实的。

1.9　环境之于贸易

　　当今最令人瞩目的国际交锋是国际贸易谈判。2001 年在卡塔尔多哈举行的世界贸易组织（WTO）部长级联盟谈判并没有取得任何实质性成果。那次谈判的起因是：在世贸组织的前身——关税和贸易全球协定（General Agreement on Tariffs and Trade, 简称 GATT, 关贸总协定）的乌拉圭谈判回合中，激进的全球自由贸易获得通过，很多发展中国家的贸易因此受到负面影响，故而寻求改善。但无论是北方（发达国家）还是南方（发展中国家），似乎都不愿意在多哈议程上达成一致。北方坚持不放弃（荒谬的）农业出口补贴，而南方仍然对所谓的利益表示怀疑。

　　在这些贸易谈判中，环境扮演着无足轻重的角色。大多数关于环境保护的国家法规在世贸组织谈判里被视作贸易壁垒，反而不在考虑之列。对世贸组织来说，不论环境会遭受什么影响，价格低廉的供应永远有理。例如，1991 年，由于人们捕捞金枪鱼附带大量海豚惨遭屠杀，美国因此而禁止进口金枪鱼，这是一桩著名的环保事件。但这一抵制行为居然遭到关贸总协定的反对。因为"如果接受了美国禁止进口金枪鱼的观点，那么任何一个国家都可以因为出口国在任何地方造成生态破坏，就申请禁止进口。自由贸易的架构将会因此而坍塌"。[88] 世贸组织认为，不论政府和人民的意愿为何，贸易在环境、卫生和社会公正方面都享有优先权。如果捕获金枪鱼造成海豚死亡，虽然不幸，但与贸易无关。

贸易所遵循的逻辑，是不同于环境及消费者保护的。贸易的进程主要由跨国公司推动，目的是扩大生产和消费，追求市场主导地位和私营企业的发展。除了能牟利的低价消费品之外，贸易对"公共（利益的）商品"不感兴趣。"贸易规则取代了政府管理企业的规则；保护商人和投资者的规则取代了保护消费者和环境的规则。"[89]

如果世贸组织决定对某一个国家进行处置，那么该国就没有很大的选择余地。受罚的一方必须修改国家法律规定，同时向受损的一方支付与利润损失等额的罚金，否则就要面对单边贸易制裁。当世贸组织裁定美国不得拒绝进口墨西哥和委内瑞拉的石油时，美国必须降低对空气污染的法律要求；日本不得不接受农药残留超出本国规定的食品；在欧盟和美国有关牛肉内含生长激素的争端中，世贸组织裁定欧盟败诉，允许美国对其他欧盟产品实施报复性关税。

对世贸组织来说，反对者必须证明造成的损害，而不是要求业界提供安全证明。然而，欧洲恰恰相反，采用了"预防性原

则 ", 新产品必须在获得可靠的科学风险评估证明其安全性之后, 方可上市。[90] 绿色和平组织在 2016 年 5 月发布的泄密信息显示, 正在筹备中的跨大西洋贸易与投资伙伴关系协定（The Transatlantic Trade and Investment Partnership, 简称 TTIP）将抛弃欧洲的预防性措施。[91] 对欧洲消费者和环境来说, 幸好美国国内反对 TTIP 的阻力越来越大, 不过, 那都是出于经济而非生态的原因。

然而, 我们必须保持审慎, 不能像特朗普表现的那样 —— 媚俗地加入批评国际贸易的大合唱, 骨子里却是一种完全过时的主权概念。今天, 环境破坏已经成为全球性的问题, 需要我们用全球治理的方式来对待。因此, 罗马俱乐部支持全球治理的规则 —— 例如通过气候协议来限制个别国家破坏地球的权利。然而, 讽刺的是, 世贸组织的处理规则是至今唯一有制裁力量的国际规则。因此, 只有当世贸组织公正地考虑自由贸易的优缺点时, 才能把"难啃的骨头"（环境保护）变成义务。可是, 他们今天却没有这么做（关于全球治理, 见 3.16）。即使多哈回合没有进展, 许多国家已经直接达成双边或多边贸易协定, 完成了所谓的贸易协定"大杂烩"。这一系列计划中最大的协议是由美国在奥巴马执政期间发起的跨太平洋伙伴关系协定（Trans-Pacific Partnership, 简称 TPP）和 TTIP。尽管 TPP 在 2016 年完成了协定签署, 但因为没有得到美国国会的批准而作废。同样, TTIP 的形势也不太乐观。

美国总统特朗普公开表达了保护主义的立场, 他认为美国制造业就业岗位的减少是边界开放的结果, 这让企业能到国外去追求廉价的劳力、较低的税率和（包括环境方面）较弱的监管。这和全球反对自由贸易运动的潮流不谋而合。这些运动认为,自由贸易在理论上惠及所有的合作伙伴,但实际上却诱使企业忽视环境、人权和后代的福祉。我们期待的是建立一个能够在公平贸易和公共资产[17]之间达成公正平衡关系的联盟。

几乎从定义上就可看出,自由贸易会帮助强者,伤害弱者。正如已故的乌拉圭记者爱德华多·加莱亚诺(Eduardo Galeano)所说:"所谓的国际分工就是一些国家擅长盈利,另一些则总是失败。"[92] 尽管主流经济学认为,贸易是为双方服务,但实际情况并不那么明显,而且不只在国家之间。赢的国家中,总有输家;输的国家中,也总有赢家。作为国家,英国长期以来致力于推动自由贸易,伦敦从中获益最多。而英国传统制造业地区的输家则在脱欧公投中投了赞成票,他们怪罪的是欧盟(及自由移动的移民),却不是他们自己的政府和全球金融市场。

在南方的发展中国家,特别是非洲和加勒比海地区,当地的农民和工厂因大量的进口廉价品而破产。工业方面,由于中国的超强生产优势,许多发展中国家出现了"去工业化"的趋势。农业方面,美国和欧洲一直在补贴农业产品的出口。特朗普宣布的保护主义措施令发展中国家更加担忧。正如南方中心的许国平(Martin Khor)所述,特朗普考虑对与美国贸易存在逆差的发展中国家的进口商品征收关税,[93] 并且削减对联合国的资助,以此来损害发展中国家的社会和环境项目,这一构想令很多发展中国家感到震惊。许国平还提到特朗普退出国际环境条约和协议的可能性,认为这明显是不重视环境的行为。

贸易的另一方面,是由于世贸组织限制政府管控外国公司的商业运作行为所造成的全球资本流动的急速加剧。在 2008 年全球金融危机之后,由约瑟夫·斯蒂格利茨(Joseph Stiglitz)

[17]　公共资产指由属于公众资源生产的物品或基础设施,相对于私人商品。——译注

担任主席的联合国专家委员会指出了金融自由化的诸多问题。这个联合国专家小组建议，"鉴于从这场危机中了解到的缺陷，必须尽量放开对国家控制资本流动的限制"。[94] 当然，世贸组织对此建议充耳不闻。

印度经济学家帕特奈克（Prabhat Patnaik）批评说，当地金融行业已经从国内专属的经济泊地起锚，成了国际金融行业，离开了本该面对和负责的人群。[95] "自由贸易"赋予国际金融市场危险的权力，使其可以对全世界进行投资。而人们为提高地方利益、公共利益或民主控制所做的努力，则付之东流。

总而言之，只要国际贸易使双方都能从中获益，就是件好事，而且可行。但它也是国际竞争的一部分，可能会导致弱势公司或国家的失利，以及对社会、环境和各类公共利益的负面影响。在本书 2.6.2 里，我们会深入探讨自由贸易先知大卫·李嘉图（David Ricardo）的观点，他认为，如果要避免国家的失败，资本就必须留在当地。在 2.10 里，本书会提出必须重建平衡。在 3.11 里，我们会详细论述金融市场所需要的变革。

1.10　联合国《2030 议程》

在《巴黎协定》签署前的三个月，联合国达成了另一个协议——《2030 可持续发展议程》（简称《2030 议程》），[96] 其中主要包括 17 个可持续发展目标（Sustainable Development Goals，简称 SDGs）和 169 个具体的子目标。图 1.11 为 17 个目标的示意图。

39　　与《2030 议程》同时公布的还有一份声明，它包含了一个愿景，即"我们所在的世界，技术的开发和应用必须顾及气候影响，

图 1.11   《2030 议程》提出的 17 个可持续发展目标。SDG 1~11 是社会经济目标；SDG 12 针对可持续消费和生产；SDG 13~15 是环境目标；SDG 16 有关和平、正义和制度；SDG 17 有关过程中的伙伴关系。图片来源：https://www.un.org/sustainabledevelopment/news/communications-material

尊重生物多样性和生态可修复性。人类与自然和谐共处，野生动物、植物和其他生物都应受到保护"。[97]

我们当然应该支持这一愿景。但仍有必要审视可持续发展目标的一致性以及实现的方式。我们须充分了解三个环境的可持续发展目标：应对气候变化（SDG 13）；保有且可持续地使用海洋（SDG 14）；保护且可持续地使用陆地的生态系统、防治沙漠化、遏制并扭转土地退化，以及阻止生物多样性的丧失（SDG 15）。

40

联合国曾经在 1992 年的地球峰会上提出类似的目标和事关地球命运的《21 世纪议程》。[98] 那是个以解决社会经济赤字为目标的整体方案。虽然《21世纪议程》算不上是背后的推手，但在该议程出台后不久，便出现了快速的经济成长，由此导致了气候不稳定、海洋和生物多样性的加速破坏等现象。因此，我们确实需要全新的、彻底的共生组合。

这种共生组合必须认识到，发展中国家常常无视社会和环境目标之间的冲突。这些国家还经常引用已故印度总理甘地夫人（Indira Gandhi）在1972年斯德哥尔摩第一次联合国环境峰会时的说辞——"贫穷是最大的污染者"。这句话在当时不无道理，因为环境问题主要是指当地的空气和水的污染问题，而昂贵的污染治理只有富人才负担得起。

但问题在于，在我们这个时代，更准确的说法应该是"富裕是最大的污染者"。正是温室气体排放、资源消耗，以及破坏土壤和生物多样性的土地利用，才成就了富裕。从最近卢卡斯·尚塞尔（Lucas Chancel）和托马斯·皮凯迪（Thomas Piketty）[99]撰写的报告中，我们能清楚地读到，1998—2013年间全球碳排放不均的情况。300万最富有的美国人（最顶端的1%）每年人均二氧化碳排放量是318吨，而世界的人均排放量只有6吨！

大家经常以为，把焦点放在富人身上没多大意义，因为人数太少。但皮凯迪的看法却不一样，最富有的美国人只占世界总人口数的1%，却排放了2.5%的全球温室气体！世界上前10%的富裕家庭，排放的温室气体占全球总排放量的45%。因此，皮凯迪和大多数发展中国家的代表会说，要改变的是富人的习惯，而不是穷人的。

发展中国家把达到SDG的优先次序定为：无贫穷（SDG 1）、零饥饿（SDG 2）、良好健康与福祉（SDG 3）、优质教育（SDG 4）、体面的工作和经济增长（SDG 8）。虽然这些目标是适用于世界上所有人的, 但当我们把它们乘上今天全世界的 76 亿人, 或者在不到 20 年后的 90 亿人, 甚至到 21 世纪末的 112 亿人,[100] 得到的会是对气候、海洋和生物多样性而言最恐怖的梦魇!

41   只要"富裕是最大的污染者", 可持续发展目标中的社会经济目标和生态目标之间就会产生大规模的冲突。联合国有必要声明, 必须将 17 个可持续发展目标看作无法分割的一个整体。然而, SDG 1~11 本身也有许多互相抵触之处。[101] 阿里恩·霍克斯特拉 (Arjen Hoekstra) 关于水足迹的研究表明,[102] 零饥饿目标 (SDG 2) 很容易与为所有人提供充足用水的目标 (SDG 6) 相冲突; 它们对陆地生物 (SDG 15) 的影响规模巨大且遗害长远。国际资源委员会对不同的可持续发展目标之间的协同性和冲突性进行了初步评估,[103] 结果发现, 要提升人类的福祉"取决于谨慎 (和谐共生) 地使用自然资源"。这是非常委婉的说法, 意思是以今天这种不顾一切滥用自然资源的方式, 实现生态目标根本无望。与此同时, 迈克尔·奥伯斯坦纳 (Michael Obersteiner) 等人[104] 发现, 降低粮食价格的政策和推进 SDG 13、14 和 15 之间存在巨大的冲突。

      如果只批评主要针对发展中国家形成的社会经济目标, 而不批评世界上富人群体的过度消费, 当然是不公平而且片面的。况且, 即使生态破坏最终发生在发展中国家 (南方), 其根源大多是拜发达国家 (北方) 的生态足迹输出所赐。在对地球物种的各种威胁当中, 有大约 30% 由国际贸易所致。[105] 罗马俱乐部始终坚持正义和公平分配的原则, 这意味着, 我们在协调经济和生态可持续发展目标的同时, 也要寻求体现南北正义的解决方案。

      杰弗里·萨克斯 (Jeffrey Sachs) 等人[106] 最近利用世界银行

和其他机构提供的指标，对 149 个国家的每个可持续发展目标
进行了定量评估，并根据 17 个可持续发展目标的总体表现进行
排名。图 1.12 显示了最佳表现的前十名和其他几个主要国家的
排名及总分。

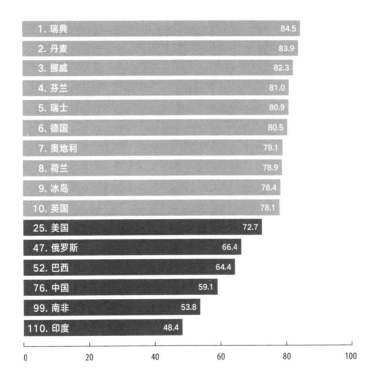

图1.12　根据现阶段可持续发展目标（SDG）的表现（综合指标，满分100），排名前十的国家都在欧洲。美
国由于高度不平均和超额使用资源而排在第25位。发展中国家因受到过高的贫穷、饥饿、文盲
率和失业率的影响而排名靠后。图片来源：https://www.bertelsmann-stiftung.de/en/topics/
aktuelle-meldungen/2016/juli/countries-need-to-act-urgently-to-achieve-the-un-sustainable-
development-goals/

42 　　排名前十的都是富裕的欧洲国家，而排名最低的最后十名，大多是贫穷的非洲国家（见表1.1）。

表1.1 现阶段可持续发展目标（SDG）表现排名垫底的11个国家

排名	国家	表现
139	阿富汗	36.5
140	马达加斯加	36.2
141	尼日利亚	36.1
142	几内亚	35.9
143	布基纳法索	35.6
144	海地	34.4
145	乍得	31.8
146	尼日尔	31.4
147	刚果	31.3
148	利比里亚	30.5
149	中非共和国	26

43 　　这样的排名并无惊人之处，《2030议程》的宗旨就是要提升贫穷国家的可持续发展水平。然而，令人不安的是，可持续发展表现排名高的，恰恰是沿袭传统增长路径的国家，也就是那些人均生态足迹较高的国家。

　　"全球足迹网"（Global Footprint Network）每年根据人均消耗的货物和服务所需的面积，评估和更新各国的"生态足迹"。可想而知，社会经济表现好和富裕程度高的国家，面积数据较高。

　　图1.13呈现的是各国的人均生态足迹（纵轴）和人类发展指数（Human Development Index, 简称HDI）之间的关系。HDI是个人教育、健康和收入的组合，是一个代表福祉的综合指标（横轴）。在右下角的四方区里HDI大于0.8、生态足迹小于1.8全球性公顷[18]，这正是所谓的"可持续发展象限"。

---

[18]　Global Hectare, 全球性公顷, 生态足迹的单位。1单位的全球性公顷指的是1公顷具有的全球平均产量的生产力空间。——译注

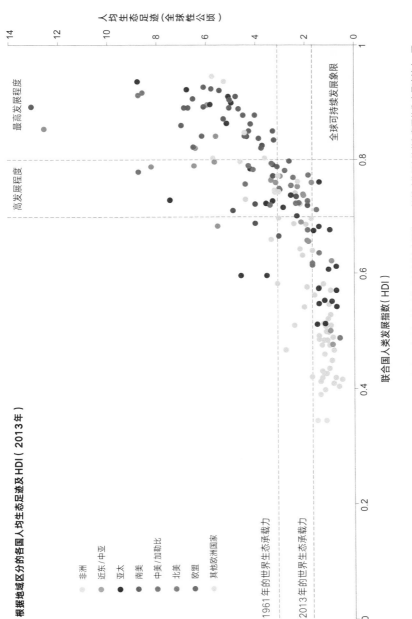

根据地域区分的各国人均生态足迹及HDI（2013年）

人均生态足迹（全球性公顷）

最高发展程度

高发展程度

全球可持续发展象限

联合国人类发展指数（HDI）

非洲
近东/中亚
亚太
南美
中美/加勒比
北美
欧盟
其他欧洲国家

1961年的世界生态承载力

2013年的世界生态承载力

图1.13　生态足迹与可持续。人均生态足迹从下到上，人类发展指数（HDI）从左到右。（位于左边的）穷国的HDI较低，（位于右边的）富国的生态足迹较大。可持续发展的一角内是空白。上一条水平虚线显示的是1961年当时世界只有31亿人口时的人均生态承载力。图片来源：2017 Global Footprint Network，National Footprint Accounts, 2017 edition; data.footprintnetwork.org

事实上，"可持续发展象限"是完全空的，这意味着没有任何一个国家既拥有高社会经济表现（HDI 高于 0.8 ），又留下足够小的碳足迹（低于 1.8 全球性公顷）。也就是说，没有一个国家在可持续发展的三根支柱（经济、社会和生态）上都有足够好的表现。

44   萨克斯等人还揭示了一个隐藏的矛盾：如果所有国家都实现了 11 或 12 个社会经济的可持续发展目标，人均生态足迹将会达到 4～10 公顷。就 76 亿人来说，这意味着我们将需要 2～5 个地球大小的行星！

还有另一个令人印象深刻的事实。每一年"地球生态超载日"——即地球当天起进入了本年度的生态赤字状态，开始消耗无法在当年剩余时间内再生的自然资源——一次又一次提前。1970 年，这一天出现在 12 月下旬；而到了 2017 年，它已经提前到了 8 月 2 日。预计到 2030 年，这一天会提前到 6 月份（图 1.14 ）。

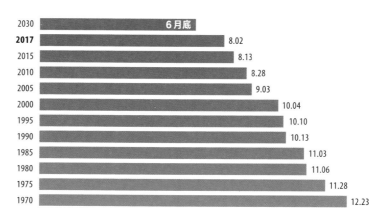

图 1.14   "地球生态超载日"在日历上不停地往前推移。图片来源：https://www.overshootday.org

萨克斯等人强调，即使是 SDG 指标表现最好的国家，也远未实现生态的可持续发展。

从对联合国《2030 议程》的讨论中，我们可以得出一个结论：世界无法承受分头执行这 17 个可持续发展目标的方案。我们急切地需要在政治、社会经济和环境方面以和谐共生的方式，来达成整体的目标。然而，这将迫使全世界从根本上彻底改变技术、经济和政治这几十年来惯用的发展模式。[107]

1.11 喜欢数字革命带来的颠覆吗？

1.11.1 来自加州的颠覆性技术

技术创新和发展在不断加速。在美国，创新几乎是每个人的目标。然而，真正令人兴奋的新术语是"颠覆性技术"，它意味着取代和摧毁现有技术的创新。这里举几个典型例子：传统的照相技术曾经让柯达获得丰厚利润，但数码相机横空出世，随后又出现了智能手机，柯达就此便销声匿迹；传统的音乐 CD，在"在线音乐服务"出现之后，就乏人问津了。图 1.15 展示了这个概念。

颠覆性技术（Disruptive Technology）一词最早由克雷顿·克里斯滕森（Clayton Christensen）提出，在 1995 年他和约瑟夫·鲍尔（Joseph Bower）的合著中公开发表。[108] 作者们借鉴了约瑟夫·熊彼特（Joseph Schumpeter）关于创造性破坏（Creative Destruction）的概念。1942 年，第二次世界大战尚未结束，熊彼特[109] 为破坏一词赋予了一个积极的含义："好"的创新会击垮和摧毁旧有的结构及技术，他将其称为"资本主义的精髓"。尽管受到了熊彼特的启发，鲍尔和克里斯滕森并不想把这么正面的词称为破坏性的技术。因为，英文中的"破坏"

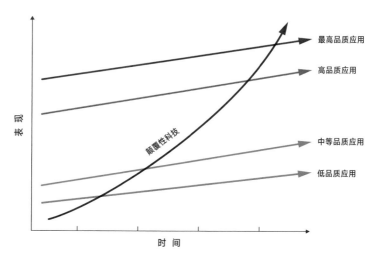

图1.15 颠覆性技术的初始表现有可能比低品质应用还要差,但最终将超过最高的标准,因为它能够开创新的市场。图片来源:https://en.wikipedia.org/wiki/Disruptive_innovation

(destructive)其实指的是不令人喜欢的干扰。直到1995年,破坏性的内涵都是负面的。你喜欢在睡觉、与朋友共进晚餐或者听音乐会的时候,突如其来地被干扰吗? 很少人会同意吧! 采用"颠覆"(disruptive)一词,就比"破坏"来得中性,而又有"彻底的改变"和"革命性的取代"的意思。对于渴望创新的人来说,颠覆才是灵感之源。不过,即使用"颠覆"取代"破坏",中和了一些负面含义,我们在赞赏极具独创性的、大获成功的新技术之余,还是需要审视"颠覆"或者"破坏"所附带的黑暗一面。

1.11.2 时髦的数字化

我们这个时代,人们可以清楚地观察到日新月异的技术创新。数字化是现在的流行词。年轻人把自己看作是"数字原住

46

民"，与那些曾经拿着纸笔和书本长大的老一辈"数字移民"截然不同。数字原住民的行为每年都在变化，和成千上万的新应用程序（Apps）的推出保持同步，甚至还推动着社会的数字化进程。好像生活就必须得在颠覆中接着颠覆，而且他们还很享受！

我们把大部分的时间、注意力和金钱投入到一直在更新的数码产品上。数码已经成为了进步和科技的代名词。数字化正在加速所有事物的改变：新产品和服务的引入、过程的转换、市场的再造，让我们的生活从整体上发生了变化。

自 20 世纪 80 年代以来，信息通信技术（Information Communications Technology, 简称ICT）发生了爆炸性的增长，至今几乎无处不在。最新的数字设备引发的广泛热潮体现了一种激动人心的创业精神，这种精神被以技术满足人类欲望的潜力鼓动起来。如今人们热议的不再是信息通信技术，而是数字化。数字化的爆炸，也相应地带来了大把的机会和风险。

巧合的是，布伦特兰委员会（Brundtland Commission）在 1987 年推广了"可持续发展"概念，几乎是同时，信息通信技术开始起飞。第一台个人计算机被推上市场，包括 IBM 的个人电脑（1981 年）、康懋达（Commodore 64, 1982 年）、苹果的麦金托什（Macintosh, 1984 年）。也有人曾尝试在布伦特兰委员会里强调信息通信技术可能对环境造成的影响。但是，当时没有一个人能想象数字革命会对社会和生态造成的冲击。

但与此同时，数字革命对社会和生态方面的负面影响已经显现。数字化转型的规模和速度是人们始料未及的。它要求人们竭尽所能地做出回应并与之共处。最优秀的研究者和创新者有责任去探索如何最好地利用数字技术来应对和改变我们（不可持续）的生活方式。

　　下一步呢？我们还能继续期待新的颠覆和突破吗？似乎所有成熟的发展都和电子有关，集中在规避税务、节省人力上。企业管理的新口号"零边际成本"，[19] 无非是游走在税务管理之间的障眼伎俩。例如：出租车司机的工作被优步给抢走了，原因是出租车必须付税承担"边际成本"。[20] "共享经济"（sharing economy）乍看之下，确实非常适合大众；然而，国家需要一套完整的法律框架确保这些公司同样承担基础设施的成本，而不是将成本转嫁给"他人"或者国家。

　　另外一个热门话题是 3D 打印。喜欢自己动手的消费者和手工艺师傅都很自然地认可 3D 打印所具有的优势 —— 在家就可以根据自己的意愿生产产品，而产品也符合生态环保的设计。一切听起来都非常诱人。然而，这其中缺少的是来自经济、社会和生态的验证。[110] 试想一下数以百万计分散的 3D 打印机，每一台都需要稳定供应 20 到 60 种不同的化学原料（以及更多的化合物），那么这些化学品的需求和消耗将会爆炸式地增长。更别提那些需要再利用的废旧回收产品以及没用完的化学物质，又该怎么处置？

1.11.3 可怕的奇点和科技爆发

　　杰里米·里夫金（Jeremy Rifkin）是新经济的最早支持者之一，在他的《第三次工业革命》（*The Third Industrial Revolution*）一书中，他认为新经济会引发一系列以信息通信技术为基础的

---

[19]　Zero Marginal Costs，零边际成本，杰里米·里夫金在其著作《零边际成本社会》（*The Zero Marginal Cost Society*）中描述了新兴的物联网如何将我们推向一个商品和服务成本极低或零成本的时代，这促成了全球合作共同体的迅速崛起和资本主义的没落。引自 https://www.thezeromarginalcostsociety.com。——译注

[20]　Marginal Cost，边际成本，指每一单位新增生产的产品（或购买的产品）带来的总成本的增量。——译注

颠覆性技术。[111] 虽然他的愿景稍嫌狭隘，只集中在可再生能源和分布式发电上，然而其基本构想与工业 4.0 [21] 却有异曲同工之处。在本书 3.10，我们会讨论一些由数字化引领的既特别又生态环保的选项。

现在让我们来看看这个革命耸人听闻的一面。很多伟大的科技梦想，到头来反而成了一场梦魇。

从技术角度来看，数字化进程有两个主要的驱动因素。第一个驱动因素是已经有 40 多年历史的摩尔定律（以英特尔创始人戈登·摩尔 [Gordon Moore] 命名）：微型化技术的进步让集成电路（芯片）上的晶体管密度大约每两年就增加一倍。这样一来，微处理器的计算能力在不增加成本的情况下，得以快速增长。

第二个驱动因素是梅特卡夫定律（Metcalfe's Law）：网络的价值与连接用户的数量的平方成正比。这意味着在网络上竞争力较强的扩散过程可以非常迅速，因为领跑者的优势超越了线性，是呈二次方的。软件业务、电信传输和互联网都呈现出如此强大的积极网络反馈效应。

这两个定律成为人们相信"科技呈指数跃进"的基础，人们同时也相信这样的过程能为人类所用，带给人类益处。雷·库兹威尔和彼得·戴曼迪斯（Peter Diamandis）是"无限改进"这一愿景最著名的推广人，他们认为经由最新颖、功能超群的科技，"能够形成全新的、富足的世界"[112]：通过水净化、食品生产、太阳能利用、医药、教育，以及稀有矿物的再利用或再循环等方方面面的技术，能满足即将到来的 100 亿居民的所有需求。他

[21] Industry 4.0, 工业 4.0, 是德国政府在《德国 2020 高技术战略》中所提出的十大未来项目之一，旨在提升制造业的计算机化、数字化和智能化水平；建立具有适应性、高资源效率及基因工程学的智慧工厂，在商业流程及价值流程中整合客户以及商业伙伴。——译注

们与全世界大部分集团企业里"线性思维"的高管们形成鲜明的对比。[113] 高管们寄望于一群"指数成长型企业家"通过利用"6D"的循环思维——数字化、幻觉化、颠覆化、去货币化、去物质化和民主化——来寻找解决全球重大问题的方法。

48   戴曼迪斯和史蒂文·科特勒(Steven Kotler)犯了个思维上的错误,他们对"反弹效应"似乎不甚了解。反弹效应主要是指:过去的纪录显示,所有的效率提升都会使人更容易得到想要的产品,因而导致更大的消费量。如此一来,也就增加了资源的消耗和对生态的破坏,(通常由于人类的加速流动)最终致使全球变暖、资源枯竭和生物多样性破坏。

科技爆发还会对社会造成严重后果。有的也已经被写进了小说甚至拍成电影。戴夫·艾格斯(Dave Eggers)在《圆圈》(*The Circle*)一书中展示了世界上最大的互联网公司的权力如何变得势不可挡。这有点像乔治·奥威尔(George Orwell)在 1949 年写的《1984》,但用词更标新立异,更贴近今天的现实。[114]这些恐惧,不论多么荒诞,我们都不能对其掉以轻心。数字世界,就像其他任何生意一样,很容易形成垄断、滋生黑帮。

更恐怖的是库兹威尔对"奇点"[115] 的预言。他断言"人工智能"将在未来的某个时刻,也就是奇点,超越人类的智能。之后,"创新"便开始加速。读者们,请想象一下,一切都由超级计算机操控、自动加速创新,人还怎么控制局面?然而,"精灵"早已飞出了魔瓶!倘若现代高科技武器发展拥有这种不可控的超能力支持,加之精神分裂或偏执的领导人,以及忽视物理法则的群众,我们必须反问,这,是我们希望生活的世界吗?

再回来谈谈位于加州森尼维尔的"奇点大学"要孵化的指数跃进的科技。戴曼迪斯是这个高科技智库的主席,该智库旨在持续推动技术和创新方面的指数级增长。严谨的科学观察证实，依托资源供给的指数级增长只能存活于有限的时间段内。在封闭的系统中，如培养皿中的细菌，在漫长的"前滞阶段"之后，细菌会开始步入"指数增长阶段"，抵达"稳定阶段"，再进入"死亡阶段"——细菌会逐步耗尽自己的资源。

　　电子当然与生物有所区别。奇点虽有着不可一世的乐观愿景，但在这一阵营中也存在尖锐的反对声。由行业赞助的国际半导体技术发展蓝图组织（International Technology Roadmap for Semiconductors，简称 ITRS）认识到，摩尔定律并非铁律。由于物理的极限和微观层面控制散热的问题，晶体管的微型化发展已经抵达自然的终点，[116] 产品的驱动力将会在 2020 年或 2025 年发生根本的变化。这至少说明，在谈论创新的迅猛跃进的前景时，我们需要谦逊。

　　尽管信息通信技术和数字化技术带来无数好的进步，但它们在可持续方面的直接影响毫无疑问是负面的。信息通信技术行业本身的迅速发展在很多情况下，已经造成能源、水和一些关键性资源（如特种金属）的消耗呈指数级增长。有大量的文献从各个角度论述此问题，这里就不再做进一步的探讨，读者可以自行查阅。[117]

1.11.4 就业

　　数字化引发的一个最大的担忧是裁员。从政治角度来看，就业永远是重中之重。然而，数字化的应用对客户的承诺通常是用机器人取代人工。卡尔·本尼迪克特·弗雷（Carl Benedikt Frey）和迈克尔·奥斯本（Michael Osborne）的研究表明，美国有 47% 的工作岗位受到自动化的威胁，可能会消失（如图 1.16 所

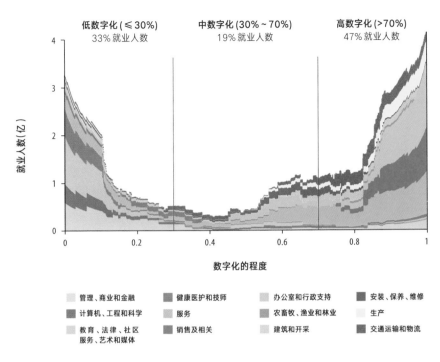

低数字化(≤30%)   中数字化(30%~70%)   高数字化(>70%)
33%就业人数   19%就业人数   47%就业人数

图 1.16   在智能化和数字化进程中，不同的工作岗位消失的可能性。美国47%的工作岗位有高于70%的消失风险。图片来源：Frey and Osborne, "The Future of Employment," 2013, https://www.sciencedirect.com/science/article/pii/S0040162516302244（尾注118）

示）。[118] 2016 年世界经济论坛的报告总结称，[119] 未来五年，15 个重要国家将减少约 710 万个工作岗位，另外将创造 200 万个工作岗位，这意味着净损失达 510 万个工作岗位。新兴工业化国家的技术基础设施仍然落后，受到的影响可能比发达和富裕的工业化国家更大。为富裕国家大型厂商生产零部件的劳动密集型厂家受到的影响最严重。

　　当然还有更骇人的数字。例如，最近有一则广告宣称："到
2020 年，全球经济将会出现 8 500 万个招不到合格员工的岗位
缺口。"由雪佛龙（Chevron）和旧金山 49 人美式足球队基金会
（49ERS Foundation）赞助的广告提出了一条教育补救的策略，
旨在培养人们掌握"未来十年，80% 的职业所需要的科学、技术、
工程和数学（STEM）技能"。[120]

　　当然，由于自动化生产和其他方式的数字化，传统工作岗位
的减少和消失应该是一种新的推动力，推动创造与教育和医疗
卫生相关的新工作，尤其是向可持续社会过渡所需的工作岗位。
然而，这些都需要公共部门的支出。在一个闻税色变的经济体制
中，钱从何而来？

　　除了失业的恐惧之外，数字化会带来更糟糕的劳资关系、弱
化的工会，以及低成本的劳动力，仅有少数技术精英可置身事外。

1.12　从空旷到拥挤的世界

50
　　欧洲的经济学家和政府高官经常说，经济和生态之间没有
冲突。经济需要发展，环境同时也要保护。但事实真是这样吗？
这可能吗？尽管这种说法令人欣慰，但最多只道出了一半的真
相。包括中国在内的发展中国家，凭借后发优势，也可以理直气
壮地说，发展才是硬道理，没有富足的社会，保护环境的基础从
何而来？但，那也只揭示了真相的另一半。

　　在经过了前面所有的讨论之后，我们选择用有关经济的讨
论来总结第一部分是再自然不过的。我们所处的世界已经从空
旷走向拥挤。在拥挤世界中指导经济发展的原则应当有别于空
旷世界中的原则。只有看清了这一点，我们才能了解真相。

1.12.1 物质增长的影响

如图 1.17 所示，经济系统是一个开放的子系统，而它所从属的更大的生态系统虽然可以源源不断地接收太阳能，却是一个有限的、不会增生的、对物质封闭的系统。

51

根据物质能量守恒定律（热力学第一定律），经济活动从生态系统攫取自然资源和能量，这就等于降低了自然系统的总潜能。人类的经济活动越多（人口增加、原材料采集、废料填埋等），自然环境就相对地越少。因此，经济和环境之间存在着明显的物质上的冲突。

经济活动是生态圈的一个子系统，这看来很明显，无需过多强调。然而，政府往往持相反的观点。例如，英国自然资本委员

52

会主席表示，"正如白皮书所强调，环境是经济的一部分，必须适当地整合到经济中，这样我们就不会错失增长的机遇"。[121]

但是，物理学家对自然规律的理解，与经济学家和政府所坚持的观点，两者之间的分歧究竟重要吗？有些人不以为然。另一些人认为，我们仍然生活在空旷的世界里，相对于生态圈来说，经济活动圈并不算大。攫取资源的技术影响甚微，数量很少；鱼类的繁殖量大于我们的捕获量，树木的生长速度快于我们的砍伐速度，地壳中矿物质的含量依旧丰富，自然资源并不稀缺。在空旷世界里，生产系统所产生的不必要的副产品（经济学家称之为"负外部效应"）分散在广阔的自然环境中，可以很轻易地被化解、吸收。

然而，在拥挤世界里，我们没有足够大的自然环境来吸收垃圾。当今大气中二氧化碳的富集就是一个很明显的例子。在拥挤世界里，"外部效应"也并非是对外的，而是会直接影响人类和地球。然而，这些并未被计算在生产成本之内。

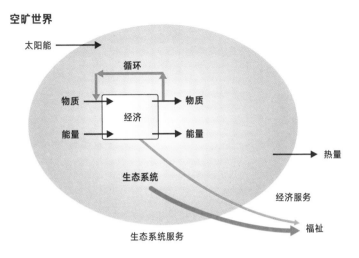

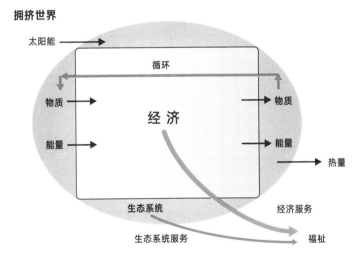

图 1.17　空旷世界和拥挤世界里的福祉。图片来源：Herman Daly, "Economics for a Full World," Great Transition Initiative, June 2015, https://www.greattransition.org/publication/economics-for-a-full-world

新古典主义和凯恩斯经济理论都建构在空旷世界的基础上，至今仍然包含了过去那个时代的许多假设。让我们再回忆一下图 1.5 的"超快提速"，当世界人口达到原先的三倍时，牛、鸡、猪、大豆和玉米等生物以更快的速度增加，同时增加的是汽车、建筑、冰箱和手机等无生命的商品总量。

所有的这些不论是有生命的还是无生命的"群体"，都是物理学上所谓的"耗散结构"。就是说，维护（修复）和繁殖（再生）经过的是代谢的过程：将高结构、低熵值的资源从生态区取出，作为开端，最后以高无序、高熵值的废弃物回归生态圈，作为终端结束。在过程的两端，代谢吞吐量都不可避免地增加了使用者和财富的生产、维护和再生的成本。虽然尼古拉斯·杰奥尔杰斯库－罗根 [122]（Nicholas Georgescu-Roegen）和肯尼思·博尔丁 [123]（Kenneth Boulding）早在几十年前的文献中就提及代谢过程的概念，但直到最近，这些概念仍没有被纳入到主流经济理论中。

从空旷世界到拥挤世界的成本和效益如图 1.17 所示。从经济到福祉的棕色箭头表示经济服务的产出（经济效益），这在空旷的世界里很小，但在拥挤的世界里却很大。效益的增率是递减的（理性的人会优先满足最重要的需求 —— 边际效用递减法则）。不断萎缩的生态系统服务（绿色箭头）表示了经济增长的代价。生态服务在空旷世界中是巨大的，在拥挤世界中则变得很小。随着生态系统被经济以加速的方式挤压，生态服务的减少速度也在增快（根据边际成本递增法则，人类会尽可能优先删除最不重要的生态系统服务）。

当附加的经济服务的边际效益与所牺牲的生态系统服务的边际成本持平时，总福祉（经济和生态服务的总和）达到最大。

这样可以得出经济和生态圈大致的最优规模比例。超过了这一点，物理增长的成本超过了价值，因此就变成了"不经济的增长"。精确地衡量收益和成本（尤其是成本）固然操作起来有难度，但我们不能因此而模糊增长存在经济极限的明确逻辑，或者抹煞从"全球足迹网"（图 1.13）和"行星界限"研究中得到的经验证据（见 1.3）。

当经济学里有了代谢吞吐的概念，通过热力学定律，就能显示出"增长论"与实际有多么不符。正如前文提到的，热力学第一定律说明了在环境和经济之间，物质和能量存在定量的竞争关系。热力学第二定律说明了经济通过提取低熵资源和返回高熵废物，使得环境产生了质的退化。第二定律让人了解到，在经济扩张与环境保护之间还有额外的冲突，即经济的秩序和结构是以制造生态混乱和破坏可持续生态圈为代价获得的。

1.12.2 GDP 的错误：忽略了物质的影响

另一种否认经济增长与环境存在冲突的论调是：因为 GDP 是以价值为单位来计算的，因此对环境没有任何实质的影响。尽管 GDP 是以价值单位来衡量的，但人们也该清楚，每 1 美元的汽油是 1 个物理量（按最近的欧盟物价，大约是 ¼ 加仑的汽油）。GDP 是为最终使用而购买的所有这些"美元价值"数量的总和，因此是物理量的价值加权指数。GDP 当然不能与资源的吞吐量完全对应，但是，对于像我们这么依赖物质的生物来说，正相关系数相当高。所以，尽管人们很希望资源消耗量与 GDP 绝对"脱钩"，并经常予以讨论，其前景依然是受限的。[124]

当然，我们应该通过技术积极寻求脱钩的可能性。[125] 然而，

54   "杰文斯悖论"[22] 描述了人类倾向于更多地消费高效率的货品，这反而又消耗了大部分经由效率提升而节省的资源，在经济增长的热潮中甚至提高了资源消耗的总量。不过，我们不应以这样的结果来质疑"绿色增长"的可能性。[126]

生态经济学家将增长（物质数量的增加）和发展（设计、技术或伦理优先排序上的质的改进）区分开来，并提倡无增长的发展，即在不超过生态可容许的资源吞吐量内提升质量的发展。在本书 1.1.3，我们举了 LED 的例子。虽然严格说来，生产 LED 用的蓝宝石，来源是原先几乎可以全部回收的纯铝，在制成发光体后，反而变得无法回收，至少目前仍是如此。但是，LED 大幅减少了能量的消耗，提供了大量的照明却也是事实。或许，我们可以说，在提高质量的发展和环境保护之间没有必然的冲突。但数量的增长与环境之间肯定存在冲突。GDP 的计算把增长和发展、成本和效益结合在一起，形成的数字（相比其说明的问题）造成了更多的困惑。

经济获利的逻辑告诉我们，投资要投在供应链的瓶颈（限制性因素）上。到底是链锯、渔网或洒水器的数量，还是森林面积、鱼群数量或水资源的大小限制了生产？经济获利的逻辑没有改变，但限制性因素却起了变化。旧有的诸如制造更多的链锯、渔网或洒水器的经济策略已经无法获利。投资就该转向目前的限制因素 —— 供给侧的自然资本。就渔业而言，先要减少捕捞量，使鱼群数量恢复到之前的水平。

传统经济学家对这种限制性因素的变化有两种反应。第一

[22]   Jevons Paradox, 杰文斯悖论, 也称杰文斯效应。1865 年英国经济学家威廉·杰文斯（William Stanley Jevons）观察到，提高煤炭使用效率的技术改进导致广泛行业煤炭消耗量的增加。他认为，与普通的直觉相反，技术进步不可能降低燃料消耗。在经济学中，当技术进步提高了使用资源的效率时，杰文斯悖论就会发生，但资源消耗的速度上升是因为需求增加。——译注

种是无视它，并继续相信我们生活在空旷世界里；第二种，声称人工和自然的资本是可以相互替代的。新古典主义经济学家认为，即使自然资本比以前紧俏，这也不是个问题，因为人工资本是自然资源"近乎完美"的替代品。在现实世界中，所谓的"生产"实际上是一种转化。自然资源被资本和劳动力转化（而不是增加）为有用的产品和废料。

技术的改进或许可以减少资源消耗造成的浪费，也可以使资源回收变得更容易，但是我们很难想象如何用资本和劳动力来替代自然资源流。这就好比，即使有更多的厨师和烤箱，1公斤的面粉能生产出10公斤的蛋糕吗？

投资声纳或许可以帮助人们定位，找到海里剩余的鱼群，但不能实际增加鱼群。而鱼群一旦消失，渔船的资产，包括声纳，就都没有价值了。在拥挤世界里，某些形式的增长已经变得不经济、不划算。

1.12.3 GDP 的又一错误：成本不等于效益

55

人们终将了解，GDP 从来都不是社会福祉的指标，GDP 最大化也不是国家政策的合理目标。尽管没有单一的衡量方式能够满足所有的目的，但人们都认为 GDP 使用起来很方便，所以仍旧是国家经济政策的惯用依据。GDP 记录每项支出，但并不区分这些活动是增加还是减少了福祉。例如，由于石油泄漏，清理和修复支出的费用都会被计算在 GDP 内，而事实上泄漏损害了整体的福祉。其他导致 GDP 增加的活动还包括自然灾害、大多数疾病、犯罪、意外事故和离婚，这些都只与吞吐量（成本）有关，而与幸福感（福祉）无关。

GDP 还遗漏了许多不涉及货币交易，却能提高福祉的活动。例如, 从花园中采摘蔬菜, 为家人或朋友做顿饭, 都不包括在 GDP 中。然而, 从超市冷藏柜买来的菜肴, 却被计入了 GDP。留在家里没出去工作的父亲或母亲, 对家庭无偿地辛勤付出, 他们的劳苦虽然不包括在 GDP 中, 却很可能对家庭的幸福有着决定性的贡献。

此外, GDP 并未考虑个人收入的分配。它并不关心是否单个个人或公司的所有收入都来自一个国家, 或者分配是否公正。增加 1 000 元收入所获得的幸福感, 对于一个穷人来说, 显然远高于一个富人。

即使 GDP 存在这么多不合理的问题, 却依旧是衡量国家整体表现最常用的指标, 这或许是因为 GDP 能清楚地统计有偿的工作岗位以及税收, 这两项是大家都关心的问题, 也确实有助于国家的管理。然而, GDP 无法辨识公共安全事故、食品安全和航空意外这些令人沮丧的事件, 虽然这些事件带来了工作岗位和税收, 却降低了幸福感。

过去几十年中, 研究者致力于将经济、环境和社会因素纳入一个能够真实反映社会进步的共同框架, 并提出了许多替代指标, 在本书 3.14 中会专门谈到。

本书距离《增长的极限》的出版已有45年，距离1992年里约热内卢的地球高峰会议也过了25年。最近有一项名为"为什么花了25年的功夫，我们还是不可持续？"[127]的研究对那场峰会的影响做了评估。编辑迈克尔·豪斯（Michael Howes）及其团队搜集了来自全球各地，包括发展中和发达国家的94项行动研究报告。研究发现，人类固然付出了很多的努力，然而，从1970年来，生物多样性减少了50%以上；人类生态足迹提升显著，几乎需要1.6个地球才能满足我们日常的资源消耗；年度温室气体排放量增加了将近一倍；这一时期，世界失去了超过48%的热带和亚热带森林；另外还必须补充一点，世界人口和人均资源消耗量增长了一倍以上。

豪斯指出，人类总是在经济、政治和沟通这三个方面反复出现问题。滥垦滥伐和破坏环境的行为依然有利可图；政府不能或不愿意采取有效的措施；他们在沟通中没能和当地民众解释清楚哪些资源有保护的必要，到头来反而造成大规模的抗争。这种情况发生在世界各地，包括发达国家和发展中国家。

豪斯建议的出路是，政府提供财政激励措施，通过可行的过渡途径，令对环境有害的产业转型，转而开展生态高效的生产活动。重要的是，产业的决策人必须充分了解破坏环境的危害。

建议虽好，但是，这么不痛不痒，谁会听他的呢？政府不是笨得不懂得和企业打交道，而是不想输掉下次的选举；企业不是不愿做，而是做了没利润，做了就得关门大吉。

让我们探讨一下气候保护的政治逻辑。在2015年的巴黎气候高峰会议上，很多国家都同意要迅速且显著地减少二氧化

57 碳及其他温室气体的排放。期待到 2050 年时，人类能够在碳中和[23]的情况下运作。这个问题落实到主要城市，就会讨论我们该做些什么。为了不减少就业、不损失已有的福利，结论必然是，我们需要很多钱，于是人们自然首先讨论说要有新的经济增长动力。然而，如果什么都不做，就只会增加温室气体排放，而不是减少。

"什么都不做"这五个字可以理解为一个警告，每个支持转型的人都应该牢记。我们究竟该做些什么？读了本书第一部分关于惨淡现状描述的读者应该清楚，面对经济增长的需求和人口不断增长的现实，人类不能仅仅依靠投资新技术去解决问题，我们要的是更激进的转型行动计划。最高目标，不可能再是一味增长，而应该是真正的可持续发展！

要达到这个目标，必须制订一个具有效力、定义明晰的转型行动计划，并检查其内容与所设的目的及结果是否一致。人类除了创造新的思维、新的哲学，别无他途，因为过时的增长哲学，已被证明是错误的。

此外，必须做到两个脱钩任务：第一个任务是，货物和服务的生产与对自然的不可持续消耗（要更好地）脱钩，以实现满足人类需求与一味追求经济增加产出（要妥善地）脱钩的目标。128第二个任务意味着要降低 GDP，这对所有的政权、政党来说，是个难以克服的梦魇，如本书 1.12.3 所述，GDP 与就业密切相关，没有人会愿意冒此风险。

要想实施转型行动计划，就必须转变思维，了解可持续世界能给未来世界带来的好处远远超过现阶段就业数字的重要性。

[23]   Carbon Neutralization，碳中和，指二氧化碳总排放量为零；即排放多少二氧化碳，就采取多少抵销措施来达到平衡。——译注

这意味着，在拥挤的世界里，我们需要不同的政治哲学和文明哲学。

　　本书的第二部分专注在哲学。我们希望能够为建立更好的哲学框架摸索出一些初步线索。而这就导向了一种新"启蒙"。

　　当然并非只有罗马俱乐部在寻找向可持续世界过渡的路径。联合国环境规划署在《全球环境展望 5》的评估报告中写道："向可持续发展过渡，就需要在理解、说明性框架和更广泛的文化价值方面做出彻底的改变，同时也需要改变规范和协调个人行为的实践、制度和社会结构。[129] 在《经合组织的创新策略（2015 年修订版）》[130] 一书以及波士顿泰勒斯研究院（Tellus Institute）主任保罗·拉斯金（Paul Raskin）创立的大过渡网（The Great Transition Network, 简称 GTN）中，也可以看到相似的意图。拉斯金把世界构想成一个国家 —— 有着行星文明的地球国（Earthland）。[131]

　　考虑到如何突破目前的纷乱局面（见 1.1），消除许多不可持续的表征（见 1.2～1.9），我们必须清楚彻底转型的潜在危险和机会。为了做出正确的评估和成熟的判断，我们首先要了解所处时代的哲学危机。哲学分析能够帮助我们找出潜在的伙伴，引导价值观和思维方式的转变，让地球这艘太空船保持平稳，真正实现可持续。

第二部分

别扯了，
这套哲学不管用了！

2.1   教宗的通谕：愿祢受赞颂

63   教宗方济各 2015 年的通谕《愿祢受赞颂：论爱惜我们共
同的家园》¹ 成了当年的头条大新闻，直指我们对"共同的家
园"——地球——的持续破坏。文中谈到有毒的污染、废料、一
次性文化和失控的全球变暖，以及生物多样性的加速破坏。与
联合国的论调一致，通谕提及，几乎所有的国家都对贫富差距
无计可施；为防治环境灾害所做的许多努力也常常徒劳无功，
其原因不仅是遭遇强大的反对力量，而且国家本身对此也漠不
关心。²

在呼吁大家改变对自然的态度之前，教宗还更进一步描述
了环境破坏的实际情况和危害。在通谕的第 76 段："大自然可
以看作是一个能够被研究、认识和控制的系统，然而造物者的创
造，却只能透过张开双手接受惠赐来了解……"这个信息要传达
的是人类需要谦卑和尊敬，而不是骄纵和权力。

通谕揭示了广泛奉行的短视经济逻辑，这种逻辑的核心问
题是无视其对大自然和社会的长期影响所形成的真正成本，"认
为只要能增加生产，就无须顾及是否会牺牲未来的资源或有害
于环境；只要伐林能增加产出，就无须计算区域内土地的沙漠
化、生物多样性的丧失，或者考虑污染的增加所造成的损失。简
而言之，商业之所以有利润，是因为只计算并支付了所有成本中
的一小部分。"³

64   通谕的第 55 段："追求销售利润的市场，会刺激更大的需
求。如有人从世界外观之，定会非常讶异这种终将导致自我毁
灭的行为。"以及第 122 段："当人类把自己当作中心，快捷便利
成为绝对优先，其他都相对地不再重要。"接着，第 123 段谴责了

相对主义的主张："就让市场无形的手来调节经济，把对社会和大自然的影响看作附带的损害。"

这份有历史意义的通谕所传递的信息非常明确：人类正走向自我毁灭，除非能够接受一个强有力的限制性规则，扭转目前功利主义横行下的短期经济范式。或许，注意世界不同文明在精神和宗教上类似的限制，才是明智之举。"所有的迹象显示，我们需要的是一次大胆的、向前跃进的文化变革。"⁴

我们选择《愿祢受赞颂》作为本书探究环境伦理和世界宗教的切入点。事实上，早在30年前，包括了大多数基督教会（不包含天主教会）的普世教会协会（World Council of Churches，简称WCC）就曾经表达过同样的顾虑。1983年在温哥华举行的WCC第六次大会，一开始就对冲突的危险，包括对发生第三次世界大战的可能性感到忧心忡忡，呼吁召开泛基督教"和平理事会"。对军事冲突缘由的讨论促成了1990年3月韩国首尔会议的新提案——《公平、正义和创造的正直性》。[1]该会通过了关于正义、公平和创造的正直性的10项宣言。其中第7项描述了公平正义与环境的关系，并公开确认大自然的自我更新、生态系统的可持续性就是神的创造。大会所用的表达以及基于基督教的传统和对《圣经》的信仰，与后来的《愿祢受赞颂》是一致的。

尽管在西方少有人知道，但在2015年，伊斯兰世界确有关于全球气候变化的类似声明："我们生活的这个时代，越来越多人称之为'人类纪'或人类的时期。人类这个物种，虽然被挑选为地球上的关怀者或者监管者（哈里发[khalifah]），却成了破坏和灾难的祸首，一如既往地走在终结地球生活的道路上。目前气候变化的速度不能再继续，而地球的良好平衡（mīzān）也即将消失。人类如同织进大自然的一段锦，我们应该好好地领悟这一恩赐。"[5]

该声明是伊斯兰生态与环境科学基金会（The Islamic Foundation for Ecology and Environmental Science，简称 IFEES/EcoIslam）经历为期一年的全球咨询后得到的结果。该声明首先得到了世界伊斯兰救济组织（Islamic Relief Worldwide）的认可，然后又经过气候行动网络（Climate Action Network）和宗教与生态论坛（Forum on Religion and Ecology）的大范围讨论。虽然没有得到任何伊斯兰国际领袖人物的背书，却代表了一个由伊斯兰教引领的活动和思想者所组成的大网络。以下的这段文字可以看出这份声明所采用的语调："在提醒较富有的国家，该以'系铃人'的身份来承担这个问题的大部分责任的同时，我们每一个人也应责无旁贷地对恢复地球的平衡作出自己的贡献。"[6]

将《古兰经》创造性地与理性的科学，以及其他人类社会非宗教的特质融合在一起，这样的理念在中古时期的伊斯兰教就有了。来自布哈拉（后来的波斯）的阿维森纳（又名伊本·西那，Avicenna / Ibn Sina，约980—1037年），是一名著名的伊斯兰医生、科学家，他曾引用《古兰经》来驳斥星象学并非以事实为基础。基于理性和事实的论述，使他成为世界上第一个严谨的天文学家；他以科学为基础的药物学著述，是多个世纪来修习西医者的必读之书。阿威罗伊（又名伊本·鲁世德[Averroës / Ibn Rušd]，1126—1198年）一生大多时间在西班牙度过，是继伊本·西那、亚里士多德之后著名的医师、科学家，伊斯兰教早期启蒙的标杆人物。而今天激进的伊斯兰教派反而忽略或者打击这种将伊斯兰信仰和科学结合的共生思维。

已故的前国际法院副院长克里斯多夫·格里高利·维拉曼特雷[7]（Christopher Gregory Weeramantry）曾写过一本书，总结了世界五大宗教，书中提到人类对于大自然、其他生物和未来世代的责任。这位斯里兰卡法官在前言中写道，有着15万年历史的人类，居然在当下的这个时代，罔顾这150个千年以来汇聚了世界伟大宗教的核心传承。维拉曼特雷担心国家的世俗化和国际法的崛起，尤其当法制框架脱离了主要宗教所教导的教律，会将社会带离传统的道德约束，越走越偏。他建议，要将主要宗教的原则整合到国际法中，以此来应对目前人类的困境。

有些宗教，包括犹太教和基督教，都以人为主宰，引导人们不去顾及大自然的想法。《圣经》里记载的著名的掌管大地的故事是这样写的："神说：'我们要照着我们的形象，按着我们的样式造人，使他们管理海里的鱼，空中的鸟，地上的牲畜和全地，并地上所爬的一切昆虫。'神就照着自己的形象造人，乃是照着他的形像，造男造女。神就赐福给他们，又对他们说：'要生养众多，遍满地面，治理这地。'"（创世纪1:28）[2]

回溯世界主要宗教的起源，可以看出，当它们诞生时，世界仍是空旷一片，大自然依然广袤无边。相对来说，那时人类的数量较少，几乎时时处于饥饿状态，生活在遭受猛兽攻击、不知名的瘟疫侵袭、与邻近部落争战等的威胁之中。即使如此，部落中依旧有年长的智者了解将眼光放远的必要，包括每年预存粮食以备长冬和灾荒，计划开垦和征战，以及创立律法框架维护部落的正常运作。年长者（或祭司）能与常人不可及的神进行交流——神代表着长远的眼光，以及永生。

[2]　Global Bible Initiative, Chinese Union Version Modern Punctuation (Traditional)，见https://www.biblegateway.com/.——译注

早期有关男神和女神的故事，都与古希腊史诗《伊利亚特》和《奥德赛》等书中描述的战争英雄的命运有关。每位神灵只帮助其"挑选"的人生存并战胜所有的对手，这样的传统影响至今。"神圣"的战争包括了曾经以"十字架之名"年复一年进行的殖民化战争。今天，当面对污蔑他们的神和信徒的异教徒时，圣战（jihad）成为伊斯兰信徒眼中不可避免的正义之战。历史学家菲利浦·巴克（Philippe Buc）和凯伦·阿姆斯特朗（Karen Armstrong）从不同角度指出《旧约》（即犹太教传统）和基督教早期的宗教暴力倾向。不过，阿姆斯特朗补充说，宗教本身并没有固有的暴力性。[8]

罗马俱乐部从不支持任何带侵略性、战争性的宗教教旨，认为人类应该更加重视泛宗教的导引，规劝信徒珍惜造物主的惠赐，照顾我们共同的家园。此外，人们也需要认清，"要生养众多，遍满地面，治理这地"是三个源自亚伯拉罕的宗教——犹太教、基督教和伊斯兰教——共同的主张。但这显然已经不再适合这个"拥挤世界"了。

2.2   新故事，新未来

关于宗教在当今环境和社会危机里扮演的角色，大卫·科腾（David Korten）以最近的一份对罗马俱乐部的报告为依据[9]提出了新的论点。他指出，这三个紧密相联的一神教——犹太教、基督教和伊斯兰教——是近千年来最坚定且持续扩大的宗教。三者都采用同样的方式，以父权制来统治人类和神的恩赐——大自然。层级有别的父权制似乎为管理带来了便利，然而，却也有许多麻烦的副作用，例如不时地使用军队武力，制造政治或者宗教精英阶层，压榨女性，迫害知识分子，传承死板的教律等。这些都几乎无可避免地会引发人们要求自由和启蒙的改革运动，尤其是与教会组织的冲突，但人们依旧信奉宗教的原始智慧。

欧洲对"父权制"的主要反应表现在 17—18 世纪的启蒙运动，这场运动激发了科学技术的兴起，点燃了人们对创造科技"奇迹"的兴趣。根据科腾的说法，这个新"故事"叫作大机械宇宙论（the Grand Machine Cosmology）："科学在人类的进步、福祉和知识上做出的贡献，为宇宙论赢得了足够的权威和尊重"，[10] 同时也赋予金钱以神圣的特质，成就了这个被"追金机器人"控制的世界。[11]

为了避免落入呆板的"父权制"宇宙论和"金钱万能"的破坏性范式，科腾讲述了一个神圣生活和地球长存的新宇宙故事。他用各地自治社区、2010 年科恰班巴（Cochabamba）大会上提出的《大地母亲权力宣言》，[3] 以及新兴的生活经济[4] 这一全球性运动为例，来说明如何通过改变相互关系，保护地球和生活在地球上的所有生命。

我们不能保证能为所有问题找到正确答案。但是，我们必须强调，为了应对今天的挑战，如同教宗、WCC、IFEES、科腾，以及其他作者所提出的，我们有必要加上精神维度和道德上的观点。面对这些令人咋舌的问题，我们不能再坐视不管，任由自私和贪婪继续作为社会进步的驱动力。进步，在讲团结、重人性、敬大地（母亲）、顾后代的文明里，照样能够绽放迸发！

---

[3]　*Declaration of Rights of Mother Earth*，《大地母亲权利宣言》，见 http://therightsofnature.org/universal-declaration/.——译注

[4]　Living Economy，生活经济，确保经济最大限度地保留在当地，同时维持充满活力、宜居的社区和健康的生态系统。详见 http://www.wwf.gr/en/sustainable-economy.——译注

图 2.1   《第一次全球革命：罗马俱乐部理事会的报告》(主笔：亚历山大·金，1984—1990 年的罗马俱乐部主席，之后任名誉主席)。肖像由亚历山大·金的家人提供

2.3   1991 年 "第一次全球革命"

　　1991 年，时任罗马俱乐部主席的亚历山大·金和执行秘书伯特兰·施耐德 (Bertrand Schneider) 共同执笔出版了《第一次全球革命》(图 2.1)。[12] 他们把《增长的极限》所列出的要点称为问题 (problematique)，把实际能成功解决的方法用一个新的英法文混合词来代表，称之为解法 (resolutique)。

　　当时罗马俱乐部的领导层被称作罗马俱乐部理事会，金和施耐德获得了理事会的同意 (不过并非一帆风顺)，将该书称为《罗马俱乐部理事会的报告》，而先前的 15 份都是 "呈罗马俱乐部的报告"。

68

　　《第一次全球革命》把冷战的结束看作是人类转轨和重新定义"共同敌人"的一次绝佳的机会。人类共同的敌人就是环境恶化、气候变暖、贫穷、军备扩张和资源（包括能源和水）短缺等问题。全世界的政府都应联合起来对付这些庞然大物。正当的治理是书中的关键论点和问题的解法。1992年里约热内卢的联合国环境与发展大会上，罗马俱乐部的报告《第一次全球革命》促成了《21世纪议程》，后者又于2015年经修订成为联合国可持续发展目标。

　　尽管如此，《21世纪议程》的远景规划却从未真正实现。纯粹市场导向的思维占了上风（见2.4、2.5），这种思维强烈反对花费千百亿元税金来资助议程设定的行动纲领。最终，虽然有机会改变我们今天已经面临的灾难，罗马俱乐部提出的解法和《21世纪议程》一样，被束之高阁。

2.4　不可一世的资本主义

69　　　　历史学家认为，市场为王的新资本主义思潮是在冷战结束后才被搬上世界舞台的。要了解新思潮的哲学本质和势头，就先要清楚第二次世界大战后到1990年前的冷战权力结构。

　　在1945年时，大家都已心照不宣，绝对要避免再度发生世界大战这样的灾难。联合国就是本着这一目的才成立的，其宪章开篇就写道："维持国际和平及安全；采取有效的集体措施，以防止并消除对和平的威胁。"

　　然而，紧接着，战胜国之间就产生了分歧。一方是牺牲了超过2000万人生命的苏联，另一方是以美国为首、英法附之的西方民主阵营。在第二次世界大战之后的数年间，苏联占领或征服了东欧大部分国家，强行推行苏联共产主义的政治模式。1948年，捷克斯洛伐克也臣服于苏联；1949年，中华人民共和国成立。于是西方世界开始惊慌，冷战拉开序幕。

当时苏联的信条是资本主义会造成大规模的贫困，如有必要，必须采取武力予以制服。西方阵营了解到，苏联的控诉确有一定的吸引力，因而想方设法地宣传说自由和民主的市场经济对贫穷和弱势群体更为有利。可以说，这也是高福利国家和社会市场经济形成的原动力。

所有的西方国家都采取了再分配的征税系统，低收入低税率，而高收入高税率（最高甚至达90%），美国也不例外。战后，慷慨的美国马歇尔计划扶持了欧洲和日本的复苏。分裂的朝鲜半岛和东西德，则成了共产主义和自由市场经济的试验场，究竟哪一个对穷人和富人都有利？结果是西方的策略更有效。经济增长"水涨船高"，贫穷真的减少了。

40年后，试验结束了。共产主义政权大多解体。弗兰西斯·福山（Francis Fukuyama）于是在1989年出版了《历史的终结》一书。[13] 当时大多数人都认为，自由、民主的市场经济不只"战胜"了一个特定的政敌——共产主义，而且被证明是所有系统里最好的。

然而，麻烦的是，世界政治就此缺少了市场理论里的基本要素——竞争。对手缺位时，胜利的一方很容易自大。1989年后，激进的市场哲学成了整个世界的新思维，其政治根源可追溯到诸如皮诺切特时代的智利（1973）、撒切尔夫人时代的英国（1979）和里根时代的美国（1981）。自由化、放宽管制和私有化成了20世纪90年代无可争辩的政治基调，[14] 并通过1994年世界贸易组织的成立奠定了无法撼动的法理基石——一切发生在关贸总协定乌拉圭回合顺利达成之后，[5] 此举大大强化了市场优势，也相应削弱了国家的权力。

所谓"全球化"现象，根本上意味着要中小规模的国家让出一部分治理权交给市场。对欧盟国家来说，1957 年成立的欧洲经济共同体已经让成员国自愿地减少了各国的自主权。然而，"自由市场"浪潮的延伸，尤其在 1989 年后，侵蚀了各国主权，而且在欧盟和世贸组织缔约国内部还进一步削弱了公共权力。

削弱公共权力的另一层意思是，穷人和弱势群体无法再依靠国家获得帮助。由于去除了关税保护，国家的收入越来越少。为了提高竞争力，各国纷纷提供优惠税率和特殊条件以吸引投资，反而为政府官员腐败受贿制造了机会。综合的结果是产生了新的现象：衰落的国家和几乎同步崛起的全球化。

经济学者汉斯·维尔纳·辛（Hans Werner Sinn）在 2003 年指出，旧式的系统性的对立竞争（资本主义与共产主义），发生在国界还是封闭的时候。全球化带来了由生产要素流动，尤其是资本（跨国界）流动主导的全新的系统竞争。当时他预言，新的系统竞争"可能会侵蚀欧洲福利国家的系统，而且由于资本根本不会为所使用的基础设施付费，国家调控的管理系统会因此而瓦解。这反而会造成市场失灵，最大的受害者将是导入全球化的国家！"[15]

完全意想不到的副作用是，一般民众，尤其是年轻的一代，开始怀疑究竟值不值得参与投票。民主危机正在全世界蔓延。重新强化民主，需要在市场（主要代表高收入人群的私人福祉）和国家（代表市场失败者、无话语权的群众的公共资产与利益）

[5] 关贸总协定从1986年就开始谈判，却一直没有取得进展，直到1990年冷战结束后，才有了突破。——译注

之间取得合理的平衡。虽然市场盯着短期目标，对公共利益的
关注必须着眼于长期。

罗马俱乐部自视为民主忠实的追随者，有着长远的思维，关
注年轻和未来的一代，以及在人类资本主义和政治辩论中毫无
话语权的大自然。

平衡公共和私人利益的议程，或许需要一代人30年的时间。
议程中，需要从智慧和政治的角度，详尽列出市场和国家的优劣
点。最终达成既不是纯粹市场化的意识形态，也不是完全的政
府主导的意识形态，而是两者经过权衡轻重、共赢分工的组合。
只有在一个全民投入的公民社会，才能让公共和私人领域的领
袖们共同负责，完成使命。

2.5   市场学说的落空

上一节里我们讨论了资本主义若没了对手，就会变得自
大。1989 年也正值金融凌驾其他行业，独领世界经济风骚的时
期。在大多数共产主义国家解体之前，最强的私营行业是大规
模制造业、采矿业和服务业。但是，到了 2011 年世界营业额排
行前 50 名的跨国企业里，有 45 家是银行或者保险公司，[16] 而且
大部分企业拥有大量工业"蓝筹企业"[6] 的股份。逐渐地，金融
公司成了生产企业主要的股东和实际的监管人。商业界最热门
的词汇就是股东价值和投资回报（Return on Investment，简称
RoI）。生产或者服务公司的首席执行官（CEO）从大投资人处
得到的指示是，最低必须达到多少的投资回报。通常，目标就是
围绕着短期的季度报表，只需考虑几周之内的动向。

---

[6]   蓝筹企业，指那些在其所属行业内占有重要支配性地位、业绩良好、红利优厚的大企业。——译注

如果整个系统还能兑现"水涨船高"地创造全球财富的承诺，人们或许还能忍受权力的一路下放——从国家到企业再到资本持有人。然而，正如马光明（Graeme Maxton）和乔根·兰德斯[17]所描述的，今天的资本主义，不论对环境还是人类而言，都让情况变得更差。

马光明和兰德斯列举了一系列危险的错误：气候变化、污染加重（特别是海洋）、生物多样性损失、资源枯竭；贫穷、不平等待遇和社会冲突；失业率（尤其年轻一代）攀升等。这些地区性问题导致内战、宗教战争和领土战争也随着恐怖主义活动而增加。多重危机推动了大规模的难民潮。最终，地缘政治摩擦加剧。最近几十年内的许多战争其实都是为了加速发展经济而争夺资源所导致的，最明显的，是对石油和水资源的争夺战。讽刺的是，这些战争进一步加剧了社会和环境问题的恶化。

马光明和兰德斯认为，所有这些问题都是当前经济系统所造成的后果：无止境的强调利润和消费，无视其对环境和社会平等造成的冲击。资本家的奖励机制是鼓励短期利润和降低成本。人们不停地提高劳动生产力，但是，除非能创造足够的新岗位，否则从长期来看，就业率反而会因此降低。

自由主义市场思潮如脱缰的野马一样被推向极致，这是人类不断破坏地球环境的思想根源。"当前的经济系统需要不停地增加原材料的投入……根据这样的思路，海洋、森林和极地冰川除了可以提供资源，没有任何经济价值。然而，由此形成的破坏成本却被全然忽略不计……"[18]这是不是和教宗说的类似？

很多分析学者和专家都持相同的看法。让·齐格勒（Jean Ziegler）认为我们目前的问题和灾难主要来自于毫无约束的资本主义。[19]连主流经济学家也同意，市场对减少社会不平等没有任何贡献，反而有反作用。其中最负盛名的要算近日成为罗马俱乐部成员的约瑟夫·斯蒂格利茨。[20] 托马斯·皮凯迪对资本主义运作进行深入的分析，证明了在资本主义的统治下，贫困根本不可能消除。[21]

安德斯·维杰克曼和约翰·洛克斯特伦在《破产中的大自然》(*Bankrupting Nature*) 这一报告里描述了，之所以大自然遭破坏，金融市场崩溃频现，主要是由于人类贪婪、急于求成和短视等同样的核心逻辑。[22]

本书 1.11.4 讨论了当前市场经济体系中令人担忧的一个特征，数字化经济的快速发展可能导致失业率增加。埃里克·布林于尔松（Erik Brynjolfsson）和安德鲁·麦卡菲（Andrew McAfee）在《第二次机械时代》(*The Second Machine Age*) 一书中提出，数字经济的快速崛起，可能会加速就业岗位的减少。[23] "成长速度越快的企业，越是会在自动化和机器人领域加大投资。"

鼓吹极端市场模型的一派有个很清晰的历史起点。1947年，一批当年的非正统思想家，曾于瑞士小城沃韦市的朝圣山（Mont Pèlerin）上会面（图 2.2）。会议由后来获得诺贝尔经济学奖的弗里德里希·冯·哈耶克（Friedrich von Hayek）召集，与会者包括了当时还年轻的米尔顿·弗里德曼（Milton Friedman）。这个群体，据哈耶克所称，只为了思想的交流，没有政治意图，他称之为朝圣社（Mont Pèlerin Society，简称MPS）。1960年加入MPS的英国经济学者拉尔夫·哈里斯(Ralph Harris）的看法正好与之相左，他认为学社的真正目的是"构建起由知识分子执掌大旗的十字军，调转战后的集体主义浪潮"。[24]

直到 20 世纪 70 年代末发生了"停滞性通货膨胀"（stagflation）的危机，MPS 的想法才在保守主义的学者圈和政

图 2.2　　朝圣社的第一次会议，中间为米尔顿·弗里德曼。图片来源：www.montpelerin.org

治圈里活跃起来，形成了新自由主义经济思潮。停滞性通胀指的是经济停滞和通货膨胀同时发生。MPS 的代表，如弗里德曼，可以顺理成章地将停滞怪罪于凯恩斯主义[7]，堂而皇之地建议减少政府干预。撒切尔夫人成为英国首相，里根成为美国总统之后，MPS 的想法很快得以实现。在里根 76 人的经济顾问团里，有 22 人是 MPS 的会员。

　　在经历了坎坷的开局后，里根和撒切尔都成功地推动了经济的增长和就业率的提高。MPS 的信徒很自然地声称，经济起飞是由于降税政策和减少政府干预。事实上，这些与新自由主义经济政策的关联甚少。最重要的是一个令人惊讶的事实：在

[7]　Keynesianism，也称凯恩斯经济学，以英国经济学家凯恩斯的著作《就业、利息和货币通论》为思想基础的经济理论，主张国家采用扩张性经济政策，通过增加总需求来促进经济增长。——译注

美国石油价格（基于1993年石油价值）

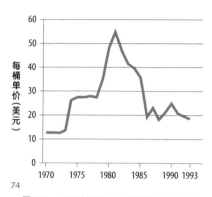

74

图2.3   石油价格在1981年到达顶峰，后由于供过于求，价格大跌。图片来源：isgs. illinois.edu

1973年"石油危机"发生后不到10年，石油和燃气的价格开始下滑，并开始持续震荡（图2.3），最终几乎回落到危机前的水平。

1973—1981年间价格的意外反转，是由于油气探勘的力度和工厂的生产力大幅提高，这同时也表明，世界廉价的油源尚未枯竭。1982年后的廉价石油，大幅降低的通胀和运输成本，鼓励了经合组织国家以及一些新兴国家的工业发展。低油价同时也推动了新住宅投资的发展（主要是在美国），是撬动整个经济蓬勃向上的杠杆。

20世纪80年代，对许多期望油价继续攀升，依靠巨额借贷来投资资源开采的发展中国家来说，却是灾难性的。当资源价格崩盘，美国提高利率，这些国家都陷入了无法抽身的债务危机之中。

这时，新自由主义经济思潮已经俨然成为美国学术界的主流，成为能与欧洲社会主义市场经济抗衡的、对立鲜明的选项。然而，只要苏联还被视为威胁，西方就依旧需要证明市场经济的政治系统比社会主义的更有利于贫困群体。所以，极端自由市场的思维，在英语国家之外，应者寥寥。

如今，苏联和东欧的社会主义已成历史，自由市场的原教旨主义[8]与金融部门如日中天的影响相结合，成了我们的新现实。一般老百姓对于极端自由市场思维的负面影响并不知情。尽管

[8]   Fundamentalism，原教旨主义，是指某些宗教群体试图回归其原初的信仰的运动，或者严格遵守基本原理的立场。此处将自由主义市场经济比喻为一种宗教。——译注

如此, 已经出现了一些不同的声音, [25] 例如在国际货币基金组织（International Monetary Fund, 简称IMF）的内部, 我们可以听到, 有观点认为新自由主义经济的效果被夸大了, 金融行业已经强大到足以扼杀经济。

75

　　自由贸易协定（加上自动化及机器人）给美国制造业带来负面效应的说辞在特朗普的总统竞选演说中深得人心, 帮助他赢得了曾经支持民主党的工会会员、"锈带" [9] 城市工人们的选票, 最终让特朗普成为赢家。70 年来, 美国的两大政党都是自由贸易的最强力的支持者。一般来说, 美国也是自由贸易的最大赢家。至于特朗普政府是否会履行竞选时的诺言仍有待考察, 这取决于美国的大多数民众是否已经失去了自由贸易对美国有利的信心。

　　另外一个问题出在资本市场的自由化, 这种自由化存在着将利润和财产转移至避税天堂的可能性。20 年来, 巴拿马帮助了大量企业和富人逃避本国所得税, 这一点在 2016 年才得以曝光, [26] 因为钱比电冰箱或者工时更容易隐藏。而巴拿马只不过是诸多避税天堂中的一个。估计储存在英属维尔京群岛和开曼群岛以及其他有秘密协议的避税天堂的总金额在 21 万亿～32 万亿美元之间。[27] 这样的操作进一步加强了金融行业的权力, 更多的财富被转移给了那些已经富得流油的富人。[28]

　　尽管面对本国保护主义的抵抗情绪, 以及来自社会和生态层面越来越多的批判, 自由市场理论依然盛行如故。然而, 市场学说的理论和实际运作的弱点越来越明显, 人们渴望三大支柱（经济、生态和社会）实现可持续平衡的呼声, 也越来越大。

[9]　　Rust Belt, 锈带, 是指 1980 年左右开始工业衰退的任何城市, 由于曾经强大的工业部门萎缩而导致经济衰退、人口减少和城市衰败。此处主要指美国的中西部和五大湖地区。——译注

2.6   市场学说的哲学错误

为进一步评判当前市场学说的失败之处，让我们先看看理论部分，从经济学的基本原则、演进史，以及适用的范围，来审视和澄清三个主要的相关原则：

- 亚当·斯密关于无形的手的概念和主要来自芝加哥经济学派的相关信念坚信，在寻找最佳方案时，市场原则是高于国家或者立法机构的；
- 大卫·李嘉图发现，参与交易的双方能够利用比较优势，产生对双方（或者两国）都有利的结果；
- 查尔斯·达尔文的进化论认为，不同种类的动物和植物之间的竞争是它们持续改进和演化的动力。很多时候这种理论被曲解成竞争越激烈，进步越快速。

这三种理论都包含有效的观点，但我们必须更好地理解它们，并将其置于历史的视角下来审视。

2.6.1   亚当·斯密：先知、道德哲学家、启蒙者

76   亚当·斯密被公认为倡导自由市场的先知。在亚当·斯密研究院（Adam Smith Institute）2001 年的贺年卡上，亚当·斯密成了蹦弹出来博人一笑的玩偶（图 2.4）。

这当然只是个幽默的漫画。斯密既是道德哲学家，也是英国启蒙运动的代表，与大卫·休谟（David Hume）、约翰·洛克（John Locke）齐名。亚当·斯密最具影响力的观点就是对那只"无形的手"（在他的时代曾是上帝的隐喻）的揭示，[29] 这只"手"有能力把追逐个人私利转变成造就大众福利，因为在经济学里，

图 2.4   亚当·斯密研究院2001年的贺年卡，"亚当·斯密"在从新世纪方盒中蹦出来拯救世界，为自由市场布道，世人回以莞尔的感谢。图片来源：亚当·斯密研究院

凡是满足个人利益的好的工作都会造福整体。

不过，在斯密的逻辑里，法律和道德适用的范围，与市场（也就是无形的手）所掌控的地域范围是一致的。在18世纪，市场和法律之间确实达成了健康的平衡。即使市场有足够的能力，能"导出"正确的价格和容许创新的机会，在斯密的世界里，依旧会受到一丝不苟的法律或道德的约束。此外，那个时代市场规模不大，交易也是在较小的合作伙伴圈子里进行。

相比之下，今天的交易则是资本雄厚的跨国企业的天下。市场着眼于全球，而道德的约束和法律的限制却只适用于本国或特定的文化区域。这导致了市场之间明显的权利不平等，尤其表现在资本市场的灵活性和应运而生的国家法律上。金融市场变得如此强大，能够影响甚至强迫国家的立法机关制定法规，以此获取资本回报的最大化。斯密的理论中对市场和法律间的健康平衡的默认假设，已经不再成立。

要想更新经济学理论，必须要重建健康平衡的机制，同时也要突显道德标准的地位。政治上，我们不但不应限制法律的适用范围，反而要加以扩大，例如让那些碳减排的国际公约具有合法效力，增加国际运输成本，使得本国的产品能够在没有补贴的情况下也具有竞争力。这样的方式，能把适用法律和市场的地域尽量拉近，由此也就合乎斯密的逻辑。

2.6.2　大卫·李嘉图：资本留在当地

　　人们常说，在经济全球化的背景下，国家或企业只有加入不断增长的竞争行列才能生存。这个说法并不正确。20 世纪 90 年代开始的此类全球化——是我们的精英选择的政策——并非是唯一的选项。到目前为止，在这个问题上，偏左和偏右的精英之间存在广泛的共识，这意味着很少有人质疑全球化的基本假设。

　　20 世纪 30 年代，各国货币争相贬值，由此引发了经济大萧条。为了避免重蹈这一覆辙，1944 年布雷顿森林体系[10] 诞生。稳定的币值能让国际贸易持续增长，惠及交易双方。美国在 1947 年的谈判之初就要求成立国际贸易组织（International Trade Organization，简称 ITO），并与 27 个国家签署了关税保护协定，但协议中并不包括资本的自由流动和全球整合。直到 1995 年，关贸总协定改组为世贸组织时，成员国增加到 108 个国家，而关税也降低了 75%。由于许多国家放宽了对境内银行的限制并允许电子交易，跨境融资于 20 世纪 70 年代开始增长，80 年代突飞猛进。得益于美国 1999 年开始的对银行全面放松管制，1995 年后，世贸组织开始推动不受地域限制但又带强迫性的资本流动（1.9 及 2.5）。

　　全球化，是将过去各自相对独立的国家经济，经过详尽的规划整合成围绕绝对优势，而非比较优势的单一而紧密联结的全球经济。之所以有比较优势，源于一个国家相较于另一国家能以较低的机会成本（或较便宜的价格）生产产品或提供服务。比较优势理论认为，如果各个国家都专注于生产本国具有低成本优势的货物，必然会造成整体经济福利的增加。绝对优势，则在

[10]　Bretton Woods System，布雷顿森林体系，是 1944 年 7 月—1973 年间，世界上大部分国家加入以美元为国际货币中心的货币体系。——译注

于能以较少的资本投入生产同样的货物或提供服务。例如西红柿生产：自然阳光充沛的墨西哥较之于采用人工暖房种植的加拿大，具有绝对优势。也就是说，当资本可以跨越国界时，其追逐对象就会从相对优势转向绝对优势。

　　一旦一个国家成为贸易自由和资本流动的一部分，就与全球经济难解难分了，再也由不得自己决定什么能、什么不能交易。经济原理都以自愿的贸易作为获益的基础。然而，当专门化程度到了不得不进行贸易的地步，何谈自愿？除非每个国家都能同等认真地对待环境和社会成本，以同等程度将其计入生产成本，否则，哪个国家会主动将这些成本内化转嫁到价格上去？[30]

　　整合就像煎蛋饼一样，得先把各国的蛋都打散。纵使各国有许多步调需要合拍，它们依旧是各自地区和政策制定的主管。形成"全球联盟"固然必要，但也不必为了抽象的"全球化主义"，来打散各国已有的体制。况且，一旦打散，联合全球的法理也就不复存在。"全球化"（去国家化）是一种被积极推行的政策，而不是自然的惯性力量。科技进步会极大地推动这一趋势。但某种程度上也可以逆向行驶，正如美国政府自 2017 年以来的意图那样。

　　国际货币基金组织长久以来推广的一直是比较优势。"世界贸易组织 - 世界银行 - 国际货币基金组织"（WTO-WB-IMF）最近转而为全球化传播福音，除了贸易自由，还有国际资本的流动自由和逐步增多的移民自由。然而，李嘉图的比较优势是建立在国际资本（和劳动力）不流通的条件下的。资本家都希望绝对利润最大化，自然也想尽办法降低绝对成本。如果资本可以流动，其流动方向必然朝向绝对成本最低的国家。

　　资本家只有在资本无法流通的条件下，才会比较国家的内部成本，选择相对成本最低的产品（有比较优势的）作为交易的货物。换句话说，比较优势是在绝对优势受到资本自由流动受阻后的备选策略。这个结论可以直接从李嘉图的论述中导出，[31]却经常被忽略。然而，令人混淆的是，国际货币基金组织和一些贸易理论学者，在提倡比较优势的贸易自由的同时，也鼓吹资本流动的自由，把资本流动当成了比较优势的延伸，而不是互相抵触。[32]

当然，人们能从基于绝对优势的专精化和贸易中获得全球利益，就像从比较优势中获得全球利益一样。理论上来说，绝对优势的全球利益应该大些，因为专精化不会受到国际资本流动自由与否的影响。不过，在绝对优势的条件下，贸易会让有些国家获益，而让有些国家蒙受损失；[11]而在比较优势的条件下，虽然有些国家获利高于其他国家，但没有输家。自由贸易政策拥有的就是这样的双赢保证。理论上，从绝对优势得来的全球收益，可以重新分配给损失国，但这也失掉了"贸易自由"的本意，所以多半也不会照此执行。

相比之下，面对上述矛盾时，主导世贸组织、国际货币基金组织和其他组织的新自由主义经济学家们总是会摆摆手。他们会先对那些提出李嘉图理论的人贴上保护主义、孤立主义、仇外主义的标签，随即转移话题。WTO-WB-IMF 满足跨国公司利益的功能和在追求廉价劳动力时提出的境外生产政策，与其自身宗旨背道而驰，却美其名曰"自由贸易"。然而，追求廉价劳动力，本身就是个不公平的行为。

如本书 2.5 所述，国际资本的自由流动是不公平的。这样，企业得以躲过国家法律，可以不顾公众的利益，而是为了企业自

---

[11]　见本书 1.9 引用的加莱亚诺的说法。——译注

身的利益，不断地从一个国家转向另一个国家，继续损坏与环境和社会公平有关的公共资产。

2.6.3 达尔文：本地竞争而非全球贸易

被简化和曲解的欧洲古典大师，并非只有斯密与李嘉图两人而已。达尔文被公认为人类有史以来最具科学影响力的人物。他关于生命起源和发展的假说，奠定了现代生命科学的基石。他的名气和理论被绑架，常常被冠以"社会达尔文主义"的名义，用来解释经济和社会理论。其中最令人作呕的表现形式之一，要算被纳粹德国用来作为宣传优生人种的理论基础。

达尔文的理论当然是构筑在对物种间竞争的观察上。然而，这样的竞争主要是地区性的现象。从林奈（Linnaeus）的分类学和其他的信息中，他了解到物种多样性与所在地和栖息地有关。他在加拉帕戈斯群岛发现了品种繁多的雀鸟，这些雀鸟似乎源自数百万年前滞留此地的同一对祖先〔图2.5〕。这是他完成《物种起源》[33] 的最终证据。他清楚地看到，这些雀鸟的出现，是因为岛上没有非雀类竞争者，这使得雀类能够开发并占据新的生态位，从而演化成新物种。

80

由霍尔丹（J.B.S. Haldane）、罗纳德·费舍尔（Ronald Fisher）、特奥多修斯·杜布赞斯基（Theodosius Dobzhansky）等人[34] 提出的现代综合进化论，[12] 确立了惊人的限制竞争的进化论观点。

其基础是 19 世纪由孟德尔发现，后来广为人知的现象，即：基因是成对出现的，通常其中一个为显性，另一个为隐性。基因型（即个体的遗传构成）中的隐性性状通常不能显现在表型（即

---

[12] 综合进化论，又称现代达尔文主义，认为种群是生物进化的基本单位；自然选择决定生物进化的方

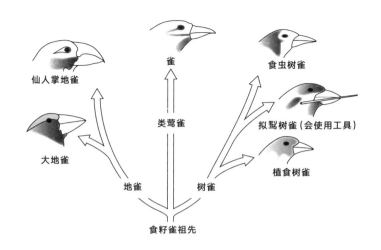

图2.5   达尔文在加拉帕戈斯群岛上发现的各种雀科鸣鸟(也称达尔文雀),它们起源于同一对祖先,后演化
成许多不同的类别(物种)。图片来源:http://www.yourarticlelibrary.com/evolution/notes-on-
darwins-theory-of-natural-selection-of-evolution/12277/,依据原图重绘

遗传结构在有机体上的物理呈现)上。人类中,棕色虹膜相对
蓝色虹膜是显性性状。当你看见一个棕色虹膜的人时,你无法
知道他/她是否带有来自父亲或母亲的蓝色虹膜基因。然而,蓝
色虹膜的人必定是纯合子——带有来自双亲的(一对)蓝色虹膜
基因。

不同的瞳仁颜色是显著相对性状,最初发生的时候称为突
变。显著突变是孟德尔的豌豆及其他物种实验的基础。但是在
现实中这反而是特例。突变往往是微小的,并且是隐性的,因而
被它们对应的显性等位基因所掩盖。正如霍尔丹等人认识的那

向;突变、选择和隔离是物种形成和生物进化的基础。种群进化的实质是种群内基因频率的改变,
并引起生物类型的逐步演变。——译注

样, 这种机制允许突变累积几千年, 而使得基因池中容纳了大量突变。其中大多数不仅是隐性的, 并且, 如果能表达为表型的话 (也就是说, 从双亲各遗传到一个隐性突变基因), 适应力也低于它们对应的显性野生型。然而, 由于是隐性的, 它们可以长期被保护而逃避自然选择, 因为从统计上讲, (隐性突变基因) 同时存在于双亲中的概率是非常低的, 所以会有很长一段时间受到保护而不在筛选之列。

81 　　20 世纪 30 年代的群体生物学家将这个机制作为解释持续和适应性演化的现实基础。他们认为, 父母具有相同隐性基因的概率虽然很小, 但在统计上仍有发生可能; 而另一个概率是 (这对隐性基因) 所对应的表型恰能更好地适应变化的环境。当生物学家尝试将达尔文的理论与孟德尔的研究结果结合起来时, 进化不再依赖于"希望怪物"[13] —— 显著突变 —— 的乍现, 而这是曾经猜测的演化方式。[14] 基因池的概念使达尔文主义有了合理的基础。它解释了保护和积累较低适合度性状在进化中的积极意义, 即使是遗传性疾病, 例如少数人群中具有镰形红细胞贫血高发的遗传倾向, 该基因还能对当地频发的疟疾感染产生一定的免疫力。

　　但一些演化生物学家, 尤其是农业育种者, 不喜欢那些不易观察到的隐性基因, 并与之开战, 他们认为这是育种计划的障碍。他们需要的是基因的遗传纯合性而不是多样性。然而, 这

[13] Hopeful Monster, 希望怪物, 这一概念最早由戈德施密特 (Richard Goldschmidt) 于 20 世纪 30 年代提出。他认为, 新物种的产生是通过有别于"达尔文式"种内演变 (微演化) 的特殊遗传机制 (宏演化) 实现的, 是跳跃式的过程。宏演化的结果导致较大的表型影响, 这种"畸形"后代如果能存活发展成为一个线系, 即所谓的"有希望的怪物"。见: 李启剑, 李越. 再谈"有希望的怪物"[J]. 生命科学, 2009, 21(4): 589-592. —— 译注

[14] 相对于微演化, 宏演化确实是一种潜在候选机制, 是自然选择的一种补充。此处是指, 在发现微演化的机制之前, 生物学家只能假设出现大规模基因突变的情形来解释物种的进化。—— 译注

种纯合的驯化品种往往不那么健壮，不能适应不可预见的天气、营养变化和微生物感染造成的生存挑战。后来的一些科学家，最知名的如斯蒂芬·杰·古尔德（Stephen Jay Gould）和尼尔斯·埃尔德雷奇（Niles Eldredge），[35] 推测了基因池的另一个重要的特性，当杂交群体很少时，稀有的隐性基因变得可见。这通常发生在新寄生虫、干旱或营养不足等异常压力出现时。尽管概率很低但仍可能发生的事件是：一些隐性突变成为应对新挑战的解决方案，例如对寄生虫的抵抗力、较低的水需求或适应其他营养源的能力在这些情况下，隐性基因的优势迅速成为整个群体的优势：这也证明了，保护先前条件下的弱势基因是个有用的策略。

安德烈亚斯·瓦格纳[36]（Andreas Wagner）对达尔文演化论做了最新的总结。他的解密之钥是数百万年来每个物种建立的遗传可选"图书库"。直到最近，这些"图书库"仍被错认为是"垃圾 DNA"。事实上，物种可以利用它们的"图书库"，从大量现成基因中试选出编码潜在蛋白质的基因。从头建构崭新的基因和蛋白质需要的时间太长。所以瓦格纳深信，演化的创新依赖于它们的"图书库"，这是一个需要保护以免被自然选择摧毁的"传家之宝"，就像大多数的"老书"，虽然不能和那些刚出炉的"新书"相提并论，但确有值得保存的价值。

如今在遗传学领域有一个相当热门的议题，通常称为基因组编辑或 CRISPR/Cas9 系统（成簇调控居间短回文重复序列）。[15] 这项技术开发并发布于 2012 年，它令技术人员得以在

[15] Clustered Regularly Interspaced Short Palindromic Repeats, 简称 CRISPR, 是存在于细菌中的一种基因组，该基因组中含有曾攻击过该细菌的病毒的基因片段。细菌透过这些基因片段来侦测并抵抗相同病毒的攻击，并摧毁其 DNA。——译注

特定位置切割修饰 DNA, 因而有可能切除致病基因。[37] 科学界, 特别是医学界, 对此感到非常兴奋。一份最近的美国国家科学院 (United States National Academy of Sciences, 简称 NAS) 报告对这一技术在公共卫生、生态系统保护、农业和基础研究中的应用充满乐观。[38] 然而, 评论家们, 例如来自创新监督机构、非政府组织"侵蚀、科技和浓度" (Erosion, Technology and Concentration, 简称 ETC) 小组[16] 的成员声称, [39] 这份受到部分国防资助的报告未能解决基因组编辑的三个主要问题: 军事化、商业化和食品安全。

即使科学界, 在人类基因组编辑的应用这一问题上, 也显得犹豫。如果这种方法成为主流, 人们预期 / 担心这会系统性地降低遗传多样性, 缩减瓦格纳"图书库"的规模。因此, 在一定期限内保持谨慎并进行进一步探究是必要的, 如此方可保证任何一个物种累积的遗传多样性不会被系统性地摧毁。

无论如何, 我们需要正确地认识达尔文的理论, 并确认限制竞争和保护弱小株系都是演化的必要支柱。

相比之下, 教条式的经济学理论假设创新和进化总是受益于各种激烈的竞争和优胜劣汰 —— 这种简化与事实几乎完全相悖。

2.6.4 减少对比

在以上的分析中, 我们一共提了三次"相比之下"。许多现代经济理论的弊病, 都可以归结于错误或者夸大地引用了这三位伟人的经济学和社会学基本概念。达尔文当然不会自视为经济学之父, 然而, 他发现了竞争和选择的力量, 这些正是市场概

[16]　一个关注新型科技对世界最弱势群体的社会经济和生态的影响的组织。——译注

念的基础。针对目前各种致人误解的引用和参考，需要做出如下修正：

- 无形的手确有必要，然而在强大的市场参与者的影响力之外，必须确保有一个严格有效的法律架构；
- 只有对资本施以地域限制，交易才能双赢。资本被赋予的权力是危险的、不对称的：大资本对小资本永远有比较优势，而许多当地的创新只需要小资本；

83

- 竞争是一个本土化的现象。有限度地对当地的文化、专精领域和政治等加以保护，以免其遭受到世界级玩家的冲击，这对多样化、创新和演化反而有帮助。"无歧视待遇"（一视同仁）一词原本用于反对种族主义，[40] 但目前用于贸易协定，是为了排除对弱势群体和本地生产者的保护措施。

教条式经济学的一些错误当然可以改进。我们上面列出的批判性分析，目前已经得到了许多经济学家、历史学家和学者专家的认可。这张清单应该能形成足够的说服力来修正所谓的市场经济定律，减少大家对现状的担忧和不公正之感。

最近兴起了一场名为"经济多元论国际学生行动"（International Student Initiative for Pluralism in Economics, 简称 ISIPE）的运动，[41] 运动要求经济教学多元化。这场运动肇始于巴黎，目前已经发展到超过 30 个国家，得到了超过 165 个学生组织的认同。他们的诉求是："把现实的社会和多元主义的理论、方法及不同意见的争辩带回课堂。"

一些与罗马俱乐部有关的知名经济学家如罗伯特·科斯坦萨（Robert Costanza）、赫曼·戴利（Herman Daly）、蒂姆·杰克逊[42]（Tim Jackson）、彼得·维克多[43]（Peter Victor）、恩里科·乔

万尼尼[44]（Enrico Giovannini，他为"后 GDP"的福祉定义提供
了统计数据）都表态支持这项要求系统性经济变革的运动。

2.7　肤浅的化约论哲学

2.7.1　化约论哲学

　　根据本书 2.4 和 2.5 的论述，市场至上的经济哲学成为世界
主流范式，发生在冷战结束以后。这一市场学说在某种程度上
已经不再有效，而今天的市场哲学却仍建构在对核心理论的大
量错误引用和曲解的基础上。因此，我们需要正确理解这些错
误学说的哲学本源，使思维更具包容性。为此，我们需要深入地
探讨人类的存在和自然的知识论。

　　长久以来，自然科学和社会科学的研究者相信，只要不断将
元素分割为更小的部分，并对其进行更为详细的描述，他们便会
取得更大的进步。从笛卡尔和牛顿开始，人类就在精确的层次
上攀升。"数学"成了这个阶梯的顶层。约翰·洛克在 1691 年的
一封书信里写道，"货物价格的上升或者下跌，与购买者或售卖
者的人数有关"。这是第一次对供需定律的描述，确立了两者与
价格设定的关系。洛克当时已经了解牛顿运动第三定律，即作
用力永远等于反作用力。物理和经济看来很相似，都强调科学
的精确性，而不是陷于俗世凡规的争吵。

　　在建立在权力、信仰和迷信基础上的权威教条束缚人类、阻
碍科学进步的时代，以强有力的事实打破教条的重重牢笼，确实
是一大解放。逻辑归纳和经验主义更能以证据、定量的方法以
及客观立场，面对野心勃勃的教条主义。这些都是对准确性的
正面看法，也都是良好的、值得保留的科学核心优点。

　　然而，并非所有的研究都是通过经验主义和归纳定量的方

法得来的。有些类型的认识无法被量化,它们躲避客观性,并且不受对建造火箭之类的工程大有裨益的科学标准的约束,对抚养孩子或者理解文化对气候变化的影响也毫无帮助。化约论, [17] 或者说将信息与其产生的背景分离的做法,一直对我们有益, 但也一直危害无穷。

基于事实和方法论的化约论有其局限和弱点。其一,事实指的是过去,而不是未来。其二,物理和数学定律往往是明晰而严格的,而经济学中的事实往往只是近似。例如,(根据牛顿定律)我们可以认为作用力和反作用力在任何条件下都是相等的,而供应和需求则可以不同,也可以改变,并且还受制于时尚、市场饱和、道德、价格浮动的影响。其三,测量行为本身会干扰先前的事实,从而改变它们,甚至在物理中也是如此 —— 这是维尔纳·海森堡 (Werner Heisenberg) 在 1927 年的伟大发现: 不确定性原理。[45] 当尼尔斯·玻尔 (Niels Bohr) 听到这个令人惊讶的说法时,马上看到更深层的原理,他称之为互补性: 两个互补的特性,无法同时被准确地测出。

早在 1930 年,玻尔就认为互补性原理并不局限于物理学,它在生物学、社会科学、医学和工程学中甚至更有说服力。研究人员对研究对象的干预是认知行动的根本组成部分之一。如果干预破坏了研究对象的本质特征,那么这种认知行动就是不合适的。

从复杂现实中得到的事实并非不受外界干扰。观察者很重要,观察团队也很重要。数据总是透过研究者特定的视角获取的, 清楚描述这些视角的滤镜作用是至关重要的信息, 不应被排

---

[17]   Reductionism, 化约论哲学, 也称还原论。这种理论认为复杂的系统、事物、现象可以通过将其化解为各部分之组合, 以得到理解和描述。—— 译注

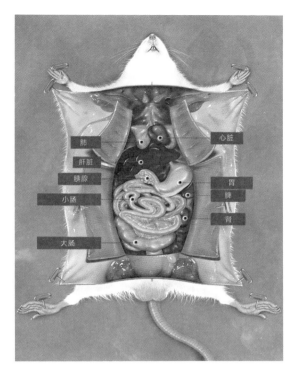

肺
肝脏
胰腺
小肠
大肠
心脏
胃
脾
肾

图 2.6　　解剖一只老鼠意味着杀死它；具有讽刺意味的是，这就是生命科学。图片来源：Emantras Inc., 见 http://www.graphite.org/app/rat-dissection

除在发现之外。这一点，对生物、医药，甚至所有的社会科学来说几乎都是必然的现象。例如当人们试图用微观解剖去观察鼠肝组织时，必须先把老鼠杀死（图 2.6）。对工程师和医生来说，介入的目的，反倒正是在改变到目前为止的状况（成功地改变先前的事实才是预期的目标）。总而言之，对物理学来说，海森堡发现的不确定性原理，彻底改变了大家对测量的看法。

　　这一认识给分析哲学（Analytic Philosophy）带来了巨大的冲击。分析哲学主要起源于英语国家，自认为可能是唯一正统的科学哲学。几乎所有物理学的伟大成就都与原子和基本粒子的研究相关。2012 年希格斯玻色子被发现，这在物理学领域等同于摘得了桂冠；类似地，现代生物学在很大程度上成了分子生物学，而经济学则越来越"数学化"。而现在，分析哲学所强调的越分越小的单位和越来越精确的测量，都受到了挑战。

86　　我们选择了今天热议中的授粉昆虫这个案例（见下页表框），是因为我们仍然有机会避免巨大的灾难。事实上，还有另外一种类型的共生关系，它对于健康的生态系统来说至少同等重要，那就是与所有植物的根部互利互享的菌根真菌（Mycorrhizal Fungi），它保证了土壤的活力。

87　　这个"观察－干预"的困境已经表明，仅仅依靠专注于微观分析的分析哲学，是不足以使我们深刻理解生命和其他开放系统的。格雷戈里·贝特森[46]（Gregory Bateson）为此做了一些开拓性的工作；之后，弗里乔夫·卡普拉（Fritjof Capra）和皮尔·路易吉·路易西（Pier Luigi Luisi）在其合著的《生命的系统观》[47]一书中，对生命哲学进行了深入讨论。书中对化约论和纯分析思维进行了严厉的批判。

　　书中展示了牛顿的经典力学，以及它对机械学的巨大影响，而这种影响铸就了后来人们关于生命和社会的机械观。这种观念被进一步植入欧洲启蒙思想、政治、经济，甚至经济学模型，成为其中重要的组成部分。"管理中的机器隐喻"（将管理对象作为"机械元件"来处理）是工业革命思想的核心，它也导致了20 世纪初期弗雷德里克·泰勒（Frederick Taylor）的《科学管理原理》[18] 的诞生，今天被称为"泰勒主义"。

[18]　Frederick Winslow Taylor, *The Principles of Scientific Management* (Eastford, CT: Martino Fine Books, 2014). ——译注

表框：授粉昆虫成了化约论的牺牲品

千百年来，花粉需要经过授粉昆虫从雄蕊传递到雌蕊，使雌蕊完成受精，繁衍下一代。而产业化的农业忽视了蜜蜂和其他授粉者所提供的服务。

在农业生态系统里，授粉者在水果、花卉、饲料生产，以及许多根茎和纤维植物的种子繁衍过程中发挥着必要的作用。大约三分之二的种植植物，通过昆虫或者其他动物完成授粉才能产出健康的果实和种子。在为全球约 150 个国家提供基本食物的许多农作物当中，近四分之三是通过蜜蜂授粉的，剩下的则由蓟马、黄蜂、苍蝇、甲虫、蛾子等昆虫负责。*

对人类来说，补充营养不单是补充来自水果、坚果和种子的热量，食物的多样化、高质量、是否富含维生素同样重要。而这些都需要授粉者 —— 昆虫的服务。

农业盛行的"防治病虫害"对授粉者是极大的威胁。随着农田变得越来越大，作物种类越来越单一，人们使用的杀虫剂（不论益虫害虫一律消灭）越来越多，授粉者正出现全球性的减少。

最近的证据表明，现代杀虫剂，特别是新烟碱（尼古丁）类，对蜜蜂具有致死和亚致死作用，足以影响昆虫的有效授粉能力。** 这类杀虫剂普遍用作种子的包衣。这类杀虫剂的有毒物质是**全身性**的，即它们会被吸收到幼苗中并输送到所有组织中，包括花粉和花蜜，因此有毒物质分散在田间地头的每个角落，无处不在。它们对自然界的影响还超越了种植区的边界，让农村乡野变成授粉者的集体坟场，而这些生物一直为我们免费提供生态服务和不可或缺的营养食物。

我们并不否定化约论科学，然而，我们确实需要系统地对整体农业经济进行"成本–效益"的计算。

* Rishi P. Singh, P. V. Vara Prasad, K. Raja Reddy, "Impacts of Changing Climate and Climate Variability on Seed Production and Seed Industry," *Advances in Agronomy* 118 (2013): 79, DOI: https://doi.org/10.1016/B978-0-12-405942-9.00002-5; 同见 Alexandra-Maria Klein et al., 2007 "Importance of Pollinators in Changing Landscapes for World Crops," in Proceedings of the Royal Society B: Biological Sciences 274(1608): 303–04.

** IPBES (Intergovernmental Science-Policy Platform on Biodiversity and Ecosystem Services), Summary for Policy Makers: Pollination Assessment (Bonn: IPBES Secretariat, 2016).

　　卡普拉和路易西除了指出化约论虽适用于机械学，但对理解生命系统存在缺陷，还继续追溯了早期的系统理论。他们回顾了 20 世纪 40 年代的控制论（Cybernetics）[19]、温贝托·马图拉纳（Humberto Maturana）和弗朗西斯科·巴莱拉（Francisco Varela）的自生系统论（autopoiesis）思维，[48] 以及非线性的发展，即跳跃倾向。他们对达尔文的"生命之树"（比他的《物种起源》早22 年提出）概念有非常好的阐述。他们尤其强调"我们不等同于我们的基因"，[49] 这和有关遗传和种族的民粹主义观点完全相反。

　　科学和宗教不应沉浸在自己的话语体系里"各说各话"，[50] 而应寻找互相间的共通点。本笃会修士大卫·史坦得 – 拉斯特[51]（David Steindl-Rast）和卡普拉、路易西的想法一致，他把精神性（spirituality）当作是"正常人都懂的常识"。卡普拉在他的另一本畅销书——《物理学之"道"》[52] 中也指出，比起一神教的基督教、犹太教和伊斯兰教，亚洲的宗教与精神更能直接地和现代科学产生共鸣。

　　生物学家安德烈亚斯·韦伯（Andreas Weber）的《奇迹生物学》也做了类似的尝试，试图更好地理解生命系统，打破化约论。[53] 人类和大自然相隔离，或许是今天我们这个物种的根本问题。他的书展示了我们和我们居住的世界之间是没有分界线的，以此来证实我们内心深处（特别是在自然中）的经验的本质。通过调和科学、意义、表现和情感之间的关系，这本与众不同的书有助于让我们更好地了解自己在所有生命构成的系统中的位置。该书与现代生物学的解剖和实验不同，它更加强调生物科学和生命之间错综复杂的相互关系。

[19]　控制论，是一门研究机器和生命体之间的控制和通信的一般规律的科学。到了 21 世纪，控制论的定义变得更加宽泛，主要指对任何使用科学技术的系统的控制。——译注

现在，读者们可能会同意，化约论哲学不仅不足以处理整个生命系统，也无法引导我们走出这个遭受破坏的"拥挤世界"的社会经济悲剧。

2.7.2   科技的滥用

另一个例子也能说明化约论以及当今科学的局限性，那就是，我们无法判断科技革命的后果。科学和技术，如人工智能（AI）、机器人化和纳米技术，以及生物和神经科学等领域，目前正在经历高速的发展。人们甚至无法对未来的五年做出预测。科技发展带来的是极佳的机会，但同时也很有可能导致人对科技的滥用，尤其是在人工智能和机器人方面。

以色列作家尤瓦尔·赫拉利（Yuval Harari）在其畅销书《未来简史 —— 从智人到智神》[54] 中，特别探讨了人工智能和机器人的发展，因为两者都包含某种程度的人机结合。他指出，我们会越来越受到智能机器的控制。能预想的未来是，"脑 - 机"界面的发展，下一步会让精英升级，成为越来越优秀的"生物"。而普通大众，则无法支付这样高昂的费用。结果是，人类将变成一个真正有"生物级别"的阶级社会！

赫拉利说，人类需要停下来，想一想。我们正处在分岔口上，因为，作为人的我们，遇到了危机。本书的作者们也持相同的观点：普罗大众和政治的决策者，都不清楚我们即将面临的来自人工智能的挑战。没有一个国家或者国际层面的组织在观察科技发展的后果，尤其是进行科技风险的评估。人们常常把数字经济挂在嘴边，关于它对生产力和竞争力造成的影响却知之甚少。

谈到机器人和人工智能，我们现在知道，电脑程序可以战胜世界棋王。电脑的计算能力远远高于人脑。而同时，我们还总认为电脑的能力有各种局限，例如在艺术方面。然而，赫拉利举了一个由音乐学教授编写的电脑程序的例子，它所制作出来的音乐，听众认为居然超越了巴赫！

当科技达到了这一步，我们也就没有任何理由怀疑电脑会全面超过人脑。电脑或许缺少主观意识，这或许也是个重要的差别，然而，机器并不会因此而在智力和艺术上比人类逊色。

那么，赫拉利所说的"算法"是什么？当然这些目前都是人类编写的程序。第一类，是在计算机内编码而成，产出的是带有人工智能的机器。第二类，则是能对 DNA 进行编码，产出的是具有更高"自然"智慧的生命体。我们具备的能力，是操纵这两种基本的信息——生物的和计算的，也就是基因和字节。这两者几乎无可避免地都在朝着"超级生物"的方向发展，而超级生物终将统治世界。它们会夺走我们的工作，全方位渗透我们的生活，悄悄地控制我们的情绪，影响我们的命运，就好像控制交通和银行交易那样轻而易举。难怪英国现存风险研究中心（1.6.1）把人工智能视为最大的威胁。

赫拉利的观点非常重要。我们必须对信息科技带来的影响，不论是正面的还是负面的，都加以详细讨论。在很多情况下，这些影响对工作和私人领域都是"颠覆性的"（1.12）。科技的发展，抛出了一个最根本的问题：人类究竟是什么？把人类和机器组合在一起的想法，会引发诸多棘手的问题。我们应不应该继续探究？需不需要把科学、技术与伦理结合起来？是不是应该成立专门的机构组织，对科技后果做系统性的分析，以求在危难降临时及时踩住刹车？

2.8　　理论、教育和社会现实的差距

　　前一章我们讨论了化约论哲学把我们生活的现实元素
化，[20] 同时也把知识、教育和社会隔离开来。元素化的做法，不
单使学术界的象牙塔多年来孤立于社会，还把学科越分越细，又
专又精。人类的各种努力不再是把现实看作整体，而是将它切割
成小块，以至于研究和教育机构在今天无法承担起解决真实世
界问题的任务。

　　经济和生态之间长达两个世纪的隔阂，是这个普遍问题中
的一个戏剧性例子。知识的区隔化，让我们失去了对于各个局部
之间相互关联、相互依存，以及它们与所构成的整体之间的关联
性的认知。这种隔阂在大学和研究机构里尤其明显。在政府的
政策制定组织和行政机构之间，也存在同样的区隔化。法令和政
策也通常只针对专门的问题，而很少顾及它们对其他领域的影
响。这也是为什么发达国家直到 20 世纪 70 年代后期，才认识到
在规划重大商业和公共项目时进行环境影响评估的重要性。

　　这一趋势也导致金融市场与实体经济、科技与就业，以及经
济理论与公共政策之间的隔阂日益加剧。其后果是，金融市场已
经发展成一个独立的体系，理论上这与建立金融市场支持实体
经济的初衷背道而驰。科技也可以只管提高劳动生产力，我行我
素地提高成本效益，完全不顾就业和社会的福祉。

　　政策脱离实践带来的影响，在理论层面也同样显而易见。人
们把经济理论细分成了无数个分支学科，又在分支内建立起无
数的理论和模型，用来描述某一类特定活动的内部运作，却把重
要的因素当作外部效应而弃之不顾。这种倾向，进一步推使经济

90

学的发展脱离并独立于其他社会科学之外。19世纪后期为新古典主义经济奠基的物理学家，如莱昂·瓦尔拉斯（Léon Walras）和威廉·斯坦利·杰文斯（William Stanley Jevons）等，通过运用物理学的基础帮助提高了经济学的科学"等级"。除了丹尼尔·卡内曼[55]（Daniel Kahneman）和米哈利·契克森米哈[56]（Mihály Csíkszentmihályi）之外，经济理论整体上由此而变本加厉地沉溺于展现精美绝伦的数学，同时完全无视与理解人类经济行为和系统相关的政治、法律、社会、文化和心理的因素。

同样，这种学科区隔化、碎片化的现象遍布整个科学界，所有的自然科学和社会科学都出现了类似的后果。对专精化的追求完全凌驾于整体视角之上。

在教育上，模型和理论当然扮演着至关重要的角色。但是，当理论与社会现实脱节，或者把模型误认为现实，由此教育出来的学生只懂得书本学习，当他们进入社会时就会完全不适应真实的世界。经济学家兼前投资银行家，罗马俱乐部的成员托马斯·比约克曼（Tomas Björkman）追溯了这种分裂趋势对经济理论和模型造成的后果，并指出理论与实践之间的三个差距。首先，是模型和我们通常的认知之间的差距。用比约克曼的话来说："经济学家从模型中实际读到的内容，与普通大众认为模型告诉我们的内容，两者之间存在巨大的差别。正如我们所看到的，大众的观点往往不是很明确，但是会在沟通和政策制定过程中偷偷成为潜在的假设。"其次，是实际市场与新古典主义模型之间的差距。经济学家们都很清楚，新古典主义模型并非基于现实市场，而是关于"完美理论市场"的一系列假说，描述的是处于完美的平衡状态的市场。只有这样，现实才能通过方程式表现出来，而与人、机构、潜能、愿望、感情或者价值观等几乎无关。第

三,是现行市场和可能的市场之间的差距。而我们的认识往往
将市场假设为一个固定的现实。[57]

91　　很多研究报告显示出,模型的假设与现实脱节,然而,经济
学家和经济学专业的学生们依然故我地将这些模型当作真实世
界的再现,继续加以研究。一般来说,建构经济模型并非为了模
拟现实的世界,而是为了通过理论假设和抽象化的手段获得洞
察。模型可以假设从完美的竞争、完整的市场信息和可预测的
产能出发,事实上,这些在现实世界里都不存在。学术学习与真
实世界的需求之间的差距导致了存在于所有领域中的更大的差
距。这一点,我们会在本书3.18里进行探讨。

2.9　　宽容度和长期性

　　哲学危机对全球治理影响深远。这里我们将讨论可持续发
展的世界所需要的主要哲学特征。

　　国家主权和全球治理间的关系对政治调控非常重要。在联
合国诞生的时代,国家是唯一有权通过具有约束力的法律的实
体。虽然国际条约也具有法律约束效力,然而,如果未能得到所
有相关国家的认可,那协议就基本无效。

　　二战中主权独立的国家结成不同的军事联盟参战。这场惨
烈的战争结束后,人们认为,是时候展开政治讨论,看看是否有
可能牺牲部分国家主权,甚至包括部分军事主权。

　　当全世界都能正视可持续发展的问题时,还会有更多其他
主权领域会受到质疑。这需要完全不同的全新思维。围绕气候
变化的讨论就是一个典型的例子。人们越来越觉得向大气排放
温室气体是不道德的行为。然而,国家、议会,更不必说民族主

义公民运动, 总觉得被国际机构或者会议强制将国际条约纳入国家立法是不可接受的。

相对来说, 欧盟是一个光辉的榜样, 它向世人展示了将国家主权权力置于一个高于各国的权力机构之下, 实际上对这样做的国家是有益的。在诸如贸易、消费者保护、农业及环境方面, 一个欧盟成员国大约有 80% 的相关法律规定符合欧盟指令, 甚至直接受其法令约束。当然有行政步骤可让国家就本国情况协商指令和法规的内容, 但是越来越多的欧盟法规只要得到合乎规定的多数国家同意即获通过, 所有成员国都必须服从; 但针对某些特殊事务, 比如税收问题, 则是例外, 需要所有成员一致通过才行。所有经济研究报告都指出, 欧盟各国均在让出本国一定主权的过程中明显获益。

92 在全球层面上, 到现在我们还看不见类似的成效。即使我们有《国际海洋法公约》(The Law of the Sea)、《联合国气候变迁纲要公约》(United Nations Framwork Convention on Climate Change)与《联合国生物多样性公约》(United Nations Convention on Biological Diversity), 以及其他许多国际性的法律工具, 然而除了联合国维和部队和世贸组织的决议, 其他都很难落实。

国家主权的理念是"空旷世界"时代的产物。为了适应"拥挤世界", 是时候采取新行动, 建立一个更为严格的国际法律体系了。我们会在本书 3.16 继续讨论这个问题。

下面我们将讨论新启蒙的必要性, 我们要强化平衡, 也要有宽容的态度。从"空旷世界"一路发展而来的宗教和文化传统, 其信条从根本上是排他的, 认定自己对其他宗教信徒、肤色种族和文化的攻击、侵占和歧视是合理正当的。这些都必须改变。[58]

2.10 我们需要新启蒙

2.10.1 新启蒙不是回归理性主义

　　本书之前已经提过，17—18 世纪的欧洲启蒙运动打破了君主和教会的权力（1.1.3）。其中最著名的人物要数大卫·休谟、卢梭、伏尔泰、亚当·斯密和康德，他们的成就建立在伟大先哲，如笛卡尔、帕斯卡尔、培根、鹿特丹的伊拉斯谟（Erasmus von Rotterdam）、洛克、斯宾诺莎、孟德斯鸠、莱布尼茨和牛顿等人的基础之上。在所有这些伟大人物的共同努力之下，欧洲文明发生了革命性的改变。

　　欧洲启蒙运动最重要的贡献是政教分离。经过启蒙的国家与以往的教会不同，他们把国民自由的思想和贸易看成未来的希望，同时也激励了科学探究、技术发明和企业家精神。这使得整个 18 世纪成了科学和技术发展爆发的时代。自拉瓦锡（Antoine de Lavoisier）和瓦特（James Watt）开始，科技的创新摧枯拉朽，成就了工业革命。

　　启蒙运动也被认为将人类个体从 17、18 世纪的教会和绝对主义国家的令人窒息的压力下解放出来。然而，新的个人主义也带来了早期社会的瓦解。以往作为早期人类生存的共有财产，如放牧草原、森林或渔场，在强调私有财产和个人成就的情况下，受到侵蚀，被私有化，有些甚至被破坏。

　　对于欧洲以外的文明，启蒙造成的负面影响就更加惨烈。欧洲的军队、殖民者和传教士在 16、17 世纪占领了世界大部分地区后开始殖民统治。随后掀起的工业革命让欧洲，尤其是大英帝国，成为战无不胜的国家。最糟糕的是，欧洲至上主义和传教士战争甚至证明，对当地民众进行镇压、迫害和杀戮，把存在了数千年的不同文化和传统都破坏殆尽是正当的。彼得·斯洛

93

特戴克[59]（Peter Sloterdijk）将欧洲殖民主义造成的恐怖和危害都归因于一神论宗教，并把那段历史时期同当前伊斯兰"圣战"的心态相提并论。

欧洲的发展当然离不开理性主义[21]、科学和技术这些进步的动力。然而，我们却不能忽略进步带来的破坏性副作用。因此，我们的观点和教宗方济各的通谕《愿祢受赞颂》一致，认为需要阐明人类目前正面临的哲学危机，以及现代资本主义的自我毁灭特征。我们呼吁，人类在这拥挤世界必须来一场新的启蒙运动。

新启蒙的呼吁似乎也成了潮流，当然动机和内容不一而足。很多只是要将启蒙运动的一些概念加以复兴或改头换面，这些概念包括：理性主义、自由、反规范、反教条、反国家统治。许多的例子都来自英国的自由主义联盟[60]（British Libertarian Alliance）。另一个例子，是2017年4月的"科学游行"（March for Science），活动集结了数百万人，抗议特朗普总统对科学真理的蔑视。游行的诉求是：科学要支撑人类的共同利益，政策要基于佐证来谋求公众的最佳利益。第三个例子，是奥地利的阿尔卑巴赫欧洲论坛（European Forum Alpbach），它代表着一种新形式的知识平台，该论坛2016年的会议主旨就是新启蒙。后二者都属于回归理性主义的例子。

本书的第二部分尝试的切入点有别于回归理性主义的主张。诚然，针对"虚假消息"或者其他恶劣的手法，我们当然需要理性主义。然而，如果不经过结构性的剖析，理性主义也会破坏立意美好的、可持续的传统和价值观。

[21] Rationalism，理性主义，是建立在承认人的推理可以作为知识来源的理论基础上的一种哲学方法，高于并独立于感官感知。一般认为随着笛卡尔的理论而产生。17—18世纪在欧洲大陆上兴起、传播，本质上体现科学和民主，是启蒙运动的哲学基础。——译注

新启蒙（"启蒙 2.0"）不太可能再以欧洲为中心，它必须放眼
其他伟大的传统和文明。这里举两个不同的例子：

- 北美洲的原住民霍皮族（Hopi）的传统曾稳定地持续了
  3 000 年。霍皮文化可说是有史料记载的、现存最古老的文
  化之一，包括可持续的农业、稳定的人口、没有战争，并且
  精通石制建筑。从任何一方面来看，霍皮族都是可持续方
  面的佼佼者。他们信奉的是一种在不同的人、水和光、夏季
  和冬日、幽默和严肃之间保持共生平衡的复杂宗教。[61]

- 一神教认定只能有一方正确，而在大多数的亚洲传统里，[62]
  共生平衡才是中心思想。人们在理性思维（脑）和情感（心）
  之间寻找平衡。

西方世界，不会糊涂到连可持续发展的智慧根源 —— 共生
平衡的原则都不懂得运用。而东方世界，不能也不应该在接受
了西方竞争和利润优先的思维后，丢掉传统的共生平衡思想。

2.10.2　阴和阳

94

以下是西方对阴阳的描述，可能对汉语世界的读者来说过
于简易。即便如此，我们还是认为有必要向所有读者普及这个
深刻的哲理。

阴和阳是平衡对立的象征，也是中
国传统思想宇宙观的重要组成部分，图
2.7 是最常见的阴阳太极图。马克·卡
特赖特（Mark Cartwright）在《古代历
史百科全书》里，给出了对阴阳的简单
定义：

图 2.7　　阴阳太极图

"阴阳原则始于公元前 3 世纪或更早，是中国哲学和文化中的基本概念。阴阳是存在于所有事物中的两个不可分割、相互矛盾的对立面，例如男女、明暗、老幼。两个对立面，既相吸又互补，正如它们的符号所示，在每一方的核心部位都留有对方的一点空间。两极不分高下，一极强必然导致另一极弱，两级必须达成正确的平衡，以获得和谐。"[63]

"阴代表雌性、色黑、暗淡、北方、水（转化力）、被动、月亮（柔弱）、地、寒冷、老朽、偶数、幽谷、贫穷、温柔。阴给万物以精神，在冬至到达到最顶点。阴又以虎、橘色和《易经》中的阴爻为代表。

　　阳代表雄性、色白、明亮、南方、火（创造力）、主动、太阳（刚强）、天、温暖、青壮、奇数、山峦、富裕、坚强。阳给万物以形状，在夏至到达顶峰。阳又以龙、靛蓝和《易经》中的阳爻为代表。"[64]

　　《易经》揭示了阴阳两极在宇宙和生态中的持续转换、变化流通的关系。阴和阳只要有显著的不平衡，就会产生如水涝、干旱、瘟疫等自然灾害。

　　中华传统文化的中庸之道——"致中和"——融合了阴和阳的动态平衡，并且把"天地位焉，万物育焉"[22]作为目标，这与可持续发展的共生平衡理念一致。程朱理学的"存天理，灭人欲"，将阴和阳引申为宇宙定律和节制人类欲望，虽然形成于近一千年前"空旷世界"的宋代，却仍适用于今天的"拥挤世界"。

---

[22]　见《中庸》："喜怒哀乐之未发，谓之中，发而皆中节，谓之和。中也者，天下之大本也；和也者，天下之达道也……致中和，天地位焉，万物育焉。"——译注

　　简短的解说，当然无法表明阴和阳所饱含的哲学意义，甚至还容易招致诸如性别歧视的攻击，或者对零和博弈[23]结果的质疑（人们当然期待双赢）。但是，阴阳是与西方主流思想以及伊斯兰信仰完全不同的智慧，后者习惯把不同的看法分成"正确（善的）"或者"错误（恶的）"，往往导致痛苦和暴力的纷争。当然，西方传统中也接受了平衡的思想，黑格尔的辩证哲学就是代表，但这里限于篇幅不做展开。我们真正重视的，是从对立面产生的协同效应，这才是新启蒙的重要组成部分。

2.10.3　不排斥他者的共生平衡哲学

　　在对立面中发现协同作用的智慧，或许正好能弥补科学中分析哲学的缺点，也能为未来哲学的发展创造新的空间。当然，科学和技术的测量必须继续保持正确，事实依旧是事实。然而，现代物理已经表明，对某一特征的测量越精确，越会破坏其相对（互补）特征的精确性。例如，海森堡的不确定性原理发现，我们不能同时无限精确地测量一个粒子的动量和位置。这一令人震惊的发现的物理基础在于，粒子同时具有波的特性，会受到测量仪器产生的用以测量的波（如光波）的干扰。粒子性和波动性就是典型的互补性质。

　　互补性可以成为一块敲门砖，开启对现代物理学与东方智慧和宗教之间相似之处的了解。本书之前提到过曾经担任海森堡助教的卡普拉，他的《物理学之"道"》[65]认为，佛教、印度教、道教有能力解决无法解释的、一般人称之为"神秘主义"的现实。卡普拉在书尾写道："科学不需要神秘主义，神秘主义也不需要科学，但人类却两者都需要。"而且，极有可能前两个结论都错了！

互补性和共生平衡，以及从对立事物中产生协同效应的智慧，应该是新启蒙的里程碑。当然我们还需要多个哲学步骤才能补足分析哲学的缺陷，战胜自私、个人主义、短期主义，以及教宗方济各在通谕中提到的破坏我们共同家园的其他特质。我们列出一些需要重新获得平衡的方面，作为第二部分的结束。这些都不是新见解，却是这个时代所缺失的。

我们建议，人类采取行动，达到以下各方面的共生平衡：

- **人与大自然**：这是本书的核心信息。在空旷世界里，共生平衡是天赐的状态。在拥挤世界里，人类要实现共生平衡是一个巨大的挑战。人口还在继续增长，消费者的欲望依旧不断提升，这些对于余下的可耕地、水资源和矿产，都是破坏而非平衡！

96

- **短期与长期**：人类喜欢快速的满足感，比如，感觉口渴，要紧的当然是先喝口水；季度性的财务报表对管理层和股东当然也是必要的。然而，像稳定气候这样的问题，需要采取制衡措施来确保形成长期的行动。除了长远的伦理观，我们建议也需要短期激励机制来奖励长期行动。（见3.4）

- **速度与稳定**：技术和文化的进步，领先是竞争之关键。速度领先，是科学界和企业界最重要的标准。我们都认识到（见1.11）颠覆性技术在今天获得了巨大的成功。然而，快速却给老人、孩子和乡村（想想霍皮族！）等慢生活人群带来恐惧。更糟的是，目前人类对速度的追求，破坏了可持续发展的架构、习惯和文化所需要的最基本的稳定。

- **私人与公共**：个人主义、私有财产、不受政府侵犯等价值观,是欧洲启蒙运动(启蒙 1.0)争取得来的最宝贵的成就。然而今天,公共财产受到的危害远远甚于私人财产。公共财产、公共基础设施、公平的金融系统和公正的法制系统都受到威胁。一些国家为了提高国际竞争力,只顾制定减税政策(吸引投资),而公共财产却往往被忽视,投入的资金也不足。正确的做法是,应该由国家(公共)制定市场(私人)的法则,而不是颠倒过来。保罗·德·格罗韦(Paul de Grauwe)和安娜·阿斯伯里[66](Anna Asbury)清晰地描述了历史在私人统治和国家统治之间摇摆,却从未在两者间达到过长期稳定的共生平衡。

- **男与女**:许多早期文化通过战争得到发展,所以形成了女主内(负责家庭)、男主外(抵御/迎击外敌)的模式。然而,这样的模式早就过时了。理安·艾斯勒(Riane Eisler)的《圣杯与剑》[67]在对一些文明进行考古学研究时,指出男女其实是一种伙伴关系,没有哪一方是主导。她在《国家的真正财富:创建关怀经济学》一书中认为,传统(由男性支配)的"国家财富"其实只是一幅对现实生活的讽刺画,真正的伙伴关系会带来一种完全不同的"国家财富"。[68]

- **平等与奖励**:如果没有奖励,一个社会就会死气沉沉,并在竞争中输给其他社会。反之,一味奖励也只会让能力强的人变得非常富有,而大多数人则怨声载道。健康的社会可以是一个能者多劳的社会,但需要确保拥有一个公平和公正的公开系统。根据威尔金森(Richard Wilkinson)和皮克特(Kate Pickett)的研究,不公平与不良的社会参数直接相关,如教育程度低、犯罪率高、婴儿死亡率高,等等。[69](图 2.8)

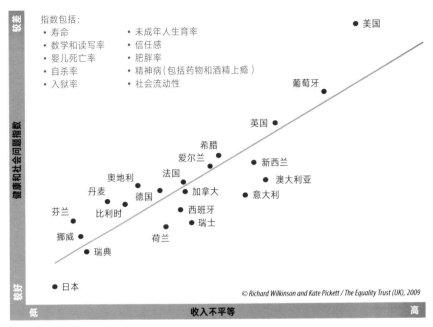

图 2.8   富裕程度接近的国家,其收入不平等现象与健康和社会问题等指标之间的关联性。图片来源:
Wilkinson and Pickett, *The Spirit Level* 〔尾注69〕

- **国家与宗教**:欧洲启蒙运动的一个重要的成就是,在充分
尊重社会和宗教价值的情况下,将公共管理与宗教统治分
离(政教分离)。以宗教支配公共事务,有忽视人权和破坏
司法独立的危险;宗教的支配倾向不会容忍在宗教团体以
外工作的个人。而相对应地,对各宗教团体持不宽容立场
的国家往往会失去对伦理的(长期)需求。

    以上列出的需要探讨的共生平衡关系,只能算是一张简短
的、示意性的清单。我们还是要重申,这些平衡只是新启蒙的许
多标识中的一部分。

97

第二部分到第三部分的间奏

除了 2.10，本书的第一和第二部分都是有关历史的、以分析为主的描述，着眼于创造新启蒙的建议。

整个过程或许像欧洲启蒙运动那样，要花上 100 年。不过，世界不可能有这份耐性静静地等待所有的人都接受这样一个新的世界观。我们必须现在就开始行动，矫正这个"纷乱的世界"（1.1），进行实际而有针对性的改进。这就是第三部分的目的。

幸好，我们还有理由保持乐观。很多迹象显示，我们正朝着正确的方向前进。德国《明镜周刊》（ Der Spiegel ）每周有个叫作"从前什么都比现在差"的配图专栏，[70] 颠覆了常见的"从前什么都比现在好"之类的牢骚。令读者感到吃惊的是，不仅仅今天的天气预报比以前准确，吸烟者、插队的人、童工比以前少了，而且银行抢劫、战争伤亡、暴力、[71] 饥饿、常见病、宗教迫害等现象也减少了。不论如何，这张清单还是完全以人类为中心的。专栏里关于生态环境的好消息，还停留在哪几个地区减少了危险物质的排放，或者点缀式地保护了某几个物种，人类对生态改进所做的努力几乎则付诸阙如。改变气候变化？提都没人提。

第三部分列举了很多区域性的成功案例，让我们没有理由畏缩。即使目前情况还不太乐观，但点点星火也有燎原之势。[72] 当然，区域性的成果无法简单复制。我们认为，改变现状，尤其是改变气候变化，实现可持续发展，需要在国家和国际范围内采取更多法令和规章，从而让破坏趋势减速并得到扭转。我们需要形成更大规模的经验。首先，我们将在国家层面提供政策建议；在本书 3.16，我们将探讨用国际方式制定法规，达到"全球治理"的目的。

第三部分由本书在致谢中所列出的罗马俱乐部成员们根据各自的成功经验写成，包括他们关于金融领域、投资和商业方面的想法。首先是一篇有关"再生型经济"的文章，该文将这种经济与当今社会惯有的消费习惯和破坏行为做了对比。我们也会简单地谈谈两个截然不同的国家——中国和不丹，看看他们如何分别应对发展中的环境问题。由于牵涉颇多，第三部分包含的想法难免差异很大。但请切勿把这些内容当作罗马俱乐部提出的新教条。我们希望通过展示各种不同的可能性，引起社会行动者、工程师、政治家、企业家们的共鸣。来吧，一起来加入通往可持续发展之路的行动者行列。

乐观是第三部分的基调。这也许有违罗马俱乐部自《增长的极限》一书出版以来在世人眼中多少有些"悲观"的形象；但第三部分的案例都有一个共同的特质——"为今后七代人着想"。这条原则，也被写入了北美东部易洛魁联盟（the Iroquois Confederacy of Eastern North America）的宪章。诚然，在一个拥挤的世界里要想恪守这一原则，绝非易事。

99

第三部分

来吧，加入我们，
加入这令人振奋的创新之旅！

3.1   再生型经济

101   人类正在与灾难赛跑。整个系统的坍塌也是完全有可能的。人类对地球产生的影响是我们无法回避的事实：核弹实验使大气层中放射性物质的残留无处不在；化石燃料燃烧所产生的二氧化碳，改变了大气和海洋的化学成分。[1] 如今，人口迅速增长，资源过度使用并造成污染，生物多样性丧失，生命支持系统持续衰退。我们必须正视这些艰巨的挑战，不能再自欺欺人了。

这些尖锐突出的问题，主要是由于科学界及政治界人士的信念造成的，他们坚信，保持 GDP 的增长能够防止经济崩溃（见图 1.5）。但这是错误的。GDP 能衡量的，无非就是金钱和价值进出经济圈的速度（见 1.12.2 和 1.12.3）。

3.1.1   新观念

有些人会安于现状地说，这都是大环境决定的，我能改变什么？于是继续漠不关心，我行我素。这其实是最不负责任的
102   态度，要知道人类是 20 亿年进化的结果，我们的行动必须与之相称。

难道真的什么都改变不了吗？我们总该相信有一条路，会通往较好的未来吧！把世界变得更好，这也正是我们的义务，只有这样，人类才能避免走向灭亡。要做到这一点，最重要的是，用一种新的观念来取代我们原先的"超速巴士"。这也是本书第二部分的哲学基础。

不论是披着新自由主义还是凯恩斯主义外衣的观念，都已经将人类带到毁灭的边缘。我们需要的是崭新的观念，告诉我们如何不突破生态界限而实现繁荣生活；如何创造普遍的福祉，

满足所有人的基本需求；如何保证基本的公平，维护社会的稳定，以及为真正的安全提供保障。

在《地球太空船操作手册》[1] 中，身为未来学家的作者巴克明斯特·富勒（Buckminster Fuller）曾问道，究竟"为全人类服务的世界"会是个什么样子？生活在其中感觉如何？在目前关于人类未来世界的主题电影中，却都找不到这个问题的答案。我们在银幕上看到的大多是劫后余生或与僵尸格斗的场景，这对现实的生活没什么帮助。我们可以把人类送上月球，但却不知道男人和女人如何才能在地球上幸福地生活。

对于罗马俱乐部，或其他任何人来说，构建新观念的基本原则是当前的首要任务。

德内拉·梅多斯告诉我们："人们并不需要宽大的汽车，需要的是尊重；不需要满满一柜子的衣服，需要的是感觉自己有吸引力，渴望精彩、差异和美丽。每个人都需要个人的形象、社交群体、挑战、认可、关爱和喜乐。如果我们都用物质来满足这些需求，那就会形成永无止境的欲望，这等于给真正的问题错误的答案，由此导致的心理空虚，反倒成为助长物质欲望的主要动力。一个可以把非物质需求表达清楚，并以非物质方式来满足需求的社会，可以大量减少物质和能源的消耗，并大幅提升人们的成就感。"[2]

我们当前的经济崇尚竞争、完善的市场和无拘无束的增长，在这个世界上坚强的个体被视为是经济的缩影。其结果是巨大的不平等（见2.5）。"大到不能倒"[2] 压垮了地方的自主决定权。

[1]　Richard Buckminster Fuller, "Operating Manual of Spaceship Earth," 1969, http://www. designsciencelab.com/resources/OperatingManual_BF.pdf. ——译注

[2]　Too Big to Fall, 大到不能倒, 是一个经济学上的概念, 指当一些规模大或者在产业中具有关键性地位的企业濒临破产时, 政府不惜投入资金拯救, 以避免这些企业倒闭后掀起的巨大的连锁反应对社会造成更严重的伤害。——译注

据报道，有数百万人憎恨自己的工作。盖洛普（Gallup）公司联手海思威斯公司（Healthways）每年对美国工人进行满意度调查，结果显示不满意的程度日益加重。[3]

教宗方济各警告世人："世界上的荒漠正在扩大，是由于内心的荒漠变得如此之大。"[4] 他引用了《地球宪章》（Earth Charter）所提到的人类面对的挑战："共同的命运史无前例地召唤我们寻求新的开始……让我们这个时代成为被后人铭记的时代，因为这个时代将重新唤醒人们对生命的尊重；坚定实现可持续性的行动；加速争取正义与和平的进程。这将是个满怀欣喜拥抱生命的时代。"[5]

103

新观念强调关怀、照顾，尊重个人尊严，重视人类只有为了共同利益而努力时才能生存下去的科学证据。[6]

美好的生活是可以教导的。像积极心理学和人本管理[7]这样的学科引导企业家们讨论繁荣发展，讨论有意识的资本主义、自然资本主义、再生型资本主义，以及对"大转向"[3]战略的需求。生物学家正在探索"树维网"[4]的概念，其实大自然里更多的是信息沟通与合作共生，而不是"适者生存"的竞争关系。许多政策制定者在考虑如何跳出GDP的局限，用幸福指数[8]来表现生活品质的提升。有一个叫作"为了幸福"（Leading for Wellbeing）的国际联盟，正在构建一种新的观念，其中包含以下概念：

- 真正的自由和成功，取决于创造一个处处呈现出发展和繁荣的世界；

---

[3]   The Big Pivot,《大转向》，是安德鲁·温斯顿（Andrew Winston）于2014年出版的书，为可持续发展提供实用的商业战略。此处指大转折，指关键性的转折或者逆转。见：Andrew Winston, The Big Pivot (Brighton, MA: Harvard Business Review Press, 2014).——译注

[4]   Wood-Wide Web，树维网，由菌根真菌在地下产生的巨大的菌丝网络，将植物根系连接在一起，输送水和养分，并交换化学信息。——译注

- 只有当人们认识到自身尊严并努力加强人与人之间的联系，组织机构和制度才能最好地服务于人；
- 企业和社会必须转向新的目标：在健康的地球上才能共享福祉。

活得好，并不需要让地球付出代价。新经济基金会（New Economy Foundation）基于全球问卷调查的结果，并结合物质的充足程度和人对生活的满意度，建构了"快乐星球指数"（Happy Planet Index，简称HPI）（见3.14）。[9] 大自然之所以可持续，不是因为其运作本该如此，而是因为它可再生！

3.1.2　自然资本论：过渡方舟

要想创造生态文明，需要有合理的政策。这需要社区、非政府组织、当地政府，以及所有相关方的共同努力，当然，还必须要有企业的参与。法令规章必须在国家或者国际层面制定。

所幸的是，企业通过提高效率减少废料，一般来说都有利可图。采用循环经济和仿生创新等方式，能让提供的服务符合生态要求。这些都能使人力的和自然的资本（见3.8）不断地再生。

这艘过渡的方舟被称为"自然资本论"。[10] 2016年，联合国全球契约（UN Global Compact）委托埃森哲（Accenture）对1 000多名CEO进行问卷调查，有97%的受访者认为可持续发展对未来业务的成功非常重要。公司的透明度是一个关键因素，79%的受访者认为品牌、信任感和声誉可为可持续发展提供动力。[11]

这些公司开始实施自然资本论的第一个原则：更有效地利用所有资源。新古典主义经济学家会说，是市场逼迫企业必须合乎成本效益的要求。但这好像等于什么都没说。每一个企业都能够显著改进其资源利用的效率（见 3.9），除非它使用的资源价格极低，还享受政府补贴。企业家吉格·沙[12]（Jigar Shah）计算了一下，由于持续的技术创新，即便降低 50% 温室气体排放，企业还是可以赢利的。

3.1.3　彻底的再设计

如果服务于生活的经济成为现实（许多情况下已经在发生），我们就需要显著的结构转型。自然资本论的第二个原则是通过仿生创新和循环经济等方式，重新设计传递能源的方式、生存的方式，以及想要的服务。

由贾宁·班亚斯（Janine Benyus）创建的仿生创新学（Biomimicry）描绘了大自然运作的原则。这些和我们目前使用的主流方法不同。她的"仿生 3.8"（Biomimicry 3.8）顾问组织[13] 协助许多公司使用自然原则重新设计、制作和提供产品与服务。大自然仅仅利用阳光就能提供大量的产品和服务，整个过程是在大气温度下进行，以水溶性化学反应的方式，不释放长期存留的毒素，丝毫不浪费资源。企业落实这些方法后便会发现，这确实能节省成本，并提升服务。

本书 3.12.3 列举了一些辅助方法，需要国家采取行动：补贴会增加资源消耗，不妨主动将资源加价。为了不损害经济，加价可以分成多个阶段，让多出的费用和节省的成本达成平衡，而国家的总体税收保持不变。这意味着减轻人工的负担，而消耗资源则需付出较高的价格。

3.1.4　再生型管理

自然资本论的第三个原则是把所有机构的管理都转变成为

"人力和自然资本的再生型管理"。再生型经济的原则都罗列在罗马俱乐部成员约翰·富勒顿（John Fullerton）的《再生型资本论》白皮书报告中。[14] 像仿生创新一样，再生型管理不仅汲取了大自然的原则，还要能适用于经济运作，服务于生活。

    富勒顿指出，自然界运用的模式和原则在全世界范围内建立了稳定、健康、可持续发展的系统。综合来说，有八项原则可以指导我们创造与自然条件相适应的经济，创造有利于生活的条件：

1. 正确的从属关系：保障生命延续是神圣的，我们要认识到人类的经济活动是包含在人类文化中的，而人类文化本身又内嵌于生态圈中；

2. 创新、适应和反应：利用人类在社会各个领域创新和"重新创造"的天赋能力；

3. 整体财富观：真正的富有，是通过调和各种不同的资本形式，实现全人类的"整体"福祉；

4. 参与分配的权利：在对真正财富的广义理解下，财富应该公正（尽管不一定是平均）地分配；

5. 强大的循环：经过不断努力，在整个生产周期（包括再利用、再制造和回收）都尽量减少能源、材料和资源的消耗；

6. 丰富的"边缘效应"：大自然中，生态系统的边缘尤其富于多样性（森林边缘、沼泽边缘）。边缘通过交换、互动和弹性等作用，增加了创造财富附加值的可能性；

7. 寻求平衡：在有效吸收冲击的学习和成长过程中变得更有弹性，强化系统效率，减少权力集中；

8. 尊重社区和地域：培养健康、稳定发展的（实体和虚拟的）社区和区域，使之成为由无数个以地方为中心的区域经济构成的整体经济中的一块拼图。

以上原则都与自然的基本原则相一致，与我们从人类心理学和最近兴起的人本管理学中学到的原则相似。

再生型资本主义已经在可扩展的现实世界项目和实地企业中体现出来。资本研究所（Capital Institute）在再生型经济投资指南里，介绍了正在实施再生型原则的34家公司。[15] 为了要成为全球经济的"源代码"，有必要将这些原则向跨国型企业推广。

越来越多的大型企业开始接受这种新的叙事方式。DNV-GL集团是一家拥有150年历史的世界排名前三的船级社，[5] 该集团将创造再生型未来作为发展战略，旗下的基金公司并没有受到短期季度报告的束缚。DNV-GL集团的可持续发展主管比约恩·豪格兰（Bjørn Haugland）指出，公司转型的战略"应该让心灵和头脑对话，传达支持转型的正能量，激发行动并带来希望"。

这些原则也适用于发展中国家。一家名为"替代方案"的公司所开发的适合当地的项目就是很好的例子（见3.2）。[16]

同样，农业生产转型成再生型农业，可以为人类供应更多更好的粮食，同时吸收空气中的二氧化碳并将其返还土壤。批评者会说："只有产业化农业才能够养活人类，因此我们需要转基因作物和人工添加剂。"但这是完全错误的（见3.5）。根据联合国粮食及农业组织（Food and Agriculture Organization，简称FAO）的估计，全球生产的粮食中仍有70%来自小农农业。[17]

这倒是个好消息：它意味着我们不需要改造大部分的农业，只要协助农民们把事情做正确，以最好的、再生的方式进行实际操作，避免重蹈工业国家的覆辙（图3.1）。[18]

位于科罗拉多州博尔德市的萨沃里研究院（Savory Institute）

---

[5] 船级社，是建立和维护船舶和航运设备相关技术标准的非政府组织，最早成立于18世纪中期的英国伦敦。——译注

牲畜管理不当、
无法放牧的例子

通过整体管理的方法妥善
管理牲畜、恢复草原的例子

墨西哥

亚利桑那州

津巴布韦

图3.1　萨沃里研究院成功复建草原的故事。图片来源：萨沃里研究院

通过整体管理和整体决策的教学与实践，参与了世界各地大草
原的重建。沙漠成了繁茂的草地，恢复了生物多样性，溪流再
现，与贫困和饥饿作战。艾伦·萨沃里（Allan Savory）认为应
对全球气候变化最好的方式，是模仿作为世界第二大碳汇[6]的

[6]　Carbon Sink, 碳汇，是能够无限期累积及储存碳化合物，尤其是二氧化碳的天然或人工"仓库"，
　　　例如森林、土壤、海洋、冻土等。碳汇作为温室气体增加的缓冲，近年已渐饱和。——译注

草原，学习如何与大量的放牧食草动物建立共生演进的关系。他声称，整体管理的放牧动物是改良退化土壤的最佳方式。[19] 在自然界中，二氧化碳根本算不上有毒，[20] 废料也是一种尚未利用起来的资源，大自然总会找到它们各自的用途。整体管理所创造的健康土壤、微生物群落能吸收二氧化碳。更重要的是，与（一直无法商业化，又让煤电厂成本增加一倍的）人工碳捕获和储存方式相比，整体管理的方式能重新为土壤补充碳元素，并恢复天然的氮循环。[21]

107

亚当·萨克斯（Adam Sacks）从许多研究中发现：生长良好的草原，平均每年每英亩至少可以吸收一吨碳。[22] 他还声称："我们才开始认识到密集放牧的潜力，这些食草动物用蹄打破了板结的土壤表面，让土地更加肥沃、湿润、透气，适合成千上万种重要土壤生物入住。"没有任何拯救气候和生物多样性的策略，可与之媲美。他提出"全世界估计有 120 亿英亩因人为滥用而破坏的草场都可以被修复。以每英亩一吨碳的保守估计，每年可以从大气中脱除 120 亿吨碳。这相当于二氧化碳浓度可降低 6ppm[7]。所以，即使每年我们还会愚蠢地继续添加 2ppm 的二氧化碳，不出 30 年依旧可以从今天危险的 393ppm 降至工业

108

化前稳定的 280ppm。"[23] 当然，我们必须指出，从萨克斯的论述到今天，大气中的二氧化碳浓度已经升到了 403ppm。

企业、社区和民众都应该认识到，我们的生存取决于大家负责任的行为。人类需要进行全面的、系统性的、涉及各层面的变革，包括个人、社群和企业的行动和措施。

更好的未来是可能的。人类确实有可能避免整体系统的崩

---

[7]   ppm (parts per million)，体积浓度，即百万分之一。——译注

塌，同时创造更美好的未来。这是对于今天每一个活着的人的
挑战。[24] 你、我和阅读本书的所有读者，都在受邀之列。

3.2　　一家不同凡响的印度公司

　　替代方案公司（Development Alternatives, 简称 DA）是一
个非常鼓舞人心的例子：他们在世界最贫困地区，实实在在地
为千百万人创造了安全感、收入、工作岗位、健康的生态系统和
积极的人生观。这是阿肖克·科斯拉（Ashok Khosla）博士离开
了原先在政府和联合国的舒适职位后，于 1982 年建立起来的新
型机构。这个公司一方面拉近了社会与政府之间的距离，另一
方面为社会和企业架起了桥梁。阿肖克认识到，环境的问题最
好是在源头处理。相比立竿见影、效果明显的补救措施，替代发
展战略可以提供更便宜、更深层次，以及更持久的解决方案。因
此，该组织就以"替代方案"为自己命名。[25]

　　DA 公司从联合国环境规划署资助的十万美元基金项目出
发，最初开展针对环境保护的行动。为了确保为后代保留可再
生的健康环境，它分析现有的经济、社会和政府管理，找出需要
做改变的地方。由于 70% 以上的印度人（实际上也包括南半球
的大部分地区）生活在村庄和小城镇里，所以当地与环境有关
的问题变得至关重要，然而大城市的环保专家们却很少正视这
些问题。

　　DA 公司的主要社会目标，是寻找和运用各种方式来让当地
人民获得多种权利。这种"赋权"包括参与现代经济活动的能
力，获得社会地位的权利，有意义地参与家庭、社区和地方政府
机构的权利。这种不断增长的能力链，最终将创造能够对自己

的决定和未来有更多掌控的全体公民。人们所关心的，不外乎是工作岗位、就业资格、收入、个人尊严和工作的意义；社会所生产的，是满足基本需求的商品和服务，同时也要顾及环境并使其恢复活力。所以说，可持续既是赋权的因，又是赋权的果。

按照甘地的理念，技术的规模必须更加人性化，要尽量少地消耗资源，并且直接应对人们的基本需求。如果贫富和社会地位的差距过大，可持续发展的可能性就会减小。极端贫穷的人，由于生存和需要的紧迫性，会过度使用和破坏资源（主要是可再生资源）。而富有的人，出于贪婪和任性，也会过度使用并摧毁其他资源（主要是不可再生资源）。因此，提高社会公平性、消除贫困，是环境保护的主要手段。

为了实施设计和理念，DA公司组织了一个成员间相对独立、但有合约义务约束的公司联盟。另外，还成立了名为"乡村发展技术与行动"（Technology and Action for Rural Advancement，简称 TARA）的商业实体机构，并设多个子公司，注册的营业范围为制造和销售非营利组织DA公司的技术和产品。

作为智库，DA公司在开发此类概念方面做了一些先驱性的工作。除此之外，它还设有一个高度创新的研发中心，负责开发符合环保标准、致力于消除贫困的具体技术产品，包括：家用炉灶、生物质发电、低价且绿色的建筑材料、先进的手工织机（见图3.2）、手工纸和其他适合当地需求的环保产品。工作的重点在于土地、水和森林资源的再生。尤其在乡村，健康的生态系统成了维持生计和工作的先决条件。其中一个重要的项目是，沿着众多河流建造许多小型水坝，这样就提高了地下水位，显著改善了土壤的肥力，由此也确保了粮食供应，同时还增加了自然的栖息地空间。

图 3.2　　TARA开发的"飞梭织机"，该机器无需电力，能创造比传统手工织机多 3～4 倍的收入。图片来源：替代方案公司

110

在现行的经济制度下，个别的行业部门对全球性的失业问题完全束手无策（见下页表框）！根据国际劳工组织（International Labour Organization, 简称ILO）的统计，目前需要大约10亿个工作岗位，才能解决全球的失业问题（SDG 8, 见 1.10）。这意味着发展中国家每年需要创造 5 000 多万个新的就业机会。面对农业吸收剩余劳力的能力快速下降的现状（即使在最贫困的国家也是如此），该目标的实现愈加困难。

基于以上的思考，可以看出创造就业机会和担负起可持续生计（SDG 8）的，应当另有其人。这就是以市场为基础、以营利为目的、小而本地化的中小企业最能发挥作用的领域。在大多数经济体中，他们是最大的就业和生计提供者。DA 公司也擅长这方面的创新，他们创造工作岗位的成本比传统行业的低，提供的生活品质却要高。

111   　　一个国家的人口，对创造大规模生计产生的影响，也许最为重要，但对它的理解却最少。对小家庭和低出生率最有效的刺激因素，除了强化女童和妇女的教育，就是可持续地创造谋生手段。为了地球的长期健康，加速人口过渡到低生育率的过程符合所有人的利益。降低生育率可能是解决失业问题最强有力的答案！

　　DA 公司在 30 年的时间内落实了大约 700 个项目，耗资超过 1.5 亿美元，特别是大模地改善了印度北部和中部偏远地区人群的生活。其整体的成果巨大，创造了约 100 万个直接和间接的就业机会，改善了 1 600 万人的生计。还有大量农民因为前文提到的水坝和水资源管理系统而有活可干。许多妇女，原来成天为了汲水、挑水或者搜集用作燃料的木材而耗费大量时间，现在则有了赚取薪资的工作。很明显，DA 公司的系统性策略产生的

表框：制造业的工作岗位？有，但是太少！

　　根据主流经济学的观点，创造生计和就业岗位往往应该是企业的任务。然而，在第三世界的经济中，企业并没有提供足够的就业机会，也未能实现维持人们生计的目标。在全球竞争的压力下，每个新工作岗位的成本都在增加，这使得企业家只能把资本投在能够更好地提高生产效率的机器上，而不是人力上。对工业化国家来说，创建一个工作岗位，需要投入的资本约为 100 万美元。即使发展中国家的工资要低得多，产业界的新工作岗位成本也一样高昂。这就是生产部门创建新工作岗位的阻碍。

　　巨大的初始投资，是每个传统行业在创建新企业以及创造就业机会方面的主要障碍。

　　印度在创造新的制造业工作岗位方面，虽说算得上是成功，整个国家也尚未实现就业净增长。在过去 25 年中，经济已经抵达新的制高点，但印度大型正规企业（包括业务外包）的就业总人数依旧维持不变。因此，SDG 8 不太可能通过传统的行业部门来实现。

积极影响还带来了第二或第三层的就业机会，几乎新增 500 万
个工作岗位，有许多人的生活因此得到改善。

有很多人通过获得新技能、累积一定财富、拥有自主权利、
学习工作知识等其他类似方式被"赋权"，有能力谋得工作，或
者为自己和他人创造就业岗位，改善生计。以种种不同方式获
得有偿工作的就业比例大约在 10%～30% 之间。就妇女而言，由
于受到传统社会对女性流动的限制，比例可能低于这个水平。

谋生之道的重要因素就是教育。DA 公司制定了"识字自立"
计划，特别强调对农村妇女基本识字和计算能力的教导。首先，
招收来的女性学员通过使用基于信息通信技术的电脑辅助教程
"TARA Akshar +"，可以用极低的成本在 56 天内学会用印地语
阅读、书写，以及进行简单的计算。第二步，学员们在 DA 公司
的技能发展部门 ——TARA 生计学院 —— 继续接受为期两个月
的职业和商业基础技能培训。许多妇女因此成为了企业家或社
区的领导者。

TARA 是 DA 公司的商业部门，为成长中的小微企业提供经
营工具和商业模式。TARA 的目标是推广低碳的发展路径和包
容性的增长，促进农村住房、可再生能源、水资源管理、可持续
农业、废物管理和回收利用的组合性增长。TARA 自成立以来，
与合作伙伴共同协助创立了超过 1000 家企业，带动当地经济，
创造绿色就业机会。作为 TARA 子公司之一的 TARA 机械与技
术服务公司，是一家基于绿色建材生产技术，提供小型"变废为
宝"商业套餐的社会企业。产品专为印度市场开发，为小型企业
提供服务，这些小型企业可以为印度农村地区提供价格实惠的
绿色建材。

DA 公司的另一个项目案例是通过建造 400 多个"节制坝"

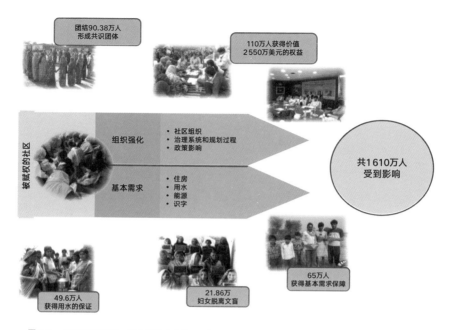

图 3.3   替代方案公司 30 年来的社会成就。图片来源：替代方案公司

（check-dams），以抵消印度地下水位惊人的下降趋势。本德尔坎德（Bundelkhand）地区干旱情况多年来不断恶化。节制坝确实是解决灾情的方法，花费很少的成本，彻底改变了供水情况。同时该方法还减缓了地表水的流速，让农作物得到更好灌溉。这个措施使得当地生产力提高了约 25%，农民收入有了显著的增长。在 20 世纪 80 年代，DA 公司的成功模式颇令人瞩目，节制坝的做法被其他发展组织和印度政府在全国范围内大力效仿。

如今，DA 公司已成为首个总部设在印度的大型国际非政府组织。DA 公司及其负责生产和营销的子公司 TARA，目前是印度环境可持续发展领域最领先的机构，在印度各地有 800 多名员工。

也有类似的报告反映其在环境及就业的成就：二氧化碳减排量估计为 85 万吨，用水减少量为 9.35 亿升。保守地说，DA 公司创造了约 260 万个工作岗位。

DA 公司将印度的转型议程定义为体系和组织的重组，以及对社会和经济方方面面的态度的转变，包括消费与生产、人民福祉和社会公正、企业与监管等。其核心是将经济重新定义为社会和自然的子系统，从而实现社会公正、环境可持续的未来。为了不重蹈西方工业化发展的覆辙 —— 在环境和社会上产生非常负面的影响 ——DA 公司强调印度需要走自己的发展道路，最好能从现状直接跨越到可持续的发展轨迹上。

3.3　蓝色经济

2009 年 4 月，冈特·鲍利向罗马俱乐部提出一份以本地经济发展为核心的研究报告，报告以"蓝色经济：100 项创新，未来 10 年，1 亿个就业机会"为标题。这样大胆的愿景，应验了一句德国谚语：干活也是门科学（Schaffen ist auch Wissenschaft）。愿景基于这样一种理解：自然（特别是各种生态系统）在千百万年的发展中几乎战胜了所有可以想象的挑战。因此，自然可以为人类社会规划未来之路提供灵感。这条未来之路，可能源于生态系统的独创性，而这些生态系统为所有生命提供了赖以生存的、丰富多样的产品和服务。

从这个观点出发，我们可以强化构成文化、传统和社会资本的社会系统。这样的系统在逆境中提供修复力，在顺境中带来欢乐。它将让我们学会如何在资源有限的边界里生活，从物资稀缺走向富足。罗马俱乐部执行委员会鼓励鲍利继续这一思路，于是他撰写并出版了《蓝色经济》。[26] 该书非常受欢迎，已被翻译成41种语言，连中译本也有了2.0版。[27]

经过几十年来对于生态和社会系统的观察，鲍利总结出一些使用科技的核心原则（见右侧表框），这些原则可以引领我们的世界重回合乎自然演进规律的发展轨迹，并且强化社会的关联性。他提出，人类可以凭借掌握如何充分运用当地资源的知识来满足基本需求，从而提高每个人的生活质量。这本书是在2010年出版的，此后数年，鲍利又学到许多经验教训。当初的愿景和100项创新提案的落地都经历了时间的检验。鲍利调整了指导原则，来解释如何能够快速地将当前着眼于全球化、削减成本、继续扩大规模的主流商业哲学，转变成蓝色经济——新经济不仅表现更好，而且产业转型更快。这一切首先都需要我们有能力保障基本需求，尤其是粮食。

寻求粮食保障，人类的生产和消费就必须尊重行星界限，同时也需要转向更健康的饮食。粮食产量、可持续农业和健康问题的这个铁三角组合，迫使我们必须从社会、科技和组织上创新。很明显，没有任何一项技术能够提供完整的解决方案。现有的技术对粮食产量等问题没法提供更有效的保障，但是，有一些基本原则，能够帮助我们突破极限。

3.3.1 核心原则

115

1994年，当时在东京联合国大学任教的鲍利创立了"零排放研究计划"（Zero Emissions Research Initiative，简称ZERI）基金，并组建了一个科学家网络，共同思考这个问题。

表框：蓝色经济的 21 条原则（2016 年版）

1. 受自然启发的产品和消费系统；

2. 这些系统都是非线性的；

3. 系统趋向优化（非最大化）和共同进化；

4. 系统通过不断增加的多样性来展示其弹性；

5. 系统运作遵从物理学，然后是适合的化学和生物学；

6. 产品必须是可再生、有机和可降解的；

7. 表现成功与否取决于游戏规则的转变；

8. 会将孤立的问题相互关联起来，以此创造组合的机会；

9. 让自然回归进化与共生之路是效力的表现；

10. 多重利益包括强化公共资源；

11. 满足基本需求是首要目的；

12. 用你所拥有的；

13. 以无代有，消除不必要的产品；

14. 一切都有价值，甚至是垃圾和杂草；

15. 健康和幸福就是结果；

16. 以经济的群落而非规模代表经济体的范围；

17. 一个项目产生多重现金流及多种利益；

18. 垂直整合首要和次级产业形成价值链；

19. 以复杂系统分析，而非商业计划来驱动管理；

20. 所有的决定都对盈亏及资产负债有影响；

21. 每个伦理问题的核心都符合伦理。

1997 年在京都举行的第三次气候公约缔约方会议（Third Conference of the Parties of the Climate Convention，简称 COP 3）上，鲍利做了题为"自然从稀缺到富足的演变"的演讲。他指出，地球上唯一会产生废物的（没人要的东西）物种，就是人类。相对地，自然不断地将物质、能量和营养结合起来，过程中的每个成员都尽力发挥出最大的能力，生态系统中不存在失业。针对这种理想的框架，ZERI 设计的商业模式充分利用当地的资源，尽量提高资源效率，生产出比以往更多的粮食和营养。更新后的核心原则列在左侧表框中。

以下是实践蓝色经济的几个真实案例。

3.3.2 咖啡化学和食用菌菇

仰赖基因控制的农业计划，往往忽视了一点：我们今天的工业化农产品和食品的生产模式其实非常浪费。有谁注意到一杯咖啡只含有所收获的咖啡果实的 0.2% 的生物质？每年全世界所生产的 1000 万吨咖啡果实，经过发酵、干燥、烘焙、研磨和冲

图 3.4   生长在咖啡种植园生物质废料上的蘑菇。这是蓝色经济中，结合使用自然资源的200个例子之一。图
片来源：替代方案公司

116   煮的全过程，只有微小的部分变成了香醇的咖啡，其余皆为需要
处置的废弃物。

在深入了解后，人们有了关于"咖啡化学"的研究，其中包
括将收成后、工业处理后，以及消费后的咖啡生物质作为基质种
植菌菇；使用富含氨基酸的废弃物质作为动物饲料；使用咖啡
渣细粉控制气味、作为紫外线保护剂，甚至用于氢气储存系统。
类似的咖啡逻辑可以应用于茶叶和其他几十种作物上。这种一
揽子的创新不仅可以替代有毒化学品的使用，而且还可以产生
收入并创造就业机会。图 3.4 显示了即将采收的菌菇，它们蓬勃
地生长在咖啡生物质上。

3.3.3   生物精炼和蓟草

在最近的案例中，从相同的咖啡作物中产生高出 500 倍的
营养；从现成的咖啡生物质创造高 300 倍的价值，这些都不少

见。在过去 20 年中，ZERI 基金的伙伴发现了数十个正在规模化生产的案例，目前结合咖啡种植和菌菇生产的农场已有超过 5 000 家。生物精炼厂的设计为应对食品和化学品市场的动态变化提供了更多的可能性，其成功的关键在于原材料的供应。

另一个蓝色经济的案例是以蓟草为原料的生物精炼厂。来自意大利撒丁岛的诺瓦蒙集团（Novamont）发现，通过加工废弃的农地上到处长满的蓟草，可以满足社会的多种需求，同时为当地农业提供新的生机。从收获的蓟草纤维中可提炼油和糖，然后转化为生物基的各种化学品，包括生产塑料袋用的聚合物、橡胶手套的弹性体、除草剂、润滑剂，而且剩余的废料还可加工成动物饲料。[28]

3.3.4 立体海洋养殖和气泡捕捞

117

创新商业模式的组合不仅限于陆地上的植物。以立体的海洋养殖为例，海带、贻贝、扇贝、牡蛎、鱼、螃蟹和龙虾相结合的养殖，已被证明是恢复海产品健康生产的极有效途径。在可控的环境中，这种方式保证了产品的多样化，从食品、动物饲料，到化妆品、医药品的有效成分，而且任何剩余的废料都能转化为肥料。这样的系统不需要添加淡水、农药或肥料，反而，能将海水去酸化、维护再生生物的多样性，并帮助人们将饮食习惯变得更健康，真可谓是"海洋朴门（永续）养殖"技术[8]。

在现代粮食生产系统中，变化最大的要算鱼类的养殖和捕捞。依靠渔网、鱼钩和笼子的时代终于有望成为过去。然而，把沙丁鱼做成鲑鱼的饲料，这在海产品供不应求的时代，简直是不

---

[8] Permaculture，朴门永续，是把原生态、园艺和农业，以及许多不同领域知识相结合，通过整合各种元素设计而成的准自然系统。——译注

可思议的。海豚和鲸利用气泡捕鱼，ZERI基金会从中得到灵感，重新设计了渔船和捕捞技术。所有产卵期的雌鱼都会被放归大海，以保障它们的繁衍，提供充足的野生捕捞量。事实上，鱼类养殖场被认为比捕捞的生产力高的一个原因是，捕捞的渔民会随意杀死带卵的雌鱼，养殖场则会为了持续的渔获而放生。

是时候鼓励创新，并鼓励创新者颠覆以往的破坏性做法了。这不仅可以提供更多的工作岗位和更高的收入，还可以改变过时的生产力逻辑。一个立体的海洋养殖场在一公顷的海面上可以创造2个工作岗位，用25条总成本为7500美元的绳索，每年可生产60万尾鳕鱼和75吨海草，这是很有价值的经济动力。更高的产值、更少的投资成本、更多的服务和工作岗位，以及为人们带来更健康的供给，这就是蓝色经济。[29]

3.4   分布式能源

卢安武和落基山研究所（Rocky Mountain Institute）团队在《重塑能源》（*Reinventing Fire*）里，有这样一个伟大的愿景："想象一下，不带任何恐惧的燃料；没有气候变化；没有石油的泄漏、煤矿工的死亡、污浊的空气、满目疮痍的土地、野生动物的灭绝；没有能源的匮乏；没有争夺石油的战争、独裁的暴政，或者恐怖分子的行动；没有什么用得尽；没有什么切得断。完全不用担心，能源是充裕的、友好的、负担得起的、人人可以拥有的，直到永远。"[30]

这是只有卢安武这样的先驱者才会提出的愿景，当然，这愿景有点夸张。简单来说，"没有气候变化"是不可能实现的；"没有野生动物的灭绝"也是委婉的说法：可再生能源的扩张吞噬

118

了不少本可以留给野生动植物的栖息地。"能源是充裕的"这种说法也非常"美国化",这听起来像是可以不在乎能源浪费,完全与《重塑能源》的主旨相反。然而,卢安武真正的本事,并不在于使用稍嫌夸张的语言,而在于对于真相的预测。

2011 年该书刚出版时,只有极少数人预见到能源产业即将发生震荡,而现在这已成为事实。很多国家经历了颠覆性的变化,基本上与卢安武的愿景相一致,能源经济变得更可持续。尤其对于传统集中式的供电公司来说,他们受到可再生能源的强大压力,因此牵动了整个能源经济结构重新调整,必须向更可持续的未来迈进。

丹麦和德国是这一趋势的引领者。丹麦早在 1985 年就通过了禁止设立核电站的法案,转而推动风能发电。那还是在切尔诺贝利事故[9] 发生的前一年!德国在切尔诺贝利事故之后才认真讨论关于淘汰核能的问题,于 1999 年通过了淘汰法,并几乎于同一时期颁布了慷慨的可再生能源上网电价补贴(Feed-in Tariff, 简称 FIT)法,让可再生能源得以迅猛发展。福岛核灾难之后,德国在快速发展可再生能源的同时,加速淘汰核电。

包括中国在内的全球 70 多个国家,或多或少都复制了德国的 FIT 计划,推动技术创新和经济规模的快速发展。图 3.5 显示了太阳能光伏(PV)发电成本的下滑,以及核电成本的上升。从 2010 年以后,投资核电在经济上就不再划算了。

全球可再生能源正在大幅增加。近年来,智利的太阳能发电太充沛,甚至可以免费供应。[31] 德国已承诺,到 2050 年,100% 的能源都将是可再生的;而苏格兰则承诺在 2020 年就可以实现

---

[9] Chernobyl Disaster, 切尔诺贝利事故, 是 1986 年 4 月 26 日在乌克兰发生的核反应堆破裂事故, 这是历史上最严重的核电事故。——译注

119

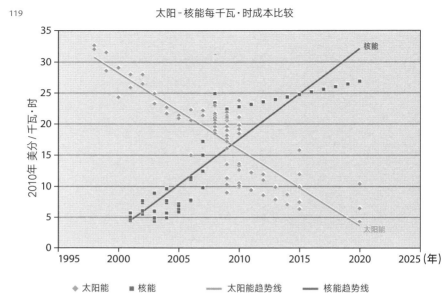

图3.5   太阳光伏发电成本低于核能发电。图片来源:NC WARN

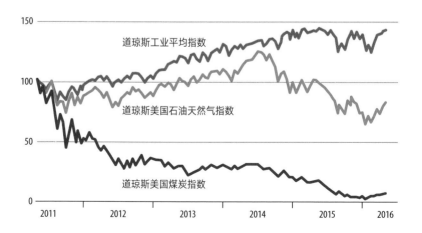

图3.6   道琼斯指数五年内上涨超过40%,煤炭股却一蹶不振。图片来源:TruValue Labs, 2016年6月29日

这一目标。根据亚欧清洁能源协会（Asia Europe Clean Energy Advisory, 简称 AECEA）的统计，中国仅在 2016 年一年就安装了 34.2 千兆瓦的太阳能发电设施。

分析人士指出，2014 年是可再生能源的明确转折点。彭博新能源公司（Bloomberg New Energy）的麦克·里布瑞奇（Michael Liebreich）在 2015 年 4 月宣布："化石燃料已失去与可再生能源竞争的优势……从现在开始，全世界每年增加的可再生能源的产能，将超过煤、天然气和石油的总和。"[32]

从股票市场里煤炭股指数的下滑可以看出，作为以往主要能源的煤很明显已经在能源竞争中败下阵来（图 3.6）。同样，石油和天然气的股市表现，也在道琼斯工业股指数整体上行的趋势中反弹乏力。

从长远来看，世界经济终将完全转向可再生能源，而不是继续由化石燃料和核燃料提供动力。虽然特朗普尝试拦下这节已经出发的火车头，但最多也只不过是延迟取代的时间罢了。这当中，化石和铀／钍资源的枯竭并不是主要原因，全球变暖以及核循环在政治、生态和技术上造成的成本障碍才是关键，详见保罗·基尔丁（Paul Gilding）的研究。[33]

这么看来，世界向可再生能源过渡似乎是势不可挡的，而且就在眼前。然而，不燃烧"化石能源储备量"，在经济上是很难接受的。因为大量的化石能源储备将作为"闲置碳资产"，即早前的经济资产将变得毫无价值甚至是负债。最近的一项研究预估，[34] 假设到 2050 年只有 20% 已探明的化石能源储备可以燃烧，那么"闲置碳资产"的总价值约为 6 万亿美元。其他研究将气候变化升温限制在 2℃ 以内的因素考虑在内，估算"闲置碳资产"的总价值将高达 20 万亿美元。[35] 这些"闲置资产"应被视为淘汰

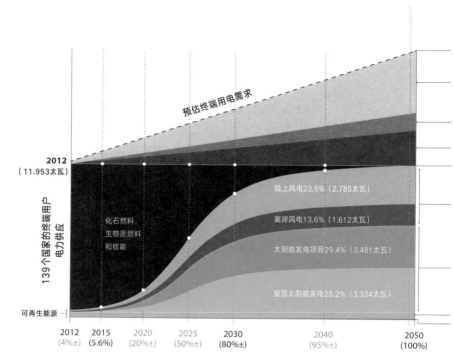

图 3.7   2012—2050 年间，139 个国家所有用途的终端用电总需求，以及传统燃料和风电、水电、太阳能发电供应的变化。（1 太瓦 =1×10^{12} 瓦）图片来源：Jacobson et al., 2017, 118（尾注 36）

化石燃料的过渡成本的一部分。

淘汰核能也需要同样的考虑。当然，在政治上可能更为复杂。因为拥有核能的国家在几十年的发展中，已经将军用和民用核能绑定形成了一个协同的经济。换句话说，就是对民用核能默默地进行补贴。不过，核能的储量和工业设备在账面上的资产并没有这么巨大。

关于"闲置资产"是否延长了过渡期的问题，我们可以换个角度来看：究竟要过多久这个世界才能过渡到以可再生能源为基础的经济体系？马克·Z. 雅各布森（Mark Z. Jacobsen）与其

050年传统能源结构下的总电力需求
20.604太瓦）

用电力取代燃烧产生的净电力需求减少
3.0%（4.739太瓦）

率提升导致的电力需求减少6.9%（1.420太瓦）

消化石燃料的开采、生产和传输而节省下
用电量12.6%（2.606太瓦）

00%风电、水电、太阳能发电
1.840太瓦）

汐发电0.6%（0.075太瓦）
风电37.1%（4.397太瓦）

太阳能发电57.6%（6.815太瓦）

电4.0%（0.474太瓦）
热0.6%（0.079太瓦）

在斯坦福大学、加州大学伯克利分校的同事一起对这个问题进行了研究。他们认为，2050 年可以实现全世界放弃使用化石能源的转变。[36] 图 3.7 展示了世界如何从化石燃料占绝对优势的情况，转向以风力、水力和太阳能供电。

对这些数字还需要做一些解释。首先，就全球范围而言，太阳能发电和风力发电的比例在国家之间存在很大差异。其次，从图 3.7 可看出，2050 年的终端用电需求量略低于 2012 年的水平，但远远低于如果继续使用传统能源（即不采用风电、水电、太阳能发电的情况）的终端用电需求量。这意味着，人们对提升能源效率所拥有的巨大潜力怀有希望，这是无可厚非的。再次，反过来，我们必须承认风电、水电、太阳能发电方案需要的不仅仅是太阳能电板和风电场。高

121 峰用电和间歇性供断电的调控管理问题，必须得到解决和资助，但是两者都是可解决的问题，而且与化石燃料的副作用相比，成本还是低许多。

让我们看看政治层面。原则上，要想加速从化石燃料驱动过渡到可再生能源驱动的经济，至少需要两个步骤：

1. 所有对化石燃料行业（无论私营还是国营）的补贴和政策性辅助都必须废除。据国际货币基金组织最近的一份文件预计，[37] 全球对化石燃料行业的税前补贴，每年在 6 000 亿美元左右。

2. 征收由国际统一标准、但国家自行保留一定自主权的碳税（见 3.7.3）。对于大多数发展中国家来说，可再生能源供应日益增加的趋势是一大福音。分布式发电和能源供应在技术上是可行的，这可大幅度地帮助发展中国家的农村地区创造出他们最需要的工作机会。

从长远来看，现有的电力公司、煤炭和石油公司，都需要逐步转型，[38] 否则终将倒闭。[39] 早在 2016 年初，咨询顾问公司德勤（Deloitte）预测，超过 35% 的独立石油公司将会破产。之后还会有 30% 步其后尘。[40] 现实中，确实已有 50 个北美生产商在 2015 年底宣告破产。当然，油价的重新提升，以及特朗普政府对于化石燃料的保护主义政策，可能会暂时改变一些状况。实际上，闲置碳资产危机可以被认为是特朗普支持化石燃料这一荒唐举动的最大动机。

作为世界上最大的能源用户，中国正在成为世界可再生能源的领先者。[41] 中国在四年内把太阳能装机容量扩大了数十倍，总容量从 2009 年的 0.3 千兆瓦增加到 2013 年的 13 千兆瓦；仅 2015 年增加的 30.5 千兆瓦可再生能源里，太阳能就占了超过一半，为 16.5 千兆瓦。中国仍然燃烧大量煤炭，但在其与 IBM 合作推行的"绿色地平线"计划中承诺，在未来五年内，将净化城市空气，并将碳排放量在 2005 年的基础上降低 40%～45%。[42] 尽管经济增长率为 7%，但 2016 年二氧化碳排放总量减少了 5%。到 2050 年，中国 80% 的能源需求将会来自可再生能源。[43] 在中国，"生态文明"已经在中国共产党的第十八次全国代表大会上作为重点内容被推进，并且政府在从 2016 年开始的"十三五"（见 3.17.1）计划中展现了落实的决心。

　　幸运的是, 全球开始向可再生能源 (主要是能源效率的提高) 过渡的过程, 伴随着就业机会的增加。国际可再生能源机构 (The International Renewable Energy Agency, 简称 IRENA) 最近指出, 可再生能源工作岗位年均增长 5%, 目前全球已有超过 800 万个工作岗位。这些工作在制造业中比一般性质的工作更占优势, 而且表现出更大的性别平等。[44]

　　有评估说, 整个过渡可能会更快完成。斯坦福大学教授托尼·塞巴 (Tony Seba) 预测, 到 2030 年, 全世界将全面使用可再生能源 —— 涵盖的不仅仅是电力, 而是所有形式的能源。塞巴的《清洁颠覆》[45] 一书描述了为什么这种转换会如此迅速。他归纳了四个因素: 太阳能成本、储存 (电池) 成本的下降, 以及电动汽车、无人驾驶汽车的普及。由于运输造成了 30% 的碳污染, 取代石油运输将和摒弃煤炭业一样重要。塞巴用专家们如何完全低估了手机销量来做类比。在 20 世纪 90 年代, 麦肯锡告诉 AT＆T 通信公司, 预计只有 90 万的移动电话用户, 但真实数字竟然超过 1.08 亿。[46] 塞巴很有技巧地问: "您不相信有所谓的清洁颠覆? 国际能源署 (IEA) 希望您投资 40 万亿美元用于传统能源 (核能、石油、天然气、煤炭) 和传统能源设施, 这是他们的'柯达时刻'[10], 但用的却是您的钱。"[47]

　　超级明星企业家埃隆·马斯克 (Elon Musk) 创造了一家汽车公司 —— 特斯拉, 其市值超过通用的一半, 而销售量还不到通用的三百分之一,[48] 这怎么可能? 特斯拉 2016 年 7 月发布的总规划第二篇 (Master plan Part Deux) 将屋顶太阳能与家用储存电池和电动汽车整合在了一起。特斯拉事实上就是一家电池公

123

[10]　Kodak Moment, 柯达时刻。以前提起柯达时刻, 人们想到的是值得留存与回味的记忆。如今, 这一词却成了企业高管的警钟: 在颠覆性技术侵入市场的时候, 必须要及时回应。——译注

司，如果电池成本下降了，那么化石燃料就彻底出局了。透过发电、储能和运输的结合，特斯拉几乎可以完全摒弃挖掘和燃烧亿万年来由太阳能转化的、又脏又危险、为政治带来不稳定因素的化石能源。

3.5　农业的成功案例

3.5.1　农业可持续的政策

在本书 1.8 中，我们阐述了目前主导的工业化农业为什么不可持续。而国际农业知识与科技促进发展评估报告给出了更好的替代方案。报告的主要结果，是强调农业的多元功能：作为粮食和社会的保障，提供生态系统的服务、景观价值等。[49] 这与以规模、产量为生产目标的工业化农业完全不同。

可持续农业的做法被称为农业生态学，涵盖了适应当地条件和满足当地需求的一整套系统，其中包括符合生态、经济和社会可持续发展的原则。生态农业保护土壤和水源，更新并保留天然土壤肥力，促进生物多样性。长期来看，其产量和收益是可持续的：在很大程度上，通过种植多种作物来避免使用农用化学品；模仿大自然里的物质流封闭循环；捕获而非排放碳；让农民赚取足够的生活费；设立本地分布式的加工设施，保证农村的就业机会；让农民得到农产品的合理报酬，以及保护自然和气候的合理补偿。

支持这些目标的政策包括：(1) 提供安全获取土地、水、种子、信息、贷款和市场的机会；(2) 确保妇女、农民、原住民和集体组织所有权的法律地位；(3) 建立公平的区域和全球贸易协议；(4)修改知识产权法，尊重农民的权利并保障生物多样性；(5) 投资当地的基础设施和农产品加工；(6) 增加农业的公共研究。

隶属联合国环境署的国际资源专家委员会（International Resource Panel, 简称IRP）最近的一份报告，支持国际农业知识与科技促进发展评估机构对当前农业系统的批评，并指出，当前的农业系统需对60%全球陆地生物的多样性丧失及24%的全球温室气体排放量负责。[50] 国际资源专家委员会提出了基于以下三个原则的"资源保护型"粮食系统：较低的环境影响、可再生资源的持续利用，以及有效利用所有资源。其报告显示，资源效率提高30%是可以实现的！（见3.9）

3.5.2   发展中国家的可持续农业

这里举一些能够说明可持续农业和粮食系统的大致发展路线的实际例子，这对农民和消费者都有帮助。

全球可可粉市场高度垄断——其中80%由两家跨国公司控制，它们采购的可可粉大多来自西非，可可粉产地的社会及生态情况基本上无法追溯和确认。德国巧克力制造商瑞特斯波德（Ritter Sport）不满意这种现状，决定以符合可持续生产的高标准来要求可可粉的供应，并设定目标，到2018年所采用的供应商必须达到100%的可持续生产。

瑞特斯波德自20世纪90年代以来，在尼加拉瓜为小范围的小农户提供教育和培训，2001年帮助尼加拉瓜成立第一个可可合作社，名为"可可尼加"（Cacaonica）。15年来，公司已经与3500名农民合作，成立了20多个合作社，用农林业可持续生态系统取代单一的可可种植园。不同植物种类的混合种植，确保了可可的高品质以及农民的高收入。瑞特斯波德采用的采购商业模式，是在全球市场价格上，附加了质量达标费和采购数量保证。这能帮助农民提前规划并确保未来收益。

125   瑞特斯波德继续与法国最大的巧克力生产商赛梦（CEMOI）一起，在非洲的象牙海岸建立了类似的教育和贸易模式，提倡平等的贸易伙伴关系，而不是搞发展援助。

古巴农业合作社也是一个成功的例子。[51]苏联解体时，突然中断了对古巴的粮食和石油供应，古巴的农业一度陷入危机。一夜之间，燃料、卡车、农机、备件、化肥和农药都变得非常匮乏。超过40%的国有农场，重组为2 000个由工人管理的新集体企业，这些工人也被给予相当大的空间来种植养家糊口的作物。到了2000年，已经有19万城市居民在城市里拥有个人土地：小规模的城市种植，大大减少了运输和农业机械的燃料需求；不使用农用化学品，促成了生态农业；所谓的有机种植，就是在突起的长方形围合的苗圃内，混合有机堆肥和土壤，这样的种植方式成为古巴都市农业蔬菜种植的支柱。农产品收获量因此大增，种植让城市重现绿荫，环境因生态耕作而改观。有机肥、种子、灌溉和排水的管理，营销和技术培训等计划，帮助了当地的农作物和饲养业。12年来，这些计划创造了超过35万个收入颇丰且有生产力的工作岗位。

另一个成功的生态农业模式，是加强现有作物和土壤系统中生物过程的"稻作系统"（System of Rice Intensification, 简称SRI）。20世纪80年代，马达加斯加的一名耶稣会教士和当地农民在实践中发现了灌溉提高稻田产量的做法。此法逐渐扩展到不需要人工灌溉的水稻及许多其他谷物和蔬菜的种植上。SRI还在继续进行，它不像绿色革命技术那样需要敲锣打鼓、声势浩大的投入，而是需要人不停地总结实践经验。[52]因此这种方法很少被以销售产品、市场导向为主的企业所采用。SRI大多由公民社会团体开始，然后推广到许多发展中国家。[53]

SRI 的创新之处在于：以育苗取代播种；间距种植；分解有机肥来保持天然的土壤肥力，并因此促进土壤生物的活力；避免水分过量，这对水稻尤其重要，间歇性的大量灌溉比经常性的定时灌溉产量更高；保持整个生长期间土壤的透气性。

126　SRI 在实践中已经证明的优点还包括：在不依赖品种改良，不施用农药的情况下，产量可提升（有时达双倍，甚至更多）；一般来说，对外部投入的需求较少，包括水和种子的用量都减少了；还达到了增加碳捕获量的目的。

我们可以更好地利用植物和昆虫之间的自然关系。当科学家调查东非的玉米害虫时，发现将某些饲料植物混种到玉米田中，会提高玉米的产量和农场整体的收成。研究人员开发的所谓"推–拉"技术，利用混种植物产生的化学物质，将害虫驱离原来的作物，并把它们吸引到其他可承受攻击的宿主植物那里。同一时期，研究人员还在豆科饲料植物金钱草（desmodium）中发现了有趣的新特性，它不仅对奶牛有营养价值，还能驱逐玉米的害虫，又可以减少独脚金[11]的侵害。简而言之，"推–拉"技术以对环境友好的方式，提高了粮食产量和农业收入，是减少非洲的饥荒和击败贫困的理想方式。[54]

这些例子表明，可持续农业不仅是可能的，而且对于人类和环境还有明显的帮助。当然，并不是所有的生态倡议都能在经济上自给自足。许多非政府组织依靠捐助，与世界各地的小农户以各种方式合作，为他们提供培训并参与实际工作。[55]增大对教育，以及和小农户合作的研究计划的投入，应成为发达国家官方援助发展中地区的重点。

---

[11]　Striga asiatica，独脚金，是一年生的破坏性的寄生杂草。——译注

3.5.3   发达国家的贡献

发达国家的工业化农业也可进行改善。在澳大利亚新南威尔士，洼地农场（Gilgai Farms）[56] 旗下 2 800 公顷的土地采用由艾伦·萨沃里最先提出的整体管理系统，将传统作物或畜牧系统转化成区块放牧企业。农场是多元化经营的，生产肉牛、绵羊（生产羊毛）、谷物、当地的落叶木（作为建筑材料和原木）和桉树（可用于抵消碳排放）。区块放牧通过多个开放的不同种类的草场，来模拟野生动物在草场移动的情形。评论者指出，这些好处尚未得到证实，但在澳大利亚、美国、阿根廷、加拿大和非洲南部，这种方式确实再现了牧场的植被，重建了微生物系统，恢复了土地的活力。洼地农场和牧区从中获取利润。农场的碳足迹减少量约为每年每公顷6吨二氧化碳。

127

美国伊利诺伊州丹佛斯的易洛魁山谷农场（Iroquois Valley Farms）是一家注重长期生态效果的投资公司，以"耐心资本"而不是交易资本为基础，为投资者带来了极好的收益。易洛魁山谷农场的成功取决于世界消费者愿意为有机食品额外支付的费用，这些费用足以承担在将土地转换为有机栽种所需"耐心等待"的三年产生的成本。[57]

发达国家的政府可以鼓励这样的企业，例如，2016 年丹麦政府宣布，到 2020 年计划将有机农业生产的面积翻番。[58] 这对未来农业来说也是个好消息。

我们列举的都是极佳的案例，但还缺少用来矫正当今农业生产的不良方式和减少生态破坏的策略。在后面的3.11 到3.13，我们会继续讨论这一话题，包括农业之外其他方面的策略。

3.6   再生型城镇化：生态城市

3.6.1   生态城市：循环资源流

本书 1.7 描述了人口不断增长的问题和城市化造成的一系列生态挑战。但也提到了城市化有助于稳定人口的重要事实。

按照本书撰稿人之一赫比·吉拉德特[59]的解释，城市需要摆脱目前线性的物质交换形式，即资源流经城市系统，从不顾虑它的来源也不担忧废弃物去处，两者基本上没有交集 —— 这也是城市化的一个缺点。尽管如此，城市仍然具有快速降低出生率这一意外但非常受欢迎的作用，这让城市家庭更幸福、更富裕。

当然，城市需要转向循环的物质交换形式（见 3.8 ），让植物需要的营养素氮、磷和钾返回农地，碳储存在土壤和树林里，恢复城市农业，通过可再生能源有效地为人类活动提供动力，以及将城市与城外郊区重新连接。这些措施正是可持续城市经济的基础。

我们这个时代的挑战，是如何将当今城市这种极其不可持续的模式，转变成吉拉德特所说的"生态城市"（Ecopolis）—— 再生型城市。城市作为我们主要的家园，必须符合生态学的基本规律（图 3.8 ）。

"生态城市"模式与本书的另一位撰稿人阿格尼·维拉维阿诺斯·阿凡尼提斯先前提出的"生物城市"（Biopolis）类似，后者指环境可持续、零污染、人类与自然生物和谐平衡共处的城市。同时它强调一种新的城市生活形式的伦理思维，将自然和文化重新与城市融合。人类担负集体的责任，对留给子孙后代的破坏和问题，有着不可推卸的责任。

德国政府的全球环境变化科学咨询委员会（Wissenschaft-

128

"生态城市"

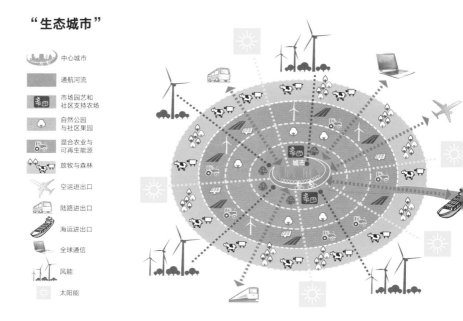

图3.8   "生态城市", 即再生城市会将许多典型的农村活动引入城市地区, 如园艺市场、混合农业和可再生能源。人们对化石燃料的依赖度和运输强度会因此而大幅降低。图片来源：Girardet, *Creating Regenerative Cities*（尾注 59）

licher Beirat für Globale Umweltveränderungen, 简称 WBGU）在最近出版的一份报告中详细地介绍了这些问题。 2016 年, 该委员会在"栖息地Ⅲ"大会[12] 上提出了有关"城 市转型力"的报告, 其中指出城镇化不仅是地区的可持续挑 战, 也是全球性的挑战。这不仅仅是因为城镇往往坐落在 当地最肥沃的农田上, 使得土地迅速贫瘠化, 同时城市也

[12]   Habitat III, 是联合国住房与可持续城市发展会议 (United Nations Conference on Housing and Sustainable Urban Development) 的名称。——译注

需要广泛的全球资源，成为燃料、粮食、木材和金属的消耗大户。[60]

这个问题最早由美国城市规划专家亚伯·沃尔曼（Abel Wolman）在 1965 年的《城市的新陈代谢》（"The Metabolism of Cities"）一文中提出。[61] 他还开发了一个模型，以此可以量化 100 万人口的理想的美国城市资源流入和流出的比例。这种方法的优点在于能够清晰地表达出城市的"系统边界"，有助于解释城市与自然界的互动关系，而这些都已经得到了广泛认可。通过整合生物物理学和社会科学，沃尔曼为政策和技术的选择指明了方向。

吉拉德特继续发展了这个模型。他描述了本质上线性的物质交换。在农作物收获、加工和食用的过程中，营养物质和碳从农田中被移除。产生的污水，无论是否经过处理，最终都会流入人口集中的河流下游和沿海水域，其中含有的植物养分通常不会再返回农田。全世界所有河流和沿海水域都被城市生活污水和有毒污水的混合物所污染。这种线性的物质交换形式当然必须改变。随着全球城市化的大趋势，改变迫在眉睫。

3.6.2 再生型城镇

再生型城镇概念的提出，就是为了解决这个问题。它不仅仅是关于绿化环境和保护自然不受到城市扩张的影响，例如中国在"十三五"计划中已经实施的自然资本债务表/开发红线（见 3.17.1），虽然这些举措很重要，但再生型城市关注的是，城市居民积极参与创造生产、消费、交通、建造再生型城市系统的各种任务。人类必须：

- 在城市与自然系统之间建立友好关系，改善并修复环境；

- 以高效、可再生能源系统,作为人类安居乐业的基石;
- 选择新的生活方式,鼓励参与经济范式的转型。

我们急需一门新的关于城市规划和管理的整合科学。传统的城市化科学、技术和规划主要以巨大的基础设施投资为前提,关心的是如何为企业提供赚大钱的机会,以及保障政府官员的光明前程。而最缺乏的,是对城市与活生生的世界之间的关系的理解。[62]

近年来,工业化国家的衰败城市中,涌现了很多城市更新(urban regeneration)项目。这些项目曾使许多人受益。但再生型城镇的概念更进一步:它注重城市居民与自然、城市系统和生态系统之间的联系。

130   2016 年"栖息地 Ⅲ"会议上通过的《新城市议程》(New Urban Agenda),迈出了正确的一步。该议程涵盖了一系列广泛的可持续城市发展议题,汇编在一份由国际社会认可的文件中。这是确认城市和社区在可持续发展中扮演关键角色的首份重要文件。

到目前为止,资源高效、再生型城市发展的举措都集中在欧美城市的"生态区"。例如德国弗莱堡的沃邦(Vauban)太阳能社区、伦敦南部萨顿镇的贝丁顿(Beddington)零能源发展社区、法国南锡的生态区、斯德哥尔摩的哈马比 - 思约斯达区(Hammarby-Sjöstad)、美国俄勒冈州波特兰市的生态实践区等。有这些例子,就表示再生型城市确实可行,即便这些只是浩瀚城市大海中的几座孤岛;国家立法的支持使它们成为可能。

但也有更多宏伟的计划涉及整个城市地区的改造。本书3.6.4 和 3.6.5 的两个例子提供了更多细节。

3.6.3 城市和自然灾害

另一个重要问题是，城市作为人口集聚地，在地震、海啸、潮汛和水涝等自然灾害中极其脆弱。如果城市地处河谷和沿海地区，气候对其影响则更大。

世界上最昂贵的房地产往往位于沿海地区。在美国 25 个人口最密集的县中，有 23 个位于沿海地区。气候科学家预测，到 21 世纪末，世界各地主要城市地区，如纽约、阿姆斯特丹、伦敦、汉堡、哥本哈根、威尼斯、东京、上海、加尔各答、尼罗河三角洲、达卡、曼谷、雅加达和马尼拉等，都将会因为海平面上升 1 米而遭遇灭顶之灾。要解决这个事关生存的大问题，首先是就地处理：为了应对海平面的上升以及疏导更强降雨导致的洪水，未来的几十年必须将大量资金投入在堤防和海防线的建设上。尤其是周围一马平川的地区，加高堤防的工作有必要从沿海经河道深入内陆。

本书撰稿人之一林良嗣[63] 强调，由于气候变化，人类需要避免在未来有遭遇灾害风险的地区建造住宅。在规划防灾基础设施时，如海堤或河堤，人们应该清楚投资的总成本，需要考虑"建设抗灾能力"的所有成本，包括堤防的成本、为防灾空出的土地的成本，以及将人员撤离居住区的成本。16 世纪的日本和今天的荷兰都采用了"让出空间给河流"的概念，是很好的尝试。

各国也应采取积极措施，限制城市扩张。在规划道路和铁路基础设施时，应该力求整体优化，尽量提高工作场所、商场、医院或者自然公园的可达性，同时最大限度地降低维护成本和二氧化碳排放。为了使交通基础设施规模缩小，并得到改善，需要提升城市间的土地利用和交通系统的效率。

我们的后代为了维持城市基础设施,不得不支付更多的费用,而同时他们面临着日益缩减的预算(极有可能是因为人口老龄化)。各级政府应该采取更充分的措施,确保当地乃至全球社会的弹性和可持续发展。

3.6.4 阿德莱德

在 2000 年前后,阿德莱德南区的人们开始关注墨累河供水不断减少的现象。南澳大利亚州的州长麦克·兰恩(Mike Rann)认为,是时候在这个拥有 130 万人口的地区探索更广泛的可持续发展问题了。因此,他在 2003 年邀请吉拉德特担任阿德莱德的"驻地顾问",主持讨论环境可持续发展与新创就业机会的结合方案。

在为期十周的数百场相关研讨会和讲座中,社会各界人士聚集在一起探讨了许多相互关联的问题。吉拉德特最终制定了 32 项计划,来改变南澳大利亚州的环境状况。在兰恩八年的州长任期及随后的五年中,大部分计划都已获得实施:南澳大利亚州 45% 的电力来自风能和太阳能;能源和水的效率成为强制性要求;所有有机废弃物都被回收再利用,作为肥料返回城市花园或者城市外围的农田,其灌溉用水则是再生废水;为了抵抗土壤侵蚀和空气污染,当地栽种了 300 万棵树;建成洛希尔公园(Lochiel Park)太阳能示范村;城市的绿色经济造就了数以千计的工作岗位。[64]

此外,为了改善阿德莱德市区内的宜居性,人们还做了大量的工作。绵延不绝的人行步道和自行车道网络覆盖了整个内城;多条有轨电车穿梭其间;原来的仓库和工厂改建成了住房。加上位于市中心的著名城市公园,阿德莱德现已被列为世界上五个最宜居的城市之一。[65]

阿德莱德已经具备很多再生型城市的特性。如60万户房屋中有15万户已经安装了光伏屋顶；引进的Tindo是世界上第一辆靠太阳能驱动的公共汽车；新建筑规定要安装太阳能热水系统等。随着这些措施的实施，相对于2003年，整个大阿德莱德地区的二氧化碳排放量减少了20%。资源利用方面，阿德莱德采取的是零废物战略。该地每年从城市有机废物中生产18万吨堆肥，并将回收处理的废水和城市堆肥用于城市周围2000多公顷的种植用地上。[66]

3.6.5 哥本哈根

近几十年来，哥本哈根在迈向宜居城市、可持续发展城市，甚至再生型城市方面取得了显著的进步。从20世纪60年代起，哥本哈根开始逐步将市中心转变为步行区，辅之以自行车道和公共交通。这使得市场、咖啡馆和餐馆的数量激增，营造出"地中海氛围"。与其他城市相比，在哥本哈根骑自行车的人更多些。在能源效率、热电联产和可再生能源应用方面的各种行动，领先世界其他地区。城市废弃物的管理方面也是如此。

扬·盖尔（Jan Gehl）是这一系列变革的主要启发者，他的著作《人性化的城市》[13]已经成为城市设计专业人士的重要读物。他为哥本哈根的愿景兴奋不已：通过结合50个不同的构想和措施，包括综合交通、绿色建筑，远距离区域供热、城市和周边的风力发电场、电力运输、智能电网，以及高效的废弃物管理等，到2025年哥本哈根有望成为世界上第一个碳中和的首都城市。

[13] 扬·盖尔. 人性化的城市 [M]. 徐哲文，译. 北京：中国建筑工业出版社,2010. ——译注

这些例子都是再生型城市转型的典范。

3.7   气候：好消息，大挑战

如本书 1.5 所强调的那样，为了仍有机会让地球升温保持在 2℃ 的目标范围内，必须快速而彻底地转变全世界的生产和消费体系。迄今，仅仅依靠《巴黎协定》和各国政府所承诺的措施，离目标仍相距甚远。与前工业时代相比，地球温度升高的趋势是 3℃，甚至更多。到目前为止，如果地球升温 2℃，不仅仅是比现在的情景（已升高了 1℃~1.3℃）糟一些而已。升温 3℃，就更危险了。而升温 4℃ 则意味着我们将生活在一个人心惶惶、充满恐惧和混乱的星球上，而人类从未有过那样的经历。

尽管情况严峻，我们还是从好消息说起。

3.7.1   好消息

本书 3.4 概述了卢安武的愿景："想象一下，不带任何恐惧的燃料；没有气候的变化……"以及由此带来的分布式能源系统；同时阐明了，可再生能源不仅在过去的 10~12 年中越来越便宜，还遏止了对煤炭和核能新设施的投资。图 3.6 显示道琼斯美国煤炭指数的一蹶不振，投资风向正转向可再生能源。

相关的其他发展带来了更多的希望：出于对气候变化的担忧，全球正在掀起一场去碳撤资的行动。截至 2017 年 3 月，共有 701 家机构出售了所持有的与化石燃料相关的份额，价值约有 5.46 万亿美元。[67] 这是有史以来去碳撤资行动最迅速的增长。

关于"闲置碳资产"（见 3.4）的讨论不断升温，是另一个变化的迹象。正如亚历克斯·斯特芬（Alex Steffen）在 2017 年 3

月的博客中写道："燃料若不能燃烧，就没了价值。因此，主要以煤炭、石油和天然气作为资产的企业，其真正的价值远低于股票市值。"

巴克莱银行（Barclays Bank）估计，升温幅度控制在 2℃ 以内，将导致未来 25 年石油、煤炭和天然气行业的收入下降 33 万亿美元。英格兰银行 2017 年 1 月发表的分析指出，"碳泡沫"的破灭可能是突如其来的，并"可能对金融稳定构成风险"。在本书 3.4 里，我们也提到了，化石能源虽然是上天的恩赐，其背后却可能存在强烈的政治动机。

与之相关的另一问题，是运输中排放的二氧化碳。碳追踪计划[14] 和伦敦帝国理工学院的格兰瑟姆研究所带来了一些好消息，其核心假设是，太阳能电力供应和电动汽车的使用量将一起陡增，[68] 如果发生这种情况，全球对石油的需求可能会从 2020 年起停止增长。随着低碳转型的加快，化石燃料资产将停滞不前。或多或少的"无碳移动"可能在几十年之内形成。但这当然取决于人们是否会逐步淘汰使用煤炭作为发电的主要燃料。

在本书 3.9 将用例子证明巨大的节能潜力。能源效率提高五倍是可能的，这将大幅减少人们对能源供应的需求。然而，为了从提高效率中获得收益，我们必须对框架条件做出重大改变（见 3.12.3）。

另一个好消息来自完全不同的角落。2007 年，有一个 9 岁的德国男孩，名叫菲利克斯·芬克拜纳（Felix Finkbeiner）。在

[14] Carbon Tracker Initiative，碳追踪计划，是一个独立的金融智囊团，其关注并研究的话题有：能源转型对资本市场的影响，高成本、碳密集型化石燃料的潜在投资等。详见 https://www.carbontracker.org/.——译注

听说了全球变暖正威胁人类，以及旺加利·马塔伊（Wangari Maathai）发起的绿带运动[15]在肯尼亚种植了3000万棵树之后，他认为全世界的孩子们都可以加入这一运动，种更多的树。所以在那一年，他发起了"为地球种树"行动，目标是在世界每个国家都种植100万棵树。

活动的传播速度，比预期的要快得多。同时，他们专门成立了"研究院"，授权8~14岁的儿童成为"气候正义大使"。截至2016年，来自193个国家和地区的大约51000名儿童和青少年获得了这个称号。这个行动所要达到的目标是，平均每个公民种150棵树，这样在2020年就能种植1万亿棵树。这将有助于吸收过多的二氧化碳。

另一个令人鼓舞的气候行动与本书 3.5 的农业相关。恢复土壤的肥力，显然有助于提高农业的产量，同时也能增加土壤吸收二氧化碳的能力（见3.1.4）。这意味着，养活75亿人口的任务SDG 2，不会与气候政策的目标 SDG 13 冲突。需要注意的是，由于消化植物会排放甲烷，牛的数量应该减少而不是增加。

3.7.2　历史债和碳预算

《巴黎协定》呼吁世界各国政府采取行动。但是，必要的变革必须从发达国家开始。发达国家富足的生活标准，是建立在燃烧煤、石油和天然气的基础上的，所造成的气候负债却要发展中国家首当其冲来承担。

当然，发达国家只是这个难题的一部分。是否能实现《巴黎协定》的目标，几乎完全取决于发展中国家。而发展中国家又仰

[15]　Green Belt Movement, 绿带运动, 是肯尼亚生物学家马塔伊于1977年发起的、和环境运动结合的一项种植1000棵树的运动。——译注

135 赖于目前已在发达国家使用的技术。发展中国家也需要看到在低碳经济中实现社会福祉、带给人民福利的好例子。

在气候谈判的南北会议中，往往围绕着从北方国家[69]向南方低收入国家的资金转移。《巴黎协定》承诺从 2020 年开始每年投入 1000 亿美元，用于适应加速的气候变化。这一总额，与全球对化石燃料的补贴相比，只能算是小巫见大巫，后者要高出 5~6 倍。然而，实际的问题是，大多数的北方政府和国会，在公共支出的预算中几乎没有任何可以腾挪的空间。这些国家的真正财富都在私人和私营企业手中。

这样的两难也导致了向低碳经济转型的不同战略。1991 年，已故的阿尼尔·阿加瓦尔（Anil Agarwal）与同事苏妮塔·纳拉因[70]（Sunita Narain）在印度提出了一个令人信服的想法：允许地球上每个人有等量的资源消耗或温室气体排放权。穷人可以将多余的排放权出售给富人，多少可以增加点收入。这虽然是个理性、公平的建议，然而，不止美国，其他一些北方国家也都不支持，甚至包括中国在内的发展中国家也同样不能接受。因为这一提议没有考虑历史维度：发达国家的能源密集型设施已经建好，因此，每人分配到的排放权理应比发展中国家要少些。

一直到十多年后，2009 年在哥本哈根召开的第 15 届联合国气候变化大会，德国全球气候变化咨询委员会才进一步提出了如图 3.9 所示的"碳预算展望"。[71]这种方法意味着所有不同类型的国家都拥有相同的人均碳排放"预算"，即"碳预算"。发达（老牌的工业化）国家，已经用光了自己的碳预算，必须向发展中（尚待开发）国家购买碳排放许可。这样的方式或许能让中国和印度感到公平、正义和满意。

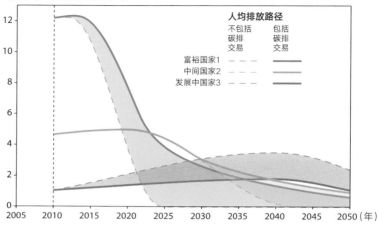

图 3.9   "碳预算展望":富裕国家(粉红色)已经几乎耗尽了二氧化碳排放量的预算。虚线显示排放交易前的预算进展。发展中国家(绿色)还有排放许可的空间, 能出售一些给富裕国家准许继续排放。中间的国家(黄色)也可以在 2040 年当预算降到零后购买排放许可。图片来源:WBGU, *Solving the Climate Dilemma*(尾注71)

　　令人鼓舞的是, 发展中国家在扩充电厂时, 终于不再默认投资建造燃煤电厂, 而是先做完整的成本效益估算, 再决定建或不建。碳排许可价格的攀升会使"不建燃煤电厂"的决定越来越占上风。如果加上可再生能源(见 3.4)或能源效率(见 3.8)的进一步提高, 那么更多国家会选择不建的方案。而这样的决定, 还都仅仅是出于经济因素的考虑。

　　可惜的是美国、俄罗斯、沙特阿拉伯等国家参加哥本哈根气候峰会的目的就是阻止对"碳预算展望"的讨论。然而, 这个展望对罗马俱乐部来说非常有吸引力, 值得继续。

3.7.3 碳排的价格

136 "碳预算展望"是碳排放国际交易的基础。根据欧盟排放交易体系（Emissions Trading System，简称ETS）的经验，在国家层面上，排放许可交易的吸引力并不大。排放许可证的价格仍然太低，不起作用。实际上，碳税更容易处理，也更有效。但麻烦的是，从政治上来说，税对很多国家，特别是美国来说，是"会上瘾的毒"。一个最初由吉姆·汉森（Jim Hansen）提出，最近由（共和党的）气候领袖理事会（Climate Leadership Council，简称CLC）提出的公开建议，或许能改变这种负面的想法：政府所征收的碳税，以每季度均等的股息支票的形式，返还到纳税人的个人或退休基金账户中。[72] 如果采取这样的方式，将极大地刺激对替代能源和无化石能源工业流程的投资。

137 碳税和碳交易系统都存在一个问题：要么太强硬而损害碳排放者的利益（政治上极其困难），要么太温和以至于根本不能真正地实现经济脱碳。在后面的 3.12.3 中我们会讨论一个中和的（在政治上能被接受，但又具有强大的转型效应）方案：根据有记录的资源效率提升成比例地渐渐提升价格，能使碳排放和能源服务的年支出基本保持稳定。

3.7.4 以"战后经济复苏"对抗全球变暖

显然，政府和个人（包括机构）至今所采取的行动远不足以实现《巴黎协定》既定的目标。有包括来自气候科学家的越来越多的评论认为，应该采取大规模战争动员，才足以战胜气候变化。美国罗格斯大学（Rutgers University）经济学教授休·洛克夫（Hugh Rockoff）认为，现在应付气候变化形成的财政窘境，和我们的父母及祖辈们在经历第二次世界大战时的情况是一样的。[73] 他们做到的，也是洛克夫建议我们为了阻止全球变暖该做的——政府必须在基础设施和技术上准备好巨额支出。

身为罗马俱乐部的成员，我们不希望采用战争动员，而是提倡"战后的经济复苏"的模式。类似二战后的美国，以及战败的日本和德国，通过新建（或重建）基础设施及开发新技术，完成经济复苏。

在政治上努力改变框架条件，为剧烈变革做好准备——无论是参考当年的"战后经济复苏"，还是采纳"碳预算展望"——我们有必要寻求基于部门的努力。有些作为激动人心，如可再生能效补贴、智能移动、农业改革、减缓森林砍伐等。必须改变政策框架，以激励必要的技术转变。而且，国家的公共部门对研发、创新和示范项目的支持也应显著增加；政府部门主动采购符合低碳标准的产品，许多国家的投入已达 GDP 的五分之一。最关键的是支持对低碳基础设施建设和提高物质使用效率的投资。此外，有必要要求金融业报告贷款项目的"碳风险"。

138   我们必须更加重视公共物品的低碳解决方案创新。今天的创新活动，过多地受到快速投资回报要求的影响。政府应大幅增加对低碳解决方案的研发和创新的投入资金。不过，在本书3.12.3 所述的条件下，碳排放的价格会持续上升，政府和私人投资都会自动调整优先顺序，朝着所期望的方向转变。

两位世界上最知名、最受敬重的气候专家，约翰·洛克斯特伦和约翰·舍尔胡伯（John Schellnhuber）在一篇文章中挑战了传统做法。[74] 作者们指出，"虽然《巴黎协定》的目标与科学论证的结果一致，而且原则上，从技术和经济层面都能够实现，然而，目标和各国承诺之间的差距却令人担心"。他们担心长期目

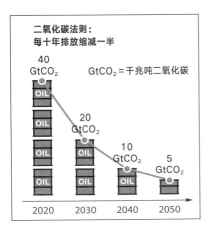

二氧化碳法则：
每十年排放缩减一半

40
GtCO₂

GtCO₂ = 千兆吨二氧化碳

20
GtCO₂

10
GtCO₂

5
GtCO₂

OIL

2020 2030 2040 2050

图3.10　约翰·洛克斯特伦等人在2017年的建议：大幅缩减二氧化碳排放的路径图。图片来源：Rockström et al., "A Roadmap for Rapid Decarbonisation."（尾注74）

标会被短视的政治所阻碍，因此，提出了一个受到摩尔法则启发的路线图，名为"二氧化碳法则"：从现在到2050年，碳排放每十年减半。只有这样，温室气体排放才有可能在2050年接近于零，达到2℃的目标。图3.10展示了这个建议。

这个路线图会影响所有的行业部门，引出比目前所讨论的更快速的行动方案：化石燃料的补贴，必须在2020年前废止；煤炭必须在2030年前退出能源供应的混合结构；必须征收至少50美元/吨的

139　二氧化碳排放费；2030年后，禁止销售内燃机（除非所用燃料以风能发电达到碳中和）；2030年后，所有的建筑施工都必须是零碳甚至负碳的；农业必须制定可持续的粮食战略，启动大规模的再造林计划；必须辅以例如生物能源和碳捕获及封存（见1.5）的方式从大气中去除二氧化碳。

到目前为止，减缓气候变化的重点集中在能源的消耗上。然而，进出社会的物质吞吐量同样重要。最近有关全球物料的库存和流量的研究显示，到2050年物料的库存会增加四倍。为了限制碳足迹，克劳斯曼（Krausmann）等人[75]认为，必须"使服务与物料吞吐量脱钩"（见3.8和3.9）。

《巴黎协定》中没有谈到与林业以外土地的使用变更相关的碳排放。土壤是最大的自然碳汇。虽然农业面临艰巨的挑战，却至今仍不是气候保护议程的一部分。今天生产餐桌上每1卡

路里的食物，至少需要 5 卡路里的石油。一百年前，由于主要的能源是大自然的太阳能，这个比例恰恰相反。显然，必须要来一场革命，用生物质燃料代替化石燃料，减少化肥和农药的使用量，并以土壤储碳。采用浅耕或免耕栽培、种植多年生作物、覆盖（肥田）作物以及轮作的方式，会增加土壤有机质，都是对气候友好的方式。然而，这些机会，却受到来自化肥、农用化学品生产厂商的抵制。

平均每年温室气体排放量中的 12%～17% 是由于森林面积的减少所造成的。近年来，确实植树造林的速度加快了，滥伐滥垦的速度减缓了。除了代表青春活力的年轻一代菲利克斯的"为地球种树"行动，还有很多新科技可加以利用。例如阿格尼·阿凡尼提斯所建议的：使用无人机，将含有发芽种子的囊荚直接射入土中。

生物质燃料是解决方案中的一部分。在像加拿大、瑞典和芬兰这类森林国家，生物经济的概念正在形成：石油衍生产品将被基于农林业可再生材料、性能更好的产品代替。另外，特别有潜力的是既可以在任何地方生长，又不占耕地的藻类。藻类能更有效地运用养分，每亩的油产量比一般的油料作物要高出十倍以上。

总的来说，所有的解决方案都需要有新的"足够就好"的共生文化思维。保障工作岗位在政治上总是第一优先的。然而，人为制造"仓鼠轮"式的活动是危险的，因为对于跑在"仓鼠轮"中的人和得到"轮子"所产出的无用产品的人来说，都没有什么满足感。为了实现气候保护目标，我们必须改变消费文化。以生活的质量指标取代 GDP 增长是一个合理的转变（见 3.14）。另一个指标，是每个人真实的碳足迹。

140　　　　今天的排放统计构建在基于生产的计算方式上，跨国界的排放并未计入其中。以瑞典为例，从生产活动来看，人均排放量不足 6 吨；但如果是以消费为基础的计算方式，包括跨国界的航空旅行，人均排放量就增为 10 吨。因此，把整个供应链、分销链结合起来，同时标记出售卖点或使用点，这样来追踪碳排放，将是必要的第一步。

3.8　循环经济需要新的思维逻辑

　　今天的经济体系建立在一个"快速周转"的原则上 —— 获取、制造和丢弃。我们更换产品的速度越快，经济看起来就越好；现在这一原则适用于我们消费的大多数物品 —— 从便宜的衣服到昂贵的手机。甚至占总物料流量 30%～40% 的建筑行业也不例外。然而，无论是生产消费类商品还是耐用品，我们管理地球资源的方式都存在严重的效率低下问题，结果造成大量资源浪费、生态系统破坏，以及丢弃产品导致的巨大的经济价值损失。长此以往，这甚至会导致整个经济的崩溃。

　　很少有人讨论物质的线性（原材料—产品—使用—废料—处置）流动造成的经济损失。例如，在欧洲，投入产品制造的材料的大部分价值都在一个使用周期后消失殆尽，尽管有各种坚定的循环利用的努力。即使是运作最好的系统，也离所生产的材料完全被再利用或回收的目标差得很远；而那些被回收的材料，因为设计拙劣、污染，或是缺乏标准等问题，常常不能被再次使用。电子产品就是一个典型的例子。许多电子产品就被设计成无法拆卸的状态。另一个例子是汽车使用的优质钢材。这种材料在摩擦过程中被严重污染，因此只能被当作低价值的建筑用钢材来循环利用。同样的情况发生在许多其他材料上——例如塑料。这意味着，大多数二级材料要么被焚烧，要么被填埋，要么只用于低价值的用途。

从减缓气候变化的角度来看，目前的线性经济模式有非常多的问题。原材料的开采和生产所造成的温室气体排放量，占全球总量的约 20%，提高生产过程中的能源效率，以及转而使用可再生能源（见 3.4）固然对减少碳排放有所帮助，但通过诸如再利用、回收、延长产品寿命、再制造，来减少物料的吞吐量，也同样重要。未来对基础原材料（如钢铁、水泥和铝）的需求还会继续增加，尤其当全球都在进行城镇化时（见 3.6），提升资源使用效率，显得更加紧迫。

3.8.1 经济必须转型

141

自然资源是繁荣和幸福的基础。联合国所有的可持续发展目标（见 1.10），都取决于地球自然资源的可持续管理和使用，这就是国际资源委员会最近发表报告[76] 所要传达的核心信息。报告阐述了当今线性经济模式的问题，并指出经济模式需要做彻底的转型，否则我们无法达成可持续发展目标。

为了避免资源短缺和解决废料处理这些问题，政府和企业必须在资源策略上达成一致。长远来说，生产力的概念必须涵盖对自然资源的使用。生产力提高并不是什么新鲜事，整个工业革命使劳动生产力至少提高了 20 倍。现在需要的是同等规模的资源效率的提高，但这次用不了 150 年。

142

艾伦·麦克阿瑟（Ellen MacArthur）基金会、欧盟委员会和罗马俱乐部的最新研究表明，转型成为资源有效的经济，能为社会带来许多好处。[77] 通过产品的回收、再利用、拆卸再加工、降级利用等，采取如租赁、共享的商业模式，更有效地使用产品、建筑物、设施、设备等，这样的循环经济模式可以取代唯利是图、线性的传统经济模式。

在过去，企业界一直把环境政策当作对竞争力的威胁，而工会也同样把环境保护视为对就业的威胁。虽然全球化经济中的竞争越来越激烈，但有充分的理由不再将资源效率和循环经济视作一种威胁。事实上，恰恰相反，种种迹象表明，资源节约型经济将提供更多的就业机会，而不是减少就业。如果资源价格达到一定高度，工作岗位只会出现净增加。为此我们是能够做出积极努力的（见 3.12.3）。

3.8.2　循环经济的社会效益

2015 年的瑞典案例 [78] 说明，面向循环经济的转型，能提高竞争力、增加就业，并且减少碳排放。后续的研究则将瑞典和另外七个欧盟国家：芬兰、法国、荷兰、挪威、波兰、西班牙和捷克并列在一起，观察支撑循环经济的三项脱钩战略——增加可再生能源份额、提高能源效率以及资源效率——对经济的影响。研究所使用的是传统的输入／输出模拟系统，得出的结论是：到 2030 年，如果一系列政策能够落实，所有这些国家的碳排放量可以减少 60%～70%；就业情况，虽然因国家而有所差异，但新增工作岗位大约占总劳动力的 1%～3%。

143　　　　该研究报告也提出，一些政策选项和投资将有助于推动循环经济，并提升它所带来的气候和就业方面的益处：

* 通过让市场价格承担全部成本，来处理经济中存在缺陷的成本结构；
* 重新考虑税收，支持税收转变，降低对劳动力征税，但提高

对自然资源的消耗税，这样的税收转变将加速向循环经济的过渡。它还有助于抵消人们在日益数字化的经济中失业的风险（见1.11.4）；

- 强化回收和再利用的目标，帮助减少并处理废弃物，并限制焚烧废弃物；
- 加强现有的促进可再生能源的鼓励政策，如上网电价和绿色证书等；
- 引入对新产品的设计要求，以便修理和维护、拆卸，以及防止产品被淘汰，同时在经济的重点行业引入材料标准和产品标准；
- 利用公共采购来激励新的商业模式，从销售产品转向销售服务；
- 让材料利用效率成为延缓气候变化政策的核心部分：大多数延缓气候变化的战略都以行业部门为基础，主要侧重于能源使用。但罗马俱乐部的研究表明，延长产品使用年限，并且提升其循环和再利用率，能够显著降低碳排放；
- 支持循环经济的基础设施投资；
- 支持低碳解决方案的创新；
- 免除所有二级（回收）原材料的增值税。

3.8.3 新的商业模式

循环经济也需要不同的商业模式。关键词就是以"服务的功能"替代"实物的产品"。罗马俱乐部的成员瓦尔特·施塔尔（Walter Stahel）[16]是这方面的先驱之一。他认为社会的富足无

[16] Walter Stahel, *The Performance Economy* (London: Palgrave McMilliam, 2006), 中译本:瓦尔特·施塔尔. 绩效经济[M]. 诸大建, 朱远, 译. 上海:上海世纪出版集团, 2009.——译注

法从股票指数中读出，而是与产品、自然、文化等的总存量及其品质的变化有关。森林面积的增加代表了自然资本的提高，滥垦滥伐就是减少资本；从废料里回收磷或者金属，是增加自然资本，抛弃不用就是减少；加装节能设施，会提高建筑物的价值；闲置的空间越多，建筑物的价值就越低。我们会在本书 3.14 继续讨论相关的想法。

这些都需要政治行动。幸运的是，经艾伦·麦克阿瑟基金会、欧盟委员会、达沃斯世界经济论坛、经合组织和罗马俱乐部等组织的一再要求，新的生产及消费模式呼之欲出。欧盟在 2015 年 12 月提出立法建议"循环经济一揽子计划"，并在 2017 年 5 月提出修正稿。欧盟委员会已经到了审视"一揽子计划"具体措施的阶段，例如，当产品难以拆解或由太多不同的材料组成，导致二级材料市场不能很好地将其回收，那么此类材料回收后只能降级使用，或者直接进入焚化炉。

3.9 五倍资源效率

循环经济的一个重点是提高资源效率。罗马俱乐部在 2009 年的报告《五倍级》(*Factor Five*)[79] 中指出，四个资源密集的行业（建筑、工业、运输和农业）中，资源效率可以提高五倍。报告同时还指出，这种潜力大部分仍然处于休眠状态，其原因主要是资源价格低廉。然而，令人鼓舞的是，即使在今天这样不利条件的情况下，这些潜力的效果依然可见。[80]

3.9.1 交通运输

首先谈交通。《五倍级》提出三个能大幅减少温室气体排放的方面：转向低碳／无碳能源的车辆；提高车辆的能源效率；有合适的交通模式可选（如用公共交通取代个人开车通勤）。

靠石油生产的液体燃料在交通上已经失去了主宰地位。工程师们正在努力寻找价格合理的替代品，因此，电动机成了新宠。2012 年特斯拉汽车公司发布了 S 型电动车，一夜之间成为电动汽车的全球领先者。现在，几乎所有的汽车制造厂商都能制造电动汽车。然而，如果电力的产出依旧主要来自燃煤发电厂，电动汽车对缓和气候变化就不会起正面作用。因此，交通能源必须脱离煤电。

为了提高资源效率，我们在汽车制造技术和基础设施上，还需要有更多的提升。

145 正如《五倍级》强调的那样，效率的提升始终与整个系统的设计有关。车辆重量减少 10%，燃料消耗将减少 6%～8%。[81] 实现这一目标的最简单的方法之一，就是在合适的情况下以铝或碳纤维来替代钢。

重型车辆耗能的情况也一样。根据美国能源信息管理局的研究，重型车辆可以通过减重和空气动力学上的改进，减少 45% 的燃料消耗，而且预计到 2030 年通过后续的技术改进，还能再减少 30% 的燃料消耗。[82]

更多合适的交通模式会带来更多的好处，实际上，这意味着减少人们对汽车的依赖。[83] 拥有私人汽车还是采用公共交通，除了可以让人们按经济性来选择，还可以像伦敦一样，通过征收交通拥堵费来引导大量通勤人员使用铁路和公交车。伦敦在 2013 年推出该规定，在最初的 12 个月，拥堵量减少了 30%，碳排量减少了 16%。所产生的净收入约 12 亿英镑，伦敦政府直接将这项收入投资用于公共交通，以及人行步道和自行车道的基础设施建设。

在努力遏制车辆使用的同时，许多城市目前正大力投资轨道铺设，包括城市轻轨，以及承担货运和客运的高速铁路。截至2012年，中国已经在82个城市建设了轨交系统，2016年中铁集团宣布开展建设另外45个城市的轨交系统计划。2015年，印度通过了覆盖50个城市的铁路网的建设计划。快速电力轨道交通服务的成本与大多数高速公路的成本大致相同，虽然它们在人口稠密的地区最有效，但它们也适用于更依赖汽车出行的广大郊区。[84] 澳大利亚珀斯的南方铁路，自2007年12月营运以来，每天可承载80 000名乘客，而之前的公交车系统每天的客运量只有14 000人次。

货运业也拥有实现"五倍级"转变的潜力。就美国而言，货运业的温室气体排放量占全国总量的9%左右。如果我们将长途运输方式从重型卡车转为铁路，即便在终端依旧需要重型卡车的分送，排放量也能减少85%。[85]

国际能源组织提出了"避免（私人汽车）和转变（交通模式）"的出行政策，包括土地使用、交通规划选择和交通模式变换。这些建议包括针对特定城市的特定情况而制定不同功能的选项，例如快速公交系统、城市自行车、换乘优化的都市规划、交通和运输需求管理、拼车奖励、远程办公方案、停车政策、远距离出行和货运铁路优先，等等。据估计，到2050年，减少基础设施的支出，可为全球节省近20万亿美元，[86] 同时可降低50%的全球城市交通排放量。[87]

3.9.2   资源有效的建筑

2010年，用于建筑物及其电力和供暖所产生的温室气体排放量占全球总量的18%以上。减排潜力最大的，就是暖气和空调、热水、家用电器、照明和冰箱。最成功的创新是德国的"被动式建筑"(Passivhaus),其热源主要来自太阳的辐射、居住者的体温及电器用品的散热。达到"被动式建筑"的最低要求是:

- 加热和制冷的能耗低于15千瓦·时/(平方米·年);
- 建筑物在封闭的情况下,仅有(经过标准负压测量)极低的空气流入量;
- 一级能耗低于120千瓦·时/(平方米·年)。

"被动式建筑"的概念,借助先进的隔热和气密性以及热交换通风技术,全年提供新鲜空气,同时使热能需求保持最低。德国海德堡 – 巴恩施塔特区(Heidelberg-Bahnstadt)的开发项目就是这样一个案例。项目包括超过1 000套符合被动式建筑标准的公寓,这些公寓只需补充少量的热能,其余主要由附近热电厂的"余热区域供热系统"提供,因此降低了80%能源需求。这个概念在全世界范围内引起关注,包括拥有大量低能效建筑的美国,也开始进行经过认证的住宅、学校和商业建筑的改造。弗吉尼亚州富兰克林郡的能源效率设计中心,是美国第一个以被动式建筑标准设计的公立学校(K-12)。该建筑在添加了可再生能源设备之后,由于产生的能量明显高于消耗的能量,而达到"负碳"状态。

能够大幅降低能耗和水耗的"绿色建筑",成为许多商业大楼的必要名片。截至2014年,已有700多个被评为"能源之星"的商业建筑项目,预计节省7 500万美元的成本支出,即减少60万吨温室气体排放量。据澳大利亚的一项研究表明,经过简单的能效提高措施,可节省至少50%的能源。对平均面积2 500平方米的办公室来说,每年可节省约10 000澳元(约6 800欧元)。

图 3.11   位于墨尔本的像素大楼。由格罗康（Grocon）建造的像素大楼是澳大利亚同类建筑中的第一栋碳中
和办公楼。图片来源：Studio505，Dylan Brady & Dirk Zimmermann；摄影：约翰·歌林斯（John
Gollings）

澳大利亚墨尔本的像素大楼（图 3.11），由于创新地利用能
源，达到了整体零碳排放。办公楼的设计，实现了 100% 用水自
给自足，采用非循环空气系统，并利用了一种名为"像素水泥"
（Pixelcrete）的新型混凝土混合材料——这种混凝土以粉碎的矿
渣和粉煤灰取代了混凝土中 60% 的传统水泥。采用这种 100%
的再生建筑材料，相比于全部使用传统水泥的混凝土造房子，减
少了 50% 的碳排放。此外，该建筑还将其剩余的可再生能源反
哺到电网中，以此抵消其在 50 年的生命周期中所产生的碳排放。

混凝土是能耗强度极高的材料，在澳大利亚，占了住宅能耗
的 20% 以上，在商用建筑能耗中的比例甚至高达 63%。系统性地

147

以再生混凝土逐步取代传统水泥,每千克材料的能耗可减少到五分之一。

世界各地的建筑项目已经开始使用基于地质聚合物的混凝土,其中最大的一个项目是位于澳大利亚布里斯班的西威尔坎普机场,该项目需要约 25 000 立方米符合铺设飞机起降跑道标准的混凝土,另外需要 15 000 立方米的混凝土,用于机场的其余部分建设,共计约 40 000 立方米(重量约 100 000 吨)。在这个项目中,使用地质聚合物混凝土与传统水泥相比,共节省了 8 640 吨碳排放。

3.9.3   农场的用水效率

2010 年,农业消耗了世界淡水消耗总量的三分之二以上,其温室气体排放量占全球总排放量的 14%。随着人类对粮食的需求持续增长,这两个数据还在攀升。"调亏滴灌"(Regulated Deficit Drip Irrigation, 简称 RDDI)和"部分根区干燥"(Partial Root-zone Drying, 简称 PRD)技术,可以提高农业用水效率,节约 50% 的灌溉用水,而对农作物的产量几乎没有影响。2010 年出现的"免耕种植"(no-till cropping),有望进一步提高农业的用水和能耗效率。

RDDI 控制了灌溉模式,通过控制水量来增加产量:在农作物生长缓慢时少水滴灌,在快速生长期充分灌溉。例如,在澳大利亚塔斯马尼亚州的凉爽温带环境中,运用 RDDI 能为牧草场节省 60%~80% 的用水,也间接地将牧草场的产量提高了 90%。南澳葡萄酒产区采用 RDDI 方法后,将雷司令白葡萄(Riesling)和西拉红葡萄(Shiraz)的用水效率分别提升了 90% 和 86%。

对农场财务的审计发现,灌溉所用的能源占农场能源总费用的 50% 以上。使用灌溉管理系统，比如加州灌溉管理信息系统（California Irrigation Management Information System, CIMIS），可以为农民提供实时的灌溉建议，并最大限度地减少使用灌溉水。

同样，巴西种植西红柿的农民通过在线天气系统提供的温度、降雨量、湿度、露水和太阳光照的数据，优化了灌溉和化学药剂的管理，把每公顷的用水量从 800 毫米减至 400 毫米。同时，有效地结合灌溉系统，还可以节省 60%～70% 的水泵能耗。然而，农民接受的速度很慢，这种战略的好处还有待大规模的普及。

3.10 积极的颠覆

前面几个部分还算乐观。但是在气候保护方面，我们需要采取比过去更有力、更有效的行动——类似"战后经济复苏"的行动，也就是彻头彻尾的转变，或者彻底的"颠覆"。本书 1.11 讨论了一些颠覆技术的负面问题，甚至提到令人心生畏惧的数字化和人工智能的指数型发展。这些都需要我们在提倡积极的颠覆（healthy disruption）时多加关注。所谓积极的颠覆，专指为了达到可持续发展所需的极端突破。

3.10.1 环境对 IT 的期望

如本书 1.11 所述，数字革命和布伦特兰的可持续发展概念同步推出。布伦特兰委员会对信息通信技术的发展表示支持，并期望它能对可持续发展做出重大贡献。[88] 国际电信联盟（International Telecommunications Union，简称 ITU）作为联合国机构之一，在 2003—2005 年间组织了世界信息高峰会议

149

（The World Summit on the Information Society, 简称WSIS），声称"信息通信技术革命可以作为可持续发展的工具发挥积极影响"。[89] WSIS 在"原则宣言"[90] 中一再提到可持续发展，呼吁国际机构共同"制定可持续发展的信息通信技术战略，包括可持续生产和消费的模式"，并列出符合可持续发展的信息通信技术应用及领域。

　　在布伦特兰报告发表的 30 年后，计算能力的快速提升，电信网络的积极外部效应，以及数据爆炸带来的边际成本大幅降低，这一切使得数字技术的发展突飞猛进。只要基础设施到位，扩大电子服务的成本也变得低廉。这些影响使得 IT 服务以不断下降的成本和极快的（"颠覆性"）速度迅速扩张，并使得创新者和专利所有者，如马克·扎克伯格（Mark Zuckerberg），在极短的时间内（相比洛克菲勒时代财富积累的速度而言）成为亿万富翁。然而，这样的突破对可持续发展可能造成的影响，还有待事实证明。

3.10.2　好的颠覆

　　马丁·斯塔奇 [91]（Martin Stuchtey）等人对数字化和相关的颠覆性科技，以及它们在可持续发展中的应用，持乐观而不偏激的看法。他们在书中强调了大数据对于能源转轨和循环经济的实用性，尤其关注在废弃物回收中如何恢复资源的价值。

　　这些作者们以颠覆性的方式，在全球数字化的背景下讨论交通、食物和住房这三个重要的问题，其实和本书 3.9 异曲同工。交通方面，在回顾优步（Uber）的发展史和其他电子共乘服务后，他们（过于乐观地）提出，一个公共分享取代个人拥有，且电气化、无人驾驶和轻量化技术的时代已经到来，车辆的生态足迹会由此减少。差不多十年之前，几乎没有人会想到这种变化。在食品生产方面，他们谈及各种新技术，包括精准农业、[92]闭合养分循环，以及恢复自然资本。著名的例子是，中国修复了150 万公顷的黄土高原，让 250 万人脱贫。住房方面，作者们提及自己在中国苏州目睹了壮观的 3D 打印机，能够在 24 小时内"打出"一栋成本为 5 000 美元的房屋。当然书中也提到爱彼迎（Airbnb），这种模式把私人的房子、公寓或房间，经过网络租用与他人共享。此外还有供应能源的建筑物等。这些，都是十年前不敢想象的。

以上都算是积极的颠覆，但是，应当注意"共有"和"共享"的概念，究竟是否真能以公平的方式降低我们的生态足迹，而不是滥用数字技术巧妙地避开法规——尤其是财税法和劳动法——来创造新的垄断型私企。

信息通信技术方法的应用，比如模拟复杂、演进、互动的生命系统，大大促进了科学哲学的转变，即从化约论的分解方式转向更尊重生命的方法（见 2.7）。对于罗马俱乐部来说，从 1972年《增长的极限》所使用简单的 World3 模型，到 40 年后兰德斯在《2052》[17] 中所用的修订模型，方法论的演进令人鼓舞。

当然，信息通信技术的革命远远不仅体现在建构和理解复杂系统时所采用的信息交换方式和方法。整个工业领域正在向工业 4.0 过渡。在 1.11 中，我们提到了杰里米·里夫金，他用五个"支柱"来描述"第三次工业革命"，其中大部分与可再生能源及其去中心化供给和生产过程有关。对于迄今为止缺乏完备的高压输电系统的发展中国家来说，这是一个令人激动的、实现蛙

[17]   Jørgen Randers, *2052: A Global Forcast for the Next Forty Years* (New York: Chelsea Green, 2012), 中译本：乔根·兰德斯. 2052——未来四十年的中国与世界 [M]. 秦雪征等，译. 南京：译林出版社，2013 年。——译注

跳式发展的机会，借此他们可以直接略过那些对环境造成极大破坏的阶段。

另一个不同类型的IT驱动的进步，是原先只能经由图书馆，需要数天甚至更长的时间才能搜集到的信息，现在可以通过互联网和维基百科瞬间获取。此外，互联网把大大小小的公司、政府机关、基金会和行动团体都带进了人们的视线中，而不是像原来那样同公众隔离。

于是乎，产生了以 IT 应用为基础的民主。虽然，在某些地方"直接民主"已经行之有年，而借助信息通信技术革命带来的社交媒体，民主至少在技术上变得更容易扩展。但如前所述，社交媒体也存在的一些问题（见 1.1.1），影响了问卷和调查模式的价值，也会形成愚蠢的意见孤岛。然而，这种现象不应作为反对将 IT 应用于支持民主的主要论据。

3.10.3 来个耸人听闻的建议：比特税

亚当·斯密在《国富论》中表示，国家的财富来自劳动分工及对生产要素征税。这启发了罗马俱乐部的加拿大协会受其启发，他们建议对新的生产要素 —— 信息 —— 征税。这个聪明想法的是《新国富论》[93] 的作者之一，已故的拉纳尔德·艾德（T. Ranald Ide）在 20 年前提出的："新的国家财富来自在全球网络中脉动的万亿级比特信息。这些是许多交易、对话、语音、视频和程序的信息，以物理或者电子的表现形式，共同记录了新经济中的生产、分销和消费过程。"依据这一观察，作者提出根据"比特"征税，这样的税金或许极低，但总量足以为信息通信技术的负面影响埋单，或者资助可持续发展的新设计方案。

重要的是，这种类型的征税，能发挥明显的导向效应。如果对能耗征税，能源的使用就会变得谨慎，节能技术的利润也会较为丰厚；如果对劳动力征税，就会诱发提高劳动生产率的动机；如果征收比特税，受挫的会是垃圾邮件的发件人和其他无用信息的发送者，这会使大多数用户受益。当然，正如增值税、劳务税、能源税和财产税一样，比特税也有它的缺点。不过，直接抗议说"政府这是在对进步征税！"——那是完全没有意义的。因为，每比特征收约百万分之一美元（或欧元、人民币）的微小税额，不会阻碍任何正常的信息传送。所以拉纳尔德·艾德的税收建议并非耸人听闻，应该有机会进入立法辩论。顺便，这个建议也可以与比尔·盖茨和其他一些人提议的"机器人税"一并讨论，后者可以缩减机器人取代人类工作岗位的规模。

然而，比特税对于爱彼迎和优步这样的公司却毫无作用。它们在全球有数十亿美元的业绩，却只交极低的税。爱彼迎和优步利用"避税天堂"作为公司的基地，但他们的做法使正当纳税的企业或个人(如的士司机)的收入锐减，甚至迫使他们停业。同样，IT 巨头苹果公司被要求支付 130 亿欧元的退税税款。因此，征税公平才是先决条件。

一些信息产业的大师级人物认识到信息产业即将成为新失业浪潮的罪魁祸首，所以一直在倡导"无条件的基本收入"。[94] 这个概念绝对是当前关注的一个要点：一方面要以建设性的、有目的的方式从科技进步中获利；另一方面还要迎接科技进步带给人类的挑战。

3.11　金融部门的改革

　　　　1.1.2 讨论了金融体系的内在风险。由于系统不稳定，造成了资产泡沫。只剩下一小部分还支撑着实体经济, 而整个系统激化了不平等, 增加了波动性, 并倾向于周期性的大起大落。2008—2009 年的金融危机, 证明了金融体系的内在风险能造成多大的破坏。最后, 金融机构还向能源、气候以及其他环境风险评级极高的公司提供巨额贷款或投入大笔资金 (图 3.6)。这使得金融机构的股东们, 包括养老基金, 都需要承担极大的风险, 而且这么做也在继续恶化气候, 破坏人类赖以生存的生态系统。

那我们应如何以可持续发展的原则来重新设计全球经济和货币体系? 本书的所有作者都算不上是金融专家。然而, 经过深入的阅读和专家讨论, 我们还是能够提出改革的建议。而有关增长的主要驱动力和导致金融不稳定的因素都围绕着一点——债务。

银行, 以及实施量化宽松政策[18] 的中央银行, 成为今天主要的造钱机构。20 世纪 80 年代后的放松管制, 导致货币流通量大增。经合组织国家的银行交易量增加了三倍多。另一方面, 是私人和公共债务的累积, 这也是中右翼和中左翼政客所偏爱的信贷推动增长模式的必然结果。大多数金融管理机构和中央银行也都支持这些政策。

为了遏止债务扩张, 我们需要提高强制性的资本储备, 并且更严格地控制个人信贷。[95] 虽然天真的经济学家和广大的群众以为银行的贷款额是根据储蓄额来定的, 但显然实际并非如此。银行以举债的方式, 很大程度上是在凭空创造货币。[96]

当前的挑战, 是要求银行投资实体经济, 而不是投资在高度投机的金融衍生产品和消费者或房地产信贷上。然而, 必须承

[18]   量化宽松, 主要是指中央银行在实行零利率或近似零利率政策后, 通过购买国债等中长期债券, 增加基础货币供给, 向市场注入大量流动性资金的干预方式, 以鼓励开支和借贷, 也被简化地形容为间接增印钞票。——译注

153 认，从技术和法律上，很难遏制为了纯粹的投机目的而创造货币的行为；反过来说，绕过各种阻拦而得到的好处，却诱惑无穷。

我们正在和时间赛跑：一方面，必须遏止央行印钞过多，举债成瘾，以此来稳定系统；另一方面，如果贷款突然切断，就会立即引发"资金流枯竭"，资产泡沫瞬即破裂，许多银行也会随之倒闭。

瑞典前国务卿乌尔夫·达尔斯滕（Ulf Dahlsten）在即将出版的著作中，描述了以下的挑战：

> "主要的问题在于，金融市场虽然日益全球化，金融的来源，却仍在国内。我们缺乏的是，能够决定和执行需要全球共同遵守、有共识规则的全球性机构。结果，我们没有全球的最终贷款人，也没有中央银行定期审查和管理全球借贷失衡、全球资金流、储备货币问题、国际法规、国际决议等事宜。国际货币基金组织虽然可以承担这些任务，也有足够大的全球网络来支撑，却没有国际赋予的决定权。金融市场，可能是最需要制定国际市场法来管理的领域。国际机构、中央银行和监管机构都需要新的权力机构和新的工具。"[97]

以下列举几个我们认为金融系统改革亟需严肃思考的方面。

3.11.1 银行的商业业务与投资业务分离

将商业银行从投资银行中分离出来的做法，确保了 1933 年以后 40 多年的金融稳定。如果把一般的银行业务和投机性的投资业务再分开，纳税人就不需要拯救因投机失败而自取灭亡的银行。这些投资银行为脱离困境也得不到政府承诺保护的公民存款。美国国会在奥巴马政府期间，也确实采取了一些措施，但到了特朗普政府这里，整个发展受到了阻拦。在欧洲，银行业务分离的倡议也一再受挫，不知是谁从中作梗？

3.11.2 债务处理

154

一个社会中，债务增多本身并不是问题。这可以看作是信用等级提升的信号。而且系统里资金多了，还能用于成立新公司、应用新技术、建设新的基础设施，使更多的人有机会脱离贫困。问题是，新创造出来的资金，用在了哪里？

不管债务是怎么来的，它只是一张未来要兑现的支票。如同澳大利亚经济学家理查·桑德斯（Richard Sanders）的解释："简单分析，可持续性问题的根源，就是在一个有限的（甚至还在减少的）自然资本池里，存在呈指数增长的（金钱）需求。"[98] 桑德斯一语道破本书的核心：在拥挤的世界我们必须改变想法、做法，不能再以空旷世界的方式思考和行动。

当今银行最欠缺的，是其吸收损失的能力。从已经度过的金融危机来看，大银行在宣告破产之前，资产负债表只允许有3%～5%的损失。银行杠杆率[19]至少需要提高四倍来配合相应的损失吸收能力，这样才能促进系统的稳定，并且保护纳税人。这就是阿纳特·阿德马蒂和马丁·黑尔维希的建议——"我们向银行贷款时，银行通常要求自有资金保持在20%，那我们也应该以同等比例来要求银行。"[99]

储蓄银行和本地银行都认为，对客户的了解足以让他们评估客户的信用风险。国际银行所要求的自有资金比例和冗长的贷款核准程序，对国际玩家来说是有必要，但会扼杀本地的中小

---

[19] 杠杆率，在这里是指银行自有资产与资产负债表中总资产的比率，是衡量一个公司负债风险的指标。——译注

企业。这，当然由不得罗马俱乐部来做评断，但我们还是建议将
本地和国际的金融机构区分开来。

155   如何处理现存的大量债务，是个困难的问题。不论借贷人
来自发展中国家，还是希腊、西班牙和意大利等国，大部分的债
主，都是世界排名前 50 的大型国际银行和资本市场的大玩家，
即使部分借贷人明显因为条件不公而无法偿还债务，债主都拒
绝减免其债务。其实部分债务和不良贷款应予以注销，或者至
少降到能够偿还的额度，剩余的应该逐步从银行资产负债表中
移除。试想，银行的资产负债表里填满了国家的债券；而重组国
家债务，却会导致银行危机，这样的矛盾，如何解决？

3.11.3 芝加哥计划：控制货币创造

大多数专家认为，今天流通的货币量，比支持实体经济所
需要的量多出很多倍。毫无疑问，这都是银行不加节制地制造
货币的后果。20 世纪二三十年代大萧条时期就出现过类似的情
况，并引起了激烈的争论。1926 年，诺贝尔化学奖得主弗雷德里
克·索迪（Frederick Soddy）提出了一个解决债务过多问题的
激进方法，后来被称为"芝加哥计划"。他认为，创造货币的功能
应该完全回归国家。20 世纪 30 年代，这一观点得到了耶鲁大学
的欧文·费舍尔（Irving Fisher）教授的扩充。然而，这个建议
却没有能够得到当时政府的支持，罗斯福政府选择了加强对银
行的监管。

2008 年的金融危机之后，"芝加哥计划"再次受到关注。多
个非政府组织对其做了研究并予以支持。位于伦敦的智库"积
极货币"（Positive Money）根据"芝加哥计划"，制定了英国银
行体系改革的详细建议。[100]

最有意思的是，国际货币基金组织的经济学家亚罗米尔·贝内什（Jaromir Benes）和麦克·昆霍夫[101]（Michael Kumhof）最近对"芝加哥计划"进行了彻底的研究。他们用最新的美国经济模型来验证费舍尔的分析，发现所有结果都支持他的假设。通过接管货币创造的角色，国家担保了银行所有的存款，承担了银行破产的风险。政府债务将减少40%，普通家庭是零负债。根据贝内什和昆霍夫的说法是，"没有输家"。在排除经济体系里的种种不合理情况后，生产力会得到释放，使各方受益。因此他们认为，结果只有一个，就是增长。

"芝加哥计划"是一个有趣的建议。然而，不容忽视的是这落实起来很困难。在西半球国家，私人债务已经是一种文化，利率极低，因此高比例的抵押贷款已经成为家庭经济不可或缺的一部分。新的债务文化想要取而代之并非易事。另外，人们的消费越来越依赖信用，这是消费信贷业务大量增加导致的结果，即便信用评级很低的家庭也不例外。

3.11.4　征收金融交易税

156　　　　对于金融交易（可能100万美元以上），最好全球能共同执行征收统一小额的"托宾税"[20]。但是，从过去国际谈判交涉的经验来看，这不太可能在近期发生。比较可行的做法是，让一些强国用征税来遏制投机，并准许先行国家保留该项税收收入。

3.11.5　加强透明度

应该仔细检查整个金融衍生产品市场，找出纯粹的投机产

---

[20]　Tobin Tax，由经济学者詹姆斯·托宾（James Tobin）于1972年提出的财税措施，主张针对现货外汇交易，征收全球统一的税额，其目的在于减少因投机性买卖而造成市场的动荡。——译注

品，逐步令其停止交易，或者对其征收额外的税。其他被认为有用的衍生产品，应该统一地置于第三方的监管下，处在看得见的、有审查的、正常的管理中。全世界影子银行业务体系[21]的体量很大，在2008年金融危机时，一度约占到银行业务总量的70%，它们也应受到和银行一样的监管。

3.11.6　独立的监管者

目前，银行的监管机构通常是由跨国银行的高管人员组成。监管机构需要真正的独立性；也需要延长监管者的"等待期"，来确保其独立性。银行家本身大都不太介意监管，但反对过度监管。监管机构应该尊重"成比例原则"，[102] 这意味着对于大银行来说是必不可少的监管，而对于中小银行来说可能就得稍宽松一些。

3.11.7　富人须缴税、收税要到位

避税、逃税和资产秘密管辖区（即避税天堂）组合成为一个系统，不但会促进罪犯和独裁者的洗钱活动，也会将更多合法财富与其社会和财政义务分离开来。[103] 据估计，截至2012年，这块隐藏在司法背后的资产总值在21万亿～32万亿美元之间。[104] 其基本的特征是低税或者免税，并通过错综复杂的空壳公司，让人无法捉摸公司的真正所有者。

要想对跨国公司和超级富豪征税，需要进行国际合作和贯彻执行的决心。避税公司的代表总是声称他们遵守所有的法律。在许多情况下，这也确实是事实，所以，要改变的是法律。一般

157

---

[21]　Shadow Banking System，影子银行是指一些提供与传统商业银行类似的金融服务的非银行中介机构。——译注

来说，公司应该在其获得利润的国家纳税。

通过转移定价[22]等方式，公司可以把利润转到避税天堂，因而无需在赚钱的地方付税，如经由"双层爱尔兰夹荷兰三明治"[23]的利润转移，达到避税的目的。另外，他们也会利用集团内部的跨境分支机构间的相互欠账，提高位于其他国家的子公司的贷款利息，以便在常规的税务监管中抵扣收入，同时把利息收入所得转入避税天堂。[105]也就是说，跨国集团大约一半的国际贸易是在集团旗下的子公司之间进行的。

保证透明度是先决条件。乐施会呼吁所有的企业、基金会、信托基金和银行账户的最终受益人进行公开登记，包括在保密司法管辖区内的受益人。经合组织20年来一直在这个方向上努力，并开始实施信息自动交换（在政府层面，包括居民所有的银行数据），并推行各国的报告标准。[106]当这些措施都完全到位时，也许不久后，目前使用的一些避税方法将不再可行。

然而，经济学家加布里埃尔·祖克曼（Gabriel Zucman）提醒大家，进展不很乐观，因为税务会计师和律师们远比税务部门的官员消息更灵通，也总会找到办法规避这些规定。过去五年里，尽管经合组织采取了行动，隐藏在避税天堂的财富还是增加了25%。祖克曼建议，应设计一个公式，将跨国公司的全球利润总额依据比例返还到产生利润的国家，以此令避税策略无计可施。[107]

整个避税系统造成了不平等的加剧。目前，所有国家都失

---

[22]   Transfer Pricing, 转移定价, 是指大企业集团 (尤其是跨国公司) 利用不同企业不同地区的税率以及免税条件的差异, 将利润转移到税率低或者可以免税的分公司, 以此避税。——译注

[23]   Double Irish with a Dutch Sandwich, 双层爱尔兰夹荷兰三明治, 是一种避税战略, 利用欧洲税法的国家特点, 将利润转移到有效税率相对较低的国家。使用该方法避税的公司包括脸书、谷歌、亚马逊、苹果、微软等, 其合法性尚存争议。——译注

去了本应用于支持健康、教育、环境保护、安全保障的财政费用。如果能回笼这些税收，现在的预算赤字就会不那么严重。对于发展中国家而言，他们的损失更加严重，因为这些国家的基础设施、教育、退休基金等方面本来就亟待改进，开销巨大，因此没有足够的经费可以资助可持续发展。

乐施会呼吁设立一个全球的税务机构，负责评估避税天堂所构成的风险，并将结果公诸于世，希望人们不再利用避税天堂来偷税漏税。乐施会赞成与国际货币基金组织和经合组织合作，公开避税天堂的名单，使各国政府能够采取办法禁止此类情况继续存在。[108]

3.11.8　驯服四大会计师事务所

会计师事务所的历史作用是审计和核实公司账目。在金融化时代（见 1.1.2）到来之后，只有五大会计师事务所生存下来，除了普华永道、德勤、毕马威和安永之所外，还有在 2002 年解体的安达信。[109] 剩余的四大巨头似乎通过不透明的伙伴关系，相互包庇，他们审计了 98% 的大型企业，分享了 10 亿美元以上的营业额。他们甚至一直在协助许多大公司制定避税计划，正如 2014 年的卢森堡泄密事件[24]那样。[110]

这样的计划使政府及纳税人每年损失超过 1 万亿美元，这是曾经在安永、普华永道和安达信工作过的税务律师乔治·罗兹瓦尼[111]（George Rozvany）提供的说法。他提出会计和税务顾问公司需要进行改革，他建议就像商业与投资银行业务分离一样，会计、审计的工作与咨询业务也应该分而设之。

158

[24]　Lux Leaks，卢森堡泄密事件，是指 2014 年 11 月由国际调查记者协会调查揭露的财务丑闻。它涉及普华永道 2002—2010 年间为其客户利益而设立的卢森堡税务裁决的机密信息。——译注

这些建议，取决于政府是否能代表人民，是否有权力和有能力做出关于未来方向和目标的关键选择。同时也要看经合组织和国际货币组织能否执行和贯彻建议，并拟定新规则。如 2.6.1 和 2.10.3 提及的那样，我们需要在私人和公共利益之间达成一种健康的平衡。我们需要的是一种强烈的政治意愿，与私人企业做反对公利私用的抗衡。实际上，2008 年的金融风暴中，政府居然动用纳税人的钱来拯救摇摇欲坠的金融机构，这实在令人遗憾！

3.12   经济体系的改革

金融行业的改革迫在眉睫，也确实已被提上了各国的行动议程。但这还只是第一步。为了今后更好的发展和真正持久的变革，我们有必要进一步深入探讨当前金融部门所依赖的经济和政治系统。当然，有许多关于经济体系改革的项目和书籍，我们在这里只能专注于其中几个与我们理念有关的方面。

159

让我们从欧洲开始吧。英国脱欧让欧盟有了危机意识。然而，欧盟可以说是战后最伟大的成功故事之一。在新启蒙（见 2.10）中，欧盟是介于地方、省、国家的各层职能和欧洲整体功能之间达成共生平衡最好的例证。但是，欧盟需要谨慎地制定新的分支机构的原则，给地方或国家更多的决策空间，这或许有可能会使英国在 20 年后考虑重回欧盟。3.12.3 将谈到的预算改革，清楚地表明欧盟税务改革里成千上万的细则规定是不必要的。

本书的第一部分讨论的生态危机，迫使我们必须重新思考适应拥挤世界的经济架构。其他的挑战，还有诸如工作及职业

的消失、人口迁徙、不公正的丑闻、恐怖主义的祸害等。本部分
列举四个例子，作为对这些挑战的部分回应。

3.12.1 甜甜圈经济学

罗马俱乐部成员、牛津大学经济学家凯特·雷沃斯（Kate
Raworth）出版了一本名为《甜甜圈经济学》[112] 的书（图 3.12），
书中提出，经济学的主流观点已经老掉牙了：它们来源于 20 世
纪 50 年代的教科书，而那又根植于 1850 年甚至更早的理论。面
对 21 世纪的拥挤世界，从气候变化到反复出现的金融危机挑战，
雷沃斯说，这种一尘不变的做法简直是自取灭亡。[113]

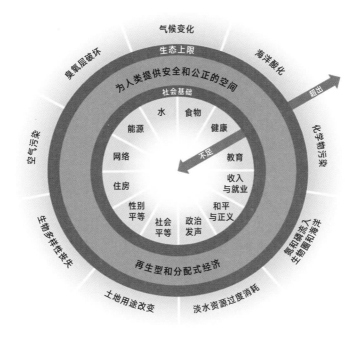

图 3.12　凯特·雷沃斯提出的甜甜圈结构。图片来源：Chelsea Green Publishing

　　雷沃斯用一种新的方式来表达我们面临的挑战:21世纪,人类的目标是在地球的承受范围内,满足地球上所有系统和生物的需求 —— 这可以被描绘成一个甜甜圈的形状:有着外环和内环两道边界。洛克斯特伦提出的行星界限(见1.3),是外环的边界;而一系列与可持续发展目标(见1.10)相关的社会挑战,是甜甜圈经济内环的边界。

　　首先,我们需要将经济思维与当前面临的环境关联起来,雷沃斯指出,有了背景条件,经济思维才有意义。经济不是在世界上独立运转的机器,而是嵌入世界并在其中应运而生的体系,就像是心脏和整个循环系统之于人体。在这方面,雷沃斯采用了系统科学的解释,概述了七个原则,指导经济学家推动机构和政策进步,使人类能够在甜甜圈的外环和内环限制下的安全、正义地带内生存发展。从这个角度来看,经济就成了实现公平正义和可持续发展的工具箱。这或多或少,和过去空旷世界的指导原则背道而驰,后者以增长最大化作为首要目标,社会和生态退居其次。

160　　这七条原则中的大部分已经成为可持续讨论的一部分:

- **从GDP增长到甜甜圈**:经济的目的远不止追求GDP的增长,它是为了在地球的承受范围内,满足地球上所有的生物的需求。这样就转变了经济发展的意义和形式,从无休止的增长变成繁荣的共生平衡。

- **从独立运转的市场到嵌入式经济**:接受经济嵌入在社会和生态系统中的理念。

- **从理性的经济人到有适应力的社会人**:人类的本性远比自私的个人主义要丰富得多,我们是负责任的、相互依赖的、融入活生生的社会的人。

- **从机械平衡到动态的复杂性**：牛顿力学不适合用来分析经济。接受系统科学的复杂性和进化思维显然是明智之举。
- **从"增长会均衡一切"到有意识地分配**：滴流经济学[25]并不起作用。我们构想的经济是，价值能更公平地分配给创造价值的人。
- **从"增长会清理一切"到有意识地再生**：经济增长以后会自动清理污染——这只是个神话。再生的、循环的做法比主张通过全面降级来恢复生命体系的做法来得更明智。
- **从迷恋增长到增长中立论**：当前的经济不顾人类的死活都要增长；明天的经济必须能够让人类欣欣向荣，不论它是否还会增长。

3.12.2 获得大多数支持的改革

在《再创繁荣》里，马光明和兰德斯（见 2.5）指出，[114] 当今世界所面临的主要挑战——如收入差距、全球贫困和环境恶化——理论上来说都还容易解决，然而，实践起来却要复杂得多。因为大多数"解决方案"对于只注重短期的人们和政府来说，是很难接受的。兰德斯多次在采访中表明，要想在民主政体里解决这些问题极其困难，虽然不是不可能。相比之下，他将中国视为一个有远见的国家，他认为中国能够处理长期问题，有效减少社会贫困和缓解生态危机。

两位作者尝试提出应对人类面临的主要挑战的政策措施，以及在全球范围内可能实施的解决方案。该书解释了如何采取行动，减少失业、缓解贫困、消除不平等、应对气候变化、阻止生

161

---

[25] Trickle Down Economics, 滴流经济学, 用于讽刺给富人减税可惠及穷人的主张。——译注

态系统衰退,同时仍然实现经济增长(如果我们想要的话),这解决了近40年关于经济要不要增长的无休止的争论。马光明和兰德斯针对失业、不平等和气候变化等系统性问题提出了13项建设性的建议。

一方面,通过缩短平均工作年限,至少在数学上可以减少失业。这意味着把工作分配给更愿意工作的人。就业人员将有更多的时间照顾家庭、享受娱乐、获取新知识和新技能。每工时的平均生产力不一定会降低。在职员工和雇主可能不会喜欢这个构想,但还是可以忍受,尤其在失业率明显过高的国家。可以分成数个阶段逐步落实这一办法,给人们学习和适应的时间。

另一方面,只要雇主或客户满意他们所从事的工作,还可以延长工作年限,即提高退休年龄。如果延长工作年限成了常规,可以想见,特别合适那些在斡旋、协调和处理争议方面有丰富经验的年长者的职能或者工作机会将大大增加(以需要人际关系和经验的工作取代体力活)。由于年长者继续工作降低了国家福利支出的成本,国家便能在创造新的就业机会上投入更多钱。

在同一架构下还有第三个方法,就是向在家中照顾他人的人支付薪酬。理安·艾斯勒在《真国富论》[115]里呼吁进行"护理革命",包括提升护理职业的经济条件和社会地位。为了使这样的工作得到重视,需要成立专门的组织来研究适合的薪资和工作条件。薪资应主要来自公共预算,也就是让所有的纳税人分担费用。随着对人口老龄化状况的进一步认识,公众对这个方案的接受度也将会提高。

更进一步,是为所有人提供无条件的基本收入的想法(见3.10.3),即不论有没有具体的工作都有收入。很多地方都在讨论这个提议,尤其是硅谷的企业,他们很清楚其巨额利润是以摧毁数百万个工作岗位为代价的。[116] 我们确实有必要在国家和国际层面上，对这一富有争议的提案进行广泛的讨论。

162　　　　与此相关的想法是，提高失业救济金。还有其他减少失业、缩小收入差距的措施，也属于政府刺激经济的方案，其中包括基础设施的建设、终身教育，以及环境的修复。

　　碳定价领导联盟由世界银行行长金墉（Jim Yong Kim）发起，在巴黎COP 21气候会议期间正式成立（见1.5和3.7）。马光明和兰德斯十分支持这一想法，并让各国对所有化石燃料征税；这个建议并不新颖，但比较特别的一点在于，他们提议应把税收平均分配给所有的公民。这对大多数穷人和低能耗者来说，将是利好消息。同时，这一提议也鼓励将所消耗的能源转向清洁能源。

　　这一想法可以概括为从对劳动力征税转向对使用地球资源征税。商业利益的专注点也将从劳动生产力转向资源生产力（见3.9）。

　　一方面，在众多民主国家中，提高遗产税是非常常见的做法。但全球的做法应当一致。税收可以依照商定的社会需求优先次序进行分配，也可以让被继承人来决定分配次序。

　　另一方面，关于对劳工界的决策，以往都由雇主和工会达成的协议而定。这种均衡的状态曾经起到了正面的作用。然而，由资本所主导的市场大大削弱了工会的地位。因此建议由国际劳工组织来协调国际适用的法规，形成新的平衡。

　　另一项国际性的任务是改革世贸组织的条约，允许各国对明显破坏环境的产品和服务征收关税。正如本书1.9所说，世贸组织的条约中至今还存在严重反环境保护的倾向。最后这两点还会在本书3.16的"全球治理"中详谈。

3.12.3 让绿色转型有利可图

本书 3.1～3.9 所勾勒出的一些振奋人心的案例,说明即使在今天的条件下,我们还是可以有所作为。但成功的案例还是少数。每个国家的主流模式仍然是保守的:破坏环境,且利于富人,损害穷人利益。要想把全世界社会的主流转变为面向可持续发展,就必须采取政策措施,使得可持续的商业比不可持续的商业更有利可图。

传统的环境法规是控制性的法规,确实改善了空气和水的状况,然而却未能遏制第一部分中所述的气候变化和其他不可持续的破坏趋势。

过渡到可持续社会的最有效的方法是调整经济体系的金融框架条件。当然,对污染性的有毒有害物质和危险化学品的管理,强制性的法规(尤其在农业部门)必须继续保留而且持续升级;这些法规是农业迫切需要的。但是这些法规对能源消耗和温室气体排放起不到太大的作用。想要控制水、能源、资源的消耗和土壤退化,经济的手段最为有效。最简单的方式就是征税。如果世界市场价格下跌,税率会上涨;反之,税率会下跌。其目标具有相当高的可预测性。

对能源、水等资源征税,说起来容易做起来却很难,因为征税本身就特别令人反感。因此,主要的政治挑战是,要找到多数人认同的定价政策。

联合国信息资源规划的报告《脱钩 2》[117] 提出了一个方法。它建议在资源生产率实际提升的同时,提高能源和其他资源的价格。平均能源效率(以普通家庭计)在一年内提高了1%,那么下一年里,能源价格将在通货膨胀率的基础上上浮 1%;交通、工业、服务业也采用同样的方式。如果每个人都知道价格会以

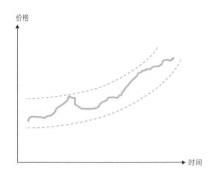

图 3.13   允许价格在廊带（虚线）内浮动，当价格触碰界线时，国家才出手干预。

这种方式上涨，我们就可以期待形成自我加速的能效提高趋势，因为对能效提高的投资会越来越有利可图。

为了避免过多的干预，政府之间可以达成一致的价格廊带（图 3.13 中的虚线区域）。价格根据市场实际供需在走廊内上下浮动（图 3.13 中的蓝线）。当价格触碰到了界线，政府就会采取纠正性措施进行干预，从而抑制投机行为。

消费者、生产者、商人、工程师和投资者会越来越关注资源效率。当技术上可以实现将能源生产率提高 5 倍，在某些情况下甚至是 20 倍（见 3.9），变化就会令人瞩目。

另外，还有几个尚待解决的问题：

- 现有的工业流程，比如通过热熔或电解工艺从铝矾土矿中提炼铝，已经几乎耗尽了提高能源效率的潜力。此时，寻找新工艺或新材料，这样的源头创新才有可能大幅提升能源使用效率。

164

- 进步技术进入穷人家庭要远比富人家庭来得晚。如果富人在资源利用方面变得更有效率，那么根据所提议的能源价格上涨政策，反而会使穷人吃亏。对策是制定一条不受此政策影响的"免税底线"。

如果国内能源价格高于国外能源价格，某些行业会就无法在国际市场上竞争。对策是双重的：一方面是经由协调，使政策在国际上统一；如果难以实现，就要先从国内做起：按该行业各企

图 3.14   经济表现不一定受高能源价格的影响。图片来源：Ernst von Weizsäcker and Jochen
Jesinghaus, Ecological Tax Reform (London: Zed Books, 1992)；数据来源：OECD, 1991

业所交增值税或就业数量的比例，将真正受到竞争打击的行业
所交的能源税退还企业。各个行业不会因此亏钱，但在行业内
部会有强烈的动力来提高能源效率。如瑞典在 1992 年，开始对
燃烧炉、化学工业、垃圾焚烧、金属制造、纸浆和纸、食品和木材
工业征收高额的氮氧化物（NO_x）排放税的同时，执行了所谓的
"税收中性"计划。企业界对这一做法感到满意，因为上述行业
没有使其蒙受金钱损失，最终还提升了企业竞争力。[118]

　　其实，对丧失竞争力的恐惧不应被过分夸大。在 20 世纪
七八十年代的"能源危机"期间，四个不同的经济地区对能源价
格采取了不同的战略。在苏联，尽管石油输出国组织的油价居
高不下，苏联的油价却一直维持在低位。在美国，政府担心如果
汽油价格过高，"美国式生活"会大受影响，因此基本上取消了
燃油税，而美国本土仍有大量石油储备。在西欧，汽油税居高不
下，电价也随之上涨。日本既没有国内的能源，又受到空气污染
的困扰，为了支撑控制污染的措施以及筹措建设核能的资金，当

局反而提高燃油税和电价。这四个地区的经济最终表现如何？图 3.14 给出了令人震惊的答案：能源价格越高的地区，经济表现越成功！当然，我们也可以换一个说法：经济表现不一定受高能源价格的影响。

好吧，因果关系可能反过来了。但是在历史上，日本的经济腾飞是在能源价格暴涨之后取得的。显然，还有其他数以百计的措施能帮助人类在实现向可持续发展的转变过程中获得更多的利益，但如果没有价格政策，这些措施都将依赖层层的官僚体系，并且不太可能改变大局。

3.12.4 共利经济 [119]

以再生型经济为特征的更好的未来，是个美好的愿景，应该被纳入任何一个进步的政治计划。奥地利全局思想家和作家克里斯蒂安·费尔伯（Christian Felber）提出了一个概念，他称之为"共利经济"（Economy for the Common Good，简称 ECG）：通过重新定义私营企业的商业目标，来避免"公共利益的悲剧"。[120] 保护公共利益终将成为企业存在的先决伦理条件，从而形成共利经济。

费尔伯和他的朋友们（主要是倡导"征收金融交易税协助公民组织"[Attac][121] 的企业家和咨询顾问们）反思了当前经济体制带来的损害，制定了为期两年的行动计划。2010 年 10 月，他们在维也纳会议上公布了"共利企业资产负债表"，与会的 25 家公司自愿从 2011 年财政年度开始实施这份创新的资产负债表，响应"共利经济"运动。

根据阿尔费·科恩（Alfie Kohn）、约阿希姆·鲍尔（Joachim Bauer）、格拉德·胥特（Gerald Hüther）和马丁·诺瓦克

（Martin Nowak）等几位的真知灼见，[122] 共利经济旨在鼓励企业将传统的利润最大化原则转变为共同利益原则，同时将竞争原则转变为合作原则。

共利经济的哲学源头可追溯到亚里士多德的《尼各马可伦理学》（*Nicomachean Ethics*）：我们追求幸福，是为了得到幸福本身，而不是要用幸福来达到其他（如财富）的目的。共利经济的创始人费尔伯等，从改变支撑新自由主义经济思想的整体激励机制出发，指出未来实现共利应该突出的价值观。人们已经认识到，这些价值观来自一组支撑世界各地几乎所有民主宪法的价值观，[123] 它们包括：

- 人的尊严；
- 合作与团结；
- 生态可持续性；
- 社会公平正义；
- 民主参与与透明度。

费尔伯认为，如果人和生态有关的所有活动都能跟上发展，社会上就会重新定义"绩效"和"成功"。[124] 一种全新的关联式的经济将会崛起，这种新经济将完全不同于当前互相竞争和各自孤立的模式。[125]

实用的共利经济手册可从网站上下载，[26] 让企业和外部测评人员能达成或多或少一致的结果。目前，德国、西班牙和奥地利约有400家企业自愿接受评估和审计，所得的共利分值在200到800之间。

下一步，政府可以通过给予减税奖励、优惠贷款或优先采购

[26]   http://balance.ecogood.org/matrix-4-1-en/ecg-matrix-en.pdf/view. ——译注

权来鼓励得分高的企业。目前全球共利经济已经有 150 个地方分会,超过 3000 名志愿者。[126] 第一批市政府和地方议会已经宣布,有良好的资产负债表的企业会在公共采购方面获得优先权。尽管这些法律激励措施才刚开始为道德的商业战略提供经济回报,率先执行共利原则的企业已经感到,额外的收获还包括改善客户关系、巩固员工忠诚度和提高企业声誉。

在超过 100 家采用共利经济的企业中,我们只举一个例子,而且它来自现有经济体系里最不可能采纳这一模式的行业 —— 银行。这是奥地利福拉尔贝格州(Vorarlberg)的多恩比恩(Dornbirn)储蓄银行的案例。银行隶属于由约翰·巴普蒂斯特·韦伯(Johann Baptist Weber)神父在 1819 年创立的奥地利储蓄银行体系。[127] 其最初的目标是使更广泛的群众能够得到银行的服务。韦伯当时的想法,与最近获得诺贝尔奖的穆罕默德·尤努斯(Muhammad Yunus)没什么两样,他认为只要在每个地方都有以平民甚至穷人作为客户的储蓄银行,整个社会都将获益。

167

多恩比恩储蓄银行于 1867 年成立,它是为多恩比恩市(约有 5 万居民)服务的一家社区银行,于 2002 年转制成为股份有限公司。银行业务由公司负责,公司的股票则由多恩比恩市持有。该银行在福拉尔贝格州有 14 家分行,约 350 名员工,净资产 23 亿欧元(2015 年),产权比率[27]为 18.3%(2015 年),远高于许多大型的商业银行。

多恩比恩储蓄银行 2020 年的发展策略,是由员工参与共同制定的:秉持公开、信任、开放、果敢和可持续的价值观,在讨

[27] Equity Ratio,产权比率,指股份制企业的股东权益总额与企业资产总额的比率,是评估资金结构合理性的一个指标。——译注

论战略规划,以及落实"共利核算"的过程中,银行让员工做出了有约束力的承诺。评估共利战略时,用的是根据五个价值观和五个主要的参与组群形成的5×5的矩阵。

在 2013 年,银行的管理团队和大多数员工决定,共同制定他们 2014 年的第一份共利资产负债表,并于 2016 年制作第二份,他们还决定接受外部审计和认证。第一次审计提出的建议,银行都认真执行了。2016 年的审计,经核心团队确认,审计过程中的内部讨论引发了大量以共利为导向的行动。让银行自豪的是,在建立共利资产负债表的过程中,他们复活了奥地利储蓄银行的初心价值观。

另一项与共利经济价值观相关的活动是合乎道德的财务管理。在多恩比恩银行的投资组合中,逐步淘汰道德评级较差的资产,取而代之的是符合道德标准的资产。这一过程强化了银行对道德投资的选择,以及与银行日常业务之间的联系。也许最重要的是,共利的方向并未影响银行的底线。相反,恰恰因为对公共利益的追求,银行吸引了一些新的商业客户,其中包括一个有近 5 000 名成员的合作社,它甚至在多恩比恩银行存入了部分自有资金。

3.13   良性的投资

商科学校里教授的传统投资,就是如何使用资金购买金融产品、公司股份或其他保值品,例如房地产或艺术品。投资的目的只是为了赚钱,也就是利润最大化。[128] 追求现金利率成了我们这个社会的主流,适用于所有资产类别,成为投资成功与否的唯一评判标准。

一些国家为了解决负债困境，从几年前就开始采取量化宽松政策，他们允许央行印钞，增加了大量的货币流，希望借此振兴经济。然而，一方面，"货币烂在了保险箱"里；另一方面，某些科技公司的市值却飙升不断。个别初创科技企业在极短时间内市值超过 10 亿美元，成了"独角兽"企业；[129] 截至 2015 年底，146 家科技公司估值超过 2014 年估值的两倍；14 家私人企业，总估值超过 100 亿美元，可谓"十角兽"。其中有些早就远近闻名，如年收入约 2000 万美元的信息服务公司瓦次普（WhatsApp），于 2014 年被脸书（Facebook）以 190 亿美元的价格收购。这个价格，超过了冰岛当年的 GDP。[130]

3.13.1　从华尔街到慈善事业

与唯利是图的投资相对的是慈善事业。传统上，慈善事业是指通过机构和人民慷慨解囊筹得的资金，来平衡社会的不公平待遇和对环境的破坏。慈善捐款是美国文化的特征，根据"乐捐美国"[131]（Giving USA）的统计，2014 年慈善捐款总额高达 3 583.8 亿美元。其中最大的份额来自个人捐款（2 585.1 亿美元），其次是基金会捐赠（539.7 亿美元）、遗嘱执行（281.3 亿美元）和企业捐款（177.7 亿美元）。捐款的去向，大约三分之一与宗教有关，接下来的是教育、救济服务（流浪者之家、食品银行、家庭法律咨询等）、卫生、艺术和文化、环境和社会。这些款项主要用于解决国内需求，极少数会涉及全球性的问题和挑战。

2010 年，比尔·盖茨和沃伦·巴菲特提出了"乐捐誓言"（Giving Pledge），美国 40 多个最富有的家庭或个人响应号召，宣誓捐出自己一半的财产，用来解决当今人类面临的问题。[132] 这个倡议值得尊敬，也非常有必要。然而，如果对法律和管理不做重大的结构性调整，目前这种使世界变得更美好的慈善奉献的意愿，最终必定敌不过对投资利润的追求。[133] 其主要原因是，慈善机构获得的捐款，每年只能有大约5%用于与慈善使命相关的项目。95%的资产，通常由一个独立法人，多半是信托公司来管理。除非创始人另有授意，否则信托公司都要保证资产至少保值甚至增值。信托公司的表现是以财务成果，而不是以达成慈善使命的多少来衡量。显然，慈善资本中最大的一部分事实上变成了普通资本，结果自然与慈善的使命背道而驰。

比尔及梅琳达·盖茨基金会就是这样一个例子，他们是继沃伦·巴菲特之后美国的第二大慈善家。夫妇两人很有热情，也真正地关心对世界的影响，他们甚至承诺在他们去世后50年将其资源全部用于慈善事业。尽管如此，盖茨基金会的慈善使命与其基金会信托投资要求回报最大化的表现并不一致，因而受到广泛批评。根据皮乐[134]（Piller）等人的说法，2007年盖茨基金会的投资加重了人类负担：它投资的制药公司，药物的售价远超出了艾滋病患者所能承担的；基金会持有重污染企业的主要股份；此外，他们还购买了50万股（约合2 310万美元）孟山都公司[135]的股份，该公司以不顾小农户利益、环境保护记录不佳而闻名。当然，其他的慈善基金会还有更多这样的例子。

极少金融产品包含长期可持续的特征，因为这些特征目前都被归于"外部效应"，与产品的市场价值无关。本书1.1.2引用了列塔尔等人的文章，指出98%的国际金融交易本质上是投机性的，因为其中既不涉及支付商品和服务，又符合短时间的投机活动特性。我们已经证明，只关注眼前利益的投机行为对人类共同的未来具有破坏性。

3.13.2 进行中的结构改变

为了扫清未来实现可持续金融的障碍，联合国责任投资原则（United Nations Principles of Responsible Investing, 简称 PRI）委员会总结了必须要转型的关键领域[136]：短期行为、对环境和社会标准的忽视、缺乏透明度和未考虑相关的外部效应。

170

要想在全球落实这些倡议，毋庸置疑是一项艰巨的任务。许多问题甚至无解。然而，投资行业正在发生前所未有的转变，相当数量的投资人已经转向整体的可持续组合，以下是其中较突出的例子。当然，部分动机是为了在近年来金融危机之后重拾公众对金融行业的信任。

例如，2012 年的"里约 +20"地球峰会上，与会方签署了745 个承诺自愿执行的协议，其中 200 个来自商业和金融圈。所要执行的承诺之一是"自然资本宣言"（Natural Capital Declaration, 简称 NCD）。[137] 这项在 2012 年由联合国环境署金融计划和全球林冠计划（Global Canopy Programme）峰会期间提出的金融行业倡议，得到了 42 家银行、投资基金、保险公司的 CEO 们的背书。其目的是重申自然资本（如土壤、空气、水、植物和动物）的重要性，以及将自然资本，与所有的投资考虑和决策、产品和服务（贷款、股东权益、固定收入与保险产品），以及签署方的供应链整合起来。

此外，由于人们通常把自然资本当作免费商品，签署者要求各国政府迅速采取行动，"制定清晰的、可靠的、长期的政策框架，以支持和激励包括金融机构在内的各种组织，为其所使用的自然资本估价并报告使用情况，从而尽可能地内化环境成本"。根据托马斯·皮凯蒂的观点，在自然资本上欠的债，是人类公共债务中最大的一笔。[138] GDP 漠视这种危险，大多数经济部门的债务表里对此也只字不提（图1.11）。GDP没有以任何方式整合自然资本是一个事实，这也是为什么欧盟委员会倡议必须要超越GDP，并着手矫正衡量进步的标准（见3.14）。

私营企业和投资人也开始承认，所谓的长期收益，取决于对"进步"的定义。全球价值金融投资联盟（Global Alliance for Banking on Values，简称GABV）是一个独立的团体，集合了30家世界领先的、以价值为导向且可持续的金融机构，采纳了可持续银行原则，对人类、地球和繁荣做出了三重收益的承诺。[139] 在2014年的实体经济报告中，GABV评价了2003年以后10年间的银行表现，用数据破除了人们对可持续、弹性和照顾社会将导致银行回报率降低的担忧；事实上，与传统银行相比，可持续银行原则下的贷款和存款的增长水平更高。[140]

3.13.3 影响力投资

加拿大的温哥华城市信贷储蓄联盟（VanCity Credit Union）在1985年向会员征询关于可持续投资的看法时，萌生了新的理念，由此产生了第一个将价值观组合融入投资目标的道德基金。这项基金在评级标准中，增加了道德、社会和生态的要求，这也标志着从以利润为导向的传统投资向影响力投资的转变，衡量成功的指标中包括了人类、地球和繁荣三方面。"影响力投资"（Imapct Investing）的概念自此诞生，尽管这个名称一直要到2007年洛克菲勒基金会召集的贝拉吉奥（Bellagio）峰会上，才被正式提出。[141]

确保影响力投资在所有资产类别中被迅速采纳和发展的一个重要方面，是投资人对衡量并报告（对人类、地球和繁荣的）影响的承诺，同时也要确保透明度和问责制。图3.15表示出介

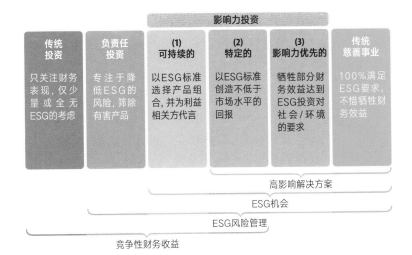

图3.15 传统投资、负责任的投资、影响力投资和慈善事业的定位。来源：Lisa Brandstetter and Othmar M. Lehner, "Opening the Market for Impact Investments: The Need for Adapted Portfolio Tools," *Entrepreneurship Research Journal* 5, no. 2 (2015): 87–107, Figure 4；改绘自 Susannah Nicklin, "The Power of Advice in the UK Sustainable and Impact Investment Market," Bridges Ventures, 2012

乎于传统投资和慈善事业之间的影响力投资，包含了对投资要求、相关互动和风险回报的考虑。与影响力投资相仿，但名称不同的还有可持续投资、社会责任投资（SRI）、可持续与负责任的投资、项目相关投资（PRI）和使命相关投资（MRI），不一而足。

　　由于思想较为先进，并且不受监管束缚，影响力投资比较受个人投资和家族企业的欢迎。当然，投资机构也接受并促进了它的成功。然而，除非是全私营企业，否则大多数市场参与者都受到信托责任法定要求的约束，[142] 必须提供相当于市场利率的财务回报。因此，影响力投资的财务绩效仍然是获得广泛采纳的决定性因素。好消息是，2014 年全球采用环境、社会和治理

（Environment, Society and Governance, 简称 ESG）要求作为
投资标准的项目总额达到了21.4万亿美元。[143]

3.13.4 从理想到主流

172 　　　这个行业要想大幅增长,它必须通过提供更好的降低风险
的工具,更容易衡量的标准,以及高度的整合,成为主流。这样
做,将邀请目前管理着超过 20 万亿美元的全球性的大型投资机
构参与其中。[144] 得到这类投资团体的认可,还有助于获得其他
金融机构、中介机构和政策制定者的支持。

　　　经济圈的所有参与者,包括政府、中介机构,以及逐渐转变
的投资者和企业,似乎都正朝着正确的方向前进。2013 年 6 月
在 G8/G20扩大峰会上,由当时的英国首相戴维·卡梅伦（David
Cameron）发起,罗纳德·科恩爵士（Sir Ronald Cohen）主持
成立了社会及环境影响力投资专案组（后被"全球社会影响力投
资指导组"[Global Social Impact Investment Steering Group,
简称 GSG] 取代）。GSG 有潜力带领投资人转向对建设更好的社

173 会进行投资。[145] 该举措已经对全球政府推动的行动和法规产生
了重大影响。

　　　2015 年 10 月,时任美国劳工部长的托马斯·佩雷斯
（Thomas Perez）解除了限制养老基金参与影响力投资的禁令,
这等于给了影响力投资打了一剂强心针。[146] 慈善法规方面也取
得了进展。自2015 年 9 月18日起,美国国税局发布了新规定,[147]
允许基金会投资与其宗旨一致的使命驱动型企业,而不必担心
因财务回报较低而受到处罚。不过,最近英国和美国经过选举
产生的政策变化,引起了影响力投资界的担忧。

3.13.5 绿色债券、众筹和金融科技

可持续投资的话题不仅限于金融机构和专业投资人之间。另一个想法是发行旨在促进低碳转型的绿色债券。这些债券是金融工具，资助绿色项目产生改善环境的效益。每年绿色债券的发行总额，从 2011 年的 30 亿美元增长到 2016 年的 950 亿美元。[148] 2016 年苹果公司发行了 15 亿美元的绿色债券，用于资助对可再生能源、提高能效和生态友好型材料的使用，这使得苹果成为第一家发行绿色债券的大型科技公司。2016 年，墨西哥城成为第一个成功发行市政绿色债券的拉美城市，该市筹集了 5 000 万美元用于节能照明、交通现代化和给排水基础建设。2017 年法国政府宣布发行至今最大的政府绿色债券，总额 70 亿欧元，用于能源转型。

经合组织 2017 年的报告显示，到 2035 年，绿色债券的年度发行额可达 4.7 万亿～5.6 万亿美元的规模，其中欧盟、美国、中国和日本在三个关键行业（可再生能源、能效、低碳交通工具）上的年支出将达到 6 200 亿～7 200 亿美元。

这些基本都还属于传统的投资。有时局外人反而有解决紧迫问题的好答案，然而，他们却很难获得资金去实现想法。

时下流行的、令人鼓舞的解决方法是"众筹"。这一做法最早出现于 20 世纪 90 年代末，开始时的目的只是为举办音乐会和制作电影等筹款，而后逐渐发展成了为个人和组织提供资金的新机会。

以下是一个关于环境的案例，可以说明众筹的投资方式是如何造福地球的。

在加利福尼亚海岸沿线，塑料的重量大约是浮游动物的六倍多。[149] 大量的塑料废料最后都流进了海洋。数以百万吨计的

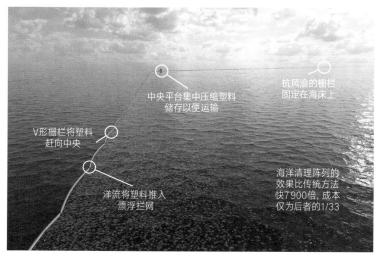

图 3.16   博扬·斯拉特的"海洋清理"项目。图片来源: Erwin Zwart, The Ocean Cleanup, http://www.theoceancleanup.com

塑料垃圾堆积主要集中在全世界海洋的五大环流圈中。世界各地的人们都开始抱怨, 但没有解决办法。一个 18 岁的荷兰年轻人博扬·斯拉特(Boyan Slat)构想了一套由洋流驱动的装置, 用来集中并收集塑料残余物。图 3.16 显示的是该装置的工作原理。为了检验构想的可行性, 斯拉特通过众筹获得了超过 220 万美元的赞助资金。他将方案公诸于世, 接受公开讨论和挑战, 并不断改进技术细节, 在更大的尺度上进行测试。目前, 第一个功能原型机正在日本东部的对马海峡进行施工安装。

金融资本与技术相结合的另一种方法叫金融科技(Fintech), 就是中国惯称的"互联网 + 金融"。其目的是使金融的服务更高效、更可靠, 这也会引发激进和颠覆性的创新。金融科技的快速进步降低了行业准入的门槛，虽然业内原来已有风险管理的经验，也仍然新增了很多新手。随着分布式理念发展而来的"去中心化区块链技术"[28]，无疑对传统金融行业产生了直接威胁。风险投资对金融科技的初创企业，以及试验新技术（如区块链或以太坊[29]）的兴趣，意味着科技革命已经开始。在2016年初，"R3 CEV区块链财团"宣布采用以太坊和微软云计算（Azure）的区块链服务，在11个成员银行开始进行第一次分布式账本实验。[150]

　　区块链的基本原理是，在去中心化（分布式）和信息分享的同时，不丢失先前已经完成的（商业）约定，消除可能存在的信息不对称，以此建立信任。由于每个区块都会对获得的前置区块确认加密加锁，所以没有被更改的机会。因此而形成的信任链，大大降低了遭篡改的风险。应用区块链技术所提供的公开而对称的信任链，将会对银行界产生彻底而有利的变革。

3.14　要衡量的是幸福感而不是GDP

　　许多报告都提到了将GDP增长作为社会发展的主要目标的缺点。问题是多方面的。提高GDP非但不能保证社会和生态的进步，甚至还会适得其反。此外，在日益数字化的经济中，GDP的增长不再代表就业岗位的增加。

3.14.1　对替代指标的研究

　　近年来，有许多研究着手建立GDP的替代指标，这些工作

[28]　Blockchain，区块链，是一种2008年兴起，基于比特币帐本开发的技术。——译注
[29]　Ethereum，以太坊，是以有智能合约功能的区块链作为平台的去中心化的加密货币系统。——译注

176

试图把与经济、环境和社会有关的指标整合到同一个框架里，来显示净进步（或退化）。一些研究人员提出了GDP的替代方案，这些方案可以对不同的组成部分和指标进行一次或多次调整。另一些人注意到单一指标的危险性，而建议采用包含多个指标的"仪表板"组合。伊达·库毕兹夫斯基 [151]（Ida Kubiszewski）列出了其中的多个提议，包括真实发展指标、生态足迹、生物容量、基尼系数和生活满意度。

各种各样的备选方案可分为三大类：

- 改变经济表达方式，经济要能够体现公平性、环境和市场的成本和效益；
- 基于调研的结果，采取"主观"指标；
- 使用一些"客观"指标。

真实发展指标（Genuine Progress Indicator, 简称 GPI）属于第一类，是 1989 年提出的可持续经济福利指数（Index of Sustainable Economic Welfare, 简称 ISEW）的一个版本。GPI 从个人消费支出（GDP 的主要组成部分）开始，调整 25 个不同的要素，其中包括收入分配、休闲时间的损失、家庭破裂的费用、失业，以及各种其他负面结果，比如犯罪和污染；自然资源的消耗；GDP 增长带来的众多环境成本，如湿地、农田、森林和臭氧的损失，以及气候变化等长期损害。[152]

GPI 还增加了 GDP 未涵盖的正面要素，例如志愿服务和家务劳动。通过区分减少或增加社会福利的活动，GPI 能更贴切地描述可持续的经济福利，这和 GDP 不一样。然而，GPI 并不是社会可持续发展程度的指标，只有和生态容量及其他一些指标一起考虑时，才能用来衡量经济上是否带来更多幸福。系统是否

真实发展指标（GPI）

个人消费支出
收入分配
根据收入不平等调整后的个人消费

加分项
对家庭资本的服务
高速公路和街道的服务
家务劳动的价值
志愿工作的价值

减分项
耐用消费品的成本
空闲时间的损失
通勤的损失
交通事故的损失
犯罪的成本
家庭破裂的成本
失业的成本
减少家庭污染的成本
水污染的成本
空气污染的成本
噪音污染的成本
湿地的损失
农田的损失
不可再生资源的破坏
长期环境破坏
臭氧层破坏
森林的损失

净资本投资
仅外资和借贷

■ 实体资本
■ 人力资本
■ 社会资本
■ 自然资本

图 3.17　真实发展指标（GPI）。图片来源：
Kubiszewski et al.,　"Beyond GDP."
（尾注 151）

可持续，最终还是要看事实，因此，GPI 不是直接衡量可持续程度的指标，而只能作为可能的预示。

如果使用相同的输入／输出式的方法来计算 GDP，那么整个过程都必须得到调整。GDP 也需要和 GPI 一样，区分哪些经济活动提升了人类福祉，而哪些又降低了人类福祉（图 3.17）。另一个重要的变化，是把原本不属于市场，但对福祉有影响的货物或服务纳入考量。过去几年中，包括联合国和世界银行在内的各种集团，一直致力于将生态服务纳入国家经济表现考量范围。为了整合自然提供的各种服务，他们对输入／输出式的模型进行了修改。

如果将全球 20 个国家过去几十年的表现根据 ISEW 或 GPI 计算的结果呈现出来，那么就能发现，在许多国家，GDP 的增长超过某一个点后，就与经济福利的提高无关了。许多国家都存在类似的情况：当国家还处在发展阶段时，GPI 紧跟着 GDP 增长，但之后两者就分道扬镳了。美国的这种情况发生在 20 世纪 70 年代中期，中国则是在 20 世纪 90 年代中期。

177

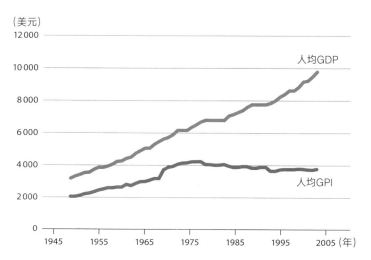

图3.18　全球人均 GPI 及 GDP。人均 GPI 的估算数据,来自生产总值占世界60%的17个国家,并通过与全球人均 GDP 数据的比照,调整因覆盖不完整而导致的差异。所有估值以2005年的美元计。图片来源:Kubiszewski et al., "Beyond GDP."（尾注151）

GDP 继续增长,然而 GPI 却停滞不前。

　　最近,人们在计算全球 GPI 时使用了从 17 个国家得到的 GPI 和 ISEW 数据,覆盖了全球约53%的人口和约59%的 GDP。全球人均 GPI 已经在 1978 年达到了顶峰（图 3.18）。[153] 有趣的是,1978 年也是人类生态足迹超过地球生态容量的那一年。其他的全球性指标,比如人们对生活的满意度,也从那时起不再提高。事实上,一个显著且在全球范围内都惊人一致的趋势表明,随着收入的增加,人的幸福感会下降,伴随而来的是酗酒率、自杀率、抑郁症患病率、犯罪率、离婚率上升,健康状况下降,其他社会问题也不断加重。

　　GPI 的重要功能之一是在这个节骨眼上亮起红灯。由于 GPI 由多个效益和成本要素构成,也可以用来比较幸福度的相对提高或降低。其他的指标可以就某些具体方面提出更好的指导。例如，基于问卷调查的生活满意度指数，是更好的衡量主观幸福感的指标。通过观察个人利益和成本要素的变化，GPI 揭示了哪些因素会导致经济福利提升或降低，虽然它本身并不总是能够指出这种变化背后的驱动力是什么。

最近，美国马里兰州和佛蒙特州的州政府决定采用 GPI 作为官方指标。此外，许多国家和地区也开放了越来越多的数据用于估算 GPI，例如：能更准确估计自然资本变化的遥感观测数据，对个人的时间利用和生活满意度的调查数据，等等。衡量不平等的方法一直在不断更新，人们得以汇集更多、更详细的数据，包括犯罪成本、家庭破裂、就业率低下，以及其他可能属于GPI 未来要素的成本分析数据。估算 GPI 的成本不是特别高，数据的限制也已被克服，而且在大多数国家这个指标是相对容易估算的。

3.14.2 GDP 和 GPI 的差距加大

20 世纪 30 年代，美国开始使用 GDP 这一指标。第二次世界大战后，世界急需修复基础设施和金融系统，GDP 于此时得到了迅速普及。在空旷世界里，人们认为自然资源是丰富的，是否能充分获得基础设施和消费品，成了提高人类福祉的主要因素。在那个时期，忽视自然资源，而采用专注于市场商品和服务的生产和消费的指标，那样的做法无可厚非。

然而，由于经济上的成功，世界在过去的几十年里发生了巨大的变化，我们如今生活在一个充满基础设施和大量消费品的拥挤世界。事实上，生态足迹已经变得如此之大，以致在许多情况下，获取自然资源的困难成了人类进步的真正限制因素。

GPI 还不是衡量人类福祉完美的指标，因为它强调经济福利，而忽略了福祉的其他重要方面。然而，这已经比完全不计福祉的 GDP 好得多。社会的福祉或福利，最终取决于自然、人力、建设和社会资本的存量。GPI 能通过对 GDP 做加法或者减法，来反映经济活动对这些存量的影响。因此，GPI 是比 GDP 更优秀的经济福利指标。从 1978 年后，GPI 和 GDP 之间的脱节，实实在在地表明了我们的幸福水平自那时以来不断下降的事实；同时，它还指出了必须以及可能改进的重点社会领域。

3.14.3 混合指标

以上提到的方法都各有优缺点。能否集中优点，减少缺点，构建一个混合指标？正如科斯坦扎[154]（Costanza）等人总结道："取代 GDP 的应该是整合了目前关于生态学、经济学、心理学和社会学等知识，能够建立并衡量可持续福祉的一套新的衡量标准。新的衡量标准需要得到利益相关者的广泛支持。"

从这个考虑出发，于是乎，一个可能的混合指标——可持续幸福指数（Sustainable Wellbeing Index, 简称 SWI）——应运而生，它由三个基本部分构成，分别涵盖了经济、自然和社会三方面对可持续的福祉的影响。[155]

净经济贡献：GPI 可以用来衡量经济（生产和消费）因素对福祉的净贡献。在收入扣除个人消费后，加上 GDP 不计算的、积极的经济元素，再减去一连串不应被视为收益的成本。虽然 GPI 中包含了一些自然和社会资本的成本，但还缺少其他（例如由于经济增长造成的社区凝聚力丧失和社会混乱）的成本。相对地，我们需要一种方式来衡量自然和社会资本对福祉的积极作用。同时，目前的 GPI 还需要根据每个可持续发展目标各自特定的目的、指标和措施,来补充预计实现可持续发展目标的额外成本。

自然资本 / 生态系统服务的贡献:自然资本和它所提供的生态系统服务的贡献,要根据国家(或者所属的州和地区)来估算,并可以用不同的币值表现。[156] 世界银行的"财富核算与生态系统服务价值评估"[157](Wealth Accounting and Valuation of Ecosystem Services, 简称 WAVES)项目正积极地以此为目标采取行动。同样以此为目标的,还包括新的"政府间生物多样性和生态系统服务科学政策平台"(IPBES)、"生态系统和生物多样性经济小组"(TEEB)和"生态系统服务伙伴关系网"(ESP)等其他行动组织。[158]

社会资本 / 社区贡献:通过对生活满意度各要素的问卷调查,可以得知社会资本对福祉的积极贡献。例如,"世界价值观调查"(WVS)和区域民意调查,如"欧洲民意调查"(Eurobarometer)、"非洲民意调查"(Afrobarometer)等,它们询问人们关于信任以及社会资本其他方面的问题。然而,我们可能需要再添加一些额外的问题,以判断在个人生活满意度之外,社区和社会资本的价值。

181

3.14.4 小结

在 GDP 刚开始得到应用的时候,它确实是最有效的改善世界的指路标:提振经济,创造就业,提高收入,是保证舒适生活的基本条件,这些都是为了减少社会矛盾,避免爆发第三次世界大战。而现在,经济的长期繁荣已经让这个世界变得拥挤,完全不同于 1945 年战后百废待兴的空旷世界。即便如此,在建立大家都认可、更能代表幸福的指标之前,我们必须了解,GDP 依旧是税收和就业的一个很好的衡量指标，而这两者又是务实的政治家最具说服力的指标。

3.15   公民社会、社会资本和集体领导

本书的第一部分（见1.10）概述了联合国《2030议程》及17个可持续发展目标（SDGs）。在现实世界中，由于政治和经济的纠缠关联，人们都会优先考虑经济和社会的目标，因而忽略了气候、海洋和生物多样性的稳定发展（SDG 13~15）。为了改变这种扭曲的状态，《2030议程》将各目标联系成为一个整体。然而，谁来落实这一议程？对于发展中国家的政府而言，自然优先考虑与发展有关的议题，他们不会根据发达国家给出的警告来做改变。这就是世界经济的现状。

就可持续的大转型来说，政府和企业或许都有各自的经济利益方面的考虑，能够发挥重要作用的应该是公民社会。然而，公民社会不是单一的组织，而且大多力量微薄。要想发挥公民社会的优势，就需要以社会目标激励群众，并且通过各行各业各部门的协作才能获得成功。玛丽·卡尔多[159]（Mary Kaldor）将公民社会定义为"人们在彼此之间，以及与政治和经济权威中心，进行协商、辩论、争取，达到彼此认同的过程"。回顾历史后，她提出，即使公民社会的角色和意义随时间的推进而有所改变，也都毫无意外地需要强烈的社会和政治的动机。20世纪六七十年代的环保运动，也是由社会目的驱动的，因为人们再也无法忍受有毒的空气和肮脏的水。[160]

不过，可持续思维并不属于公民社会里的典型动机。而且，要注意的是，公民运动的结果不一定都是人们所期望的那样。

在"阿拉伯之春"爆发后的第一年，全世界都在庆贺这一地区终于脱离了原本专制和僵化的政治局面。但是，等热情过后，暴力的极端组织团体（"伊斯兰国"）或新的独裁政权掌权，从而导致内战频发，近东反倒成了世界的头号问题地区。

人们还必须认识到，包括激进右翼在内的民粹主义分子，已经篡夺了公民社会的沟通媒介。社交媒体上充满了表达愤怒的用语，并且成为"另类事实"（谎言）的最佳传播工具。[161]

这就急迫地需要一个制衡的力量，卡尔多称之为在公开和没有敌意的谈话中进行的"政治谈判"。这样的对话需要的是理性和敏感度，而不能被双方互相冲突的利益和情绪所主导。根据弗朗西斯·福山的说法，当抽象的所谓概念上的"关系"，被两人或多人之间实际、协作和交流的关系所取代时，积累社会资本才会有基础。[162]人们通过这种社会资本，进一步扩大信任和网络，形成公民社会。正是对不确定性的开放胸襟，以及寻找共识、协作的能力，为大规模的系统改革提供了可能性。

3.15.1　公众对话：公民集会的概念

为了让公众参与公开的辩论而建立起"气氛良好的"对话，是将公民重新纳入公共事务决议过程的第一步。这是非常关键的一步。现代民主国家已经发展成为精英体系，这激起了被排除在精英阶层之外的一般大众的强烈反感。英国脱欧和特朗普当选是两个最突出的例子。另外，人极易犯的错误是，把公开辩论的必要性与直接投票选择的需求混为一谈。没有充分的讨论，在公众并不充分知情的情况下就进行公投（或以同样的方式进行选举），这样的做法既与社会的福祉无关，又对支持公共利益的一方无益。因此，必须进行真正的公众对话，让人们感受到

"事关自身"和"足以代表"，其中，尤其重要的是知情。一个令人印象深刻的例子是 2012 年开始的爱尔兰公民大会。人们经过随机挑选，参与话题的讨论，然后向议会提交有依据的决策建议。

政治家们从人们的需求和欲望、恐惧和愿望中获取信息。但反过来看，人们也不能被排除在这个过程之外，不能突然被扔进一个不熟悉的领域，被迫对此前根本没有机会思考的事情进行投票。参与者可以在公民大会，在学习、讨论和交换意见的过程中形成自己的观点。爱尔兰的例子与美国的内德·克罗斯比（Ned Crosby）的公民陪审团，以及德国的彼得·迪内尔（Peter Dienel）的规划隔间[163]（Planungszelle）类似，这两个概念都兴起于 20 世纪 70 年代。这类模式以抽签决定由何人参与讨论，更接近于民主起源地古希腊：人民的代表是抽签决定，而不是投票选出的。然而，这个史实如今已被遗忘。以多数票选举得出的人民代表，本身就有了精英主义的倾向。因而，政治舞台逐渐变得与社会脱节。今天的民主方法，例如公民投票，很容易被民粹主义运动利用，假装承诺那种快速的、不经讨论的公投是"还权于民"。

3.15.2 建立社会资本：利益相关的多方协作

充分知情的公开辩论或许能为活跃的公民社会提供良好的信息基础，但并不足以处理当今世界所面临的复杂问题。

当谈到要将目前功能失调的世界改造成为运作正常的世界时，无论是公民社会，还是政治制度、商业制度，都无法单独提供完整的解决方案。[164] 相反，每个参与者都必须贡献自己那份独有而重要的知识。公民社会、政府和企业，各有各的组织文化和领导哲学。对这三个阵营来说，承认彼此的独立运作机制非常重要；同时，对他们各自熟悉的领域之外的事务，三者也要避免相互质疑。正是通过这三个相互关联的系统之间的合作，才能创造出新形式的社会资本。利益相关的多方协作，开辟了一条创新合作、相互支持的学习道路。

利益相关的多方协作有以下的特征：

- 多个参与者，相互间往往存在利益冲突，需要在共同改进的方法上达成一致；
- 合作的成效取决于能否让那些通常不会在一起工作的参与者汇聚到一条共同的路径上来；
- 多维的问题往往需要复杂的、多方向的，甚至随机应变的解决方案，因为市场或政治的影响是无法预见的。[165]

184　　　利益相关的多方协作，既复杂，又目的清晰——为了改变社会。这样的协作有潜力改变或是重新排布现有机构，并克服组织机构的局限性。在此背景下，领导力是一个共创的过程，通常由一小部分非常投入的带头人开始，旨在实现深刻的共同转变。

如果没有足够的利益相关者同意投入行动，即使是最伟大的变革愿景也会徒劳无功。因此，有效的多方合作需要各方充分的参与，无论参与者的能力是强还是稍弱，是有影响力还是被人影响。有意识地协作——建立由利益相关多方组成的临时或长期的系统——类似于创造新的生命。以人和环境为本的未来需要我们构建许多这样复杂的协作。

3.15.3 集体领导的例子：4C

佩特拉·金克尔[166]（Petra Kuenkel）提出咖啡社区的共同准则（Common Code for the Coffee Community, 简称4C）作

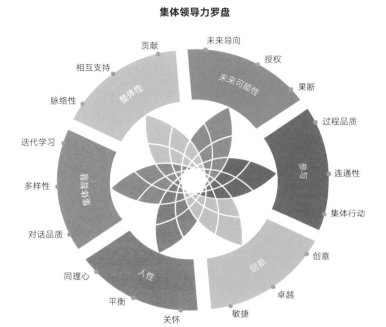

图3.19 在利益相关的多方协作时使用的**集体领导力罗盘**，用于开发咖啡社区的共同准则。图片来源：©
Petra Künkel, www.collectiveleadership.com

为利益相关的多方协作和"集体领导"的例子。她还为过程规划
制作了领导力罗盘（图3.19）作为过程策划的导航工具。

    4C 协会是由三个利益相关方——咖啡贸易商、咖啡生产商，
以及国际公民社会组织三者组成的跨行业伙伴关系发展而来
的。4C 协会是一个特别好的例子，它结合了全球的相关组织，旨
在改善那些靠咖啡谋生的人们的社会、环境和经济条件。协会
最重要的改善措施是应用了一套行为准则、农民支持机制，以及
核查系统。

与许多其他利益相关的多方倡议一样，4C 也经历了四个不同的阶段。[167] 尽管在整个过程中要保持集体领导力罗盘的六个维度的相对平衡，每个阶段还是有不同的焦点。

第一阶段（准备）是在对话中塑造理念，理解背景，并发起多利益相关方的倡议。在 4C 倡议中，重点是建立信任关系，审视现有的和未来可能的合作。使用罗盘进行规划和过程管理，帮助各方参与者围绕最初的想法保持对话，以影响咖啡主流市场向更可持续的方向发展。因为人们就类似的话题多次会面，针对咖啡和可持续进行合作，已慢慢对主流标准形成共识。尽管该倡议不容易得到"简单的"答复，却依旧在亚洲、非洲和拉丁美洲得到许多国家的支持。人们意识到，确实有机会对咖啡生产的不平衡现状进行结构性的调整。

第二阶段（构建协作系统）是为了重塑目标、明确资源、创建行动框架，并就行动计划达成一致。一旦开始行动，大部分的各方代表都感觉到他们是整个组合的一部分。选择参与这个团队的基础是在"感兴趣的人"和"正式代表"之间找到正确的平衡。前者能启动过程，后者则对过程的合法性有决定权。得到的结果是达成一致的执行计划和未来的财务预算，以及各方的角色配置。

第三阶段（实施）的重点在于完善准则。这需要定期地加强会议对各方代表的影响，即使彼此之间依然有冲突，但相互影响更重要。相互间缺乏信任的问题不会完全消失，但各方都已学会保持协作，朝着有切实结果的方向前进。

两年后，这个准则已经得到发展，并且行动进入**第四阶段（下一步协作）**。2006 年，各方代表一致同意，成立一个非营利的会员组织 4C 协会，作为未来主持行动的正式组织。该协会致力

于在咖啡行业中实现可持续发展，成员涵盖整个咖啡供应链，从
小型咖啡农场到大型烘焙企业。

3.16 全球治理
3.16.1 联合国体系和未来：入门篇

罗马俱乐部大部分的工作都与全球性的问题有关。本书第
三部分提出的许多想法直接或间接地需要在全球层面上的协调
或治理。

本书 2.9 中提到，各国在空旷世界所制定的治国哲学，在拥
挤世界里，必须得到修正，尤其需要加入全球治理的法律工具。
这并非标新立异。1945 年联合国成立时，每个人都意识到，要想
免于重蹈世界大战的覆辙，全世界人民必须站在一起，建立一个
跨国的、全球性的、在某些情况下有高于民族国家权力的机构。
本书无意点评联合国所发挥的功能好坏与否。但我们坚信，尽
管联合国存在种种缺点，但它的存在是必要的，是幸事。

目前，需要大家努力去做的，是整合各种想法和制度，支持
全球协调落实 17 个可持续发展目标的政策。为了实现这一目
标，既需要联合国体制下的努力，也需要超越联合国的新的全球
治理。

有两种不同的全球治理和国际合作的方法值得一提：一种
是来自雅各布·冯·于克斯屈尔（Jakob von Uexküll）创立的
"世界未来委员会"（World Future Council，简称 WFC）。另一
种则来自提倡思想大转型的保罗·拉斯金。

WFC 已经开始多年的全球政策行动计划[168]（Global Policy
Action Plan，简称 GPACT），其核心是正义。他们构想的"未来
正义世界路线图"基于七个原则：和平、可持续、正义、供给、

参与、安全，以及经济、社会和环境的南北平衡。关于 GPACT，WFC 的宣传册总结了世界各地的许多优秀政策，比如匈牙利为基本权利设有督察机构，巴西贝洛奥里藏特（Belo Horizonte）的粮食保障计划，还有英国埃克塞特大学（Exeter University）的"行星 MBA 课程"（One Planet MBA）。此外，GPACT 还明显针对各国的立法者，确立了关于未来正义的立法原则。

致力于可持续的全球治理的人们和协会应该帮助更多公众理解并接受 GPACT 的哲学。一旦这些行动有了足够的影响力，针对可持续发展的全球治理问题的讨论就会蓬勃发展。

和拉斯金一样大胆的想法在本书"第一部分到第二部分的间奏"里已经提出。拉斯金在《地球国之旅》里写道："20 世纪固化的僵尸意识形态，诸如疆域沙文主义、任性的消费主义，以及无止境的增长幻觉，妨害了我们应对 21 世纪的挑战。"[169] 拉斯金还描述了三条主要的路径：保守主义、蛮荒化，以及大转型。每一条都各有两个进一步的选择，如图 3.20 所示。

显然大转型应该获得更多的支持。拉斯金在他的这本小书里勾勒出了市场主宰的情况将会带来的糟糕趋势——最后导致"蛮荒化"，或者至少是非常令人不快的情况。他继续将这些负面趋势与大转型的选项进行了比较，并确定了九个参数：人口、世界生产总值（GWP）、工作时间、贫困、能源、气候、食物、聚居地和淡水提取。到 2100 年，就可持续和幸福方面而言，市场驱动的世界与大转型中的世界相比，所有九个方面的表现都要糟糕得多。

这会引发一个广泛的认识：单纯依靠市场经济机制和心有余而力不足的政治家们的"改革"，已经不再奏效。相形之下，大转型可以在全球层面形成一个世界、多个地方的状态，以及

未来的分类

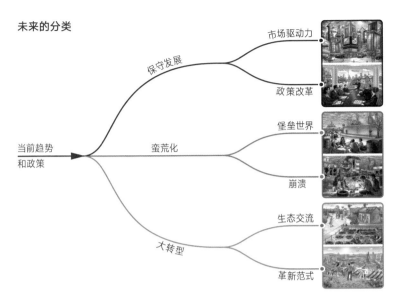

图3.20   保罗·拉斯金的"未来的分类"，显示了通往未来的不同路径：其中两条令人向往，两条令人生厌但也尚能容忍，另外两条非常可怕。图片来源：Paul Raskin, www.tellus.org/integrated-scenarios/taxonomy-of-the-future

"有保留的多元主义的治理原则"。[170] 在这个原则下，浪费性消费应该会减少，人口密度会下降，国际贸易和经济的流动会趋于稳定，而教育、休闲时间、精神层次和社会正义等方面会越来越好。

目前，"地球国之旅"仍只是个梦想，但是，只要我们对比一下荒蛮化的未来，就会发现，这样的梦想确有必要。

3.16.2 特定任务

多数情况下，全球治理以特定任务的形式实施。在联合国体系中，包含了以维持和平为目的的地方军事干预行动，世贸组织设定贸易规则，联合国开发计划署和世界银行的贷款和援助项目，或者是由世界卫生组织协调的阻击传染病疫情扩大的活动等。所有这些行动都得到了各个国家、公民社会和企业界的广泛支持。

　　但正如前文所概述，今天还有新的挑战。我们讨论了联合国《2030 议程》的 17 个可持续发展目标（1.10），全球变暖及其补救措施（1.5 和 3.7）。在本书 1.6.1 中提到的"技术通配符"，特别是合成生物、地球工程和人工智能，都有可能超越人类的能力而导致失控。建立一个全球性的技术评估机构或网络似乎不可避免。这与"创新社群"中的时髦理念不同，它的目的不是官僚化、制度化，也不是为了阻止技术进步，而是提供一些早期的预警和调整开发方向的建议。对金融界来说，这意味着避免错误的资本配置和一意孤行的资本蒸发。

　　本书 3.12 中已经提到过的另一项任务是设计和落实机制，来重新平衡公共利益和私人利益。在 20 世纪八九十年代，市场摆脱了各种法律限制，具有了真正全球性的地位，而法律却仍停留在国家层面。这种巨大的不平衡，会对市场越来越有利，而对法律越来越不利。

　　"市场"有两个完全不同的意思。作为商品和服务的市场，它的成功由质量和价格决定，其核心机制通常是良性的，而这常常会让质量稳步增长而价格越来越亲民。这种市场可以是全球性的，除了一些早期需要政策扶植的"新兴产业"，或者是对环境的影响需要严格约束的流程。

　　另一种市场，是金融市场。它们不但越来越强大，而且投机性也越来越强。列塔尔等人（见本书 1.1.2）估计，国际之间交换的每 100 美元中就有 98 美元用于投机性极高的交易，只有 2 美

189

元用于商品和服务。金融市场的主宰地位,迫使各国的立法者们制定规则,允许或支持最高的投资回报率。直接来说,这就意味着减少金融企业的税负,放宽法规限制,将基础设施、土地、能源、水和其他资源的价格压低,甚至补贴投资者的投资行为。难怪这种全球趋势往往会损害公共资产,如自然资源或是公共基础设施,而这些通常应该由国家负责。我们需要通过全球治理来重建公共利益和私人利益之间的平衡。

社会正义,也可以看作是一种公共利益,如果缺位,就会造成所有人共同的创痛。我们在资本市场的全球化过程中能够观察到,直接税收(主要针对资本)是减少了,而间接税收(如增值税)却正在上升。而这对贫困家庭的影响,远比对富裕家庭或者企业更沉重。此外,全球治理应该削弱避税天堂的作用,并且致力于协调全球利润、资本和金融流动的税率。

这些个别的想法,在如 3.11 等处都已经提过。此处我们再度提醒,是为了表明制定国际规则是对社会、生态可持续的负责任的态度。即使我们对目前民粹主义抬头的现象感到有些惶恐,也不能因此就改变让全球步调协调一致的做法,相反应该落实得更彻底些。

3.16.3 国家共同生活的模式:共栖

在联合国实现自上而下的改革,实施强有力的全球治理规则,恐怕难以落实。因此我们应该想想其他办法。在世界上近200 个国家中形成"共栖"(COHAB)模式的概念,由来自德国汉堡的科学家格哈德·克尼斯(Gerhard Knies)提出。他是罗马俱乐部"沙漠发电"[171](Desertec)理念的发起人之一和"可行世界设计网络"[172](Viable World Design Network)论坛的主办人。克尼斯把形成共栖世界的策略和操作方式分成了五个阶段，其中包括以保护和发展全球公共利益为紧迫目标，需要修正联合国架构的建议。这些都是为了确保气候变得更稳定，以及实现《2030议程》的其他环境和发展目标。

当今，大多数英国人认为欧盟过于庞大臃肿，他们以投票的方式决定，让英国脱离欧盟，重新"掌握"国家事务。在这个时候，任何全球治理的想法听起来都像乌托邦。然而，全球性挑战并不会因为选民的否认而消失。国家之间必须开展合作，而且力度和范围也需要越来越大。

克尼斯的理念全称是"可行世界的共栖模式"（Cohabitation Model for a Viable World）。共栖意味着国家和其他地理单位将自愿组织在一起生活的方式，而不是互相对抗或漠视。

在拥挤世界里，这都意味着对国家主权的某些限制。联合国由近200个国家和地区组成。每个国家的内部主权实际上都限制了所有其他国家的外部主权。在拥挤的世界里，这就变成了一个严重的问题。此外，任何国家的内部主权，都受到地球上每个人类个体的生态足迹的影响。每千克二氧化碳排放量都会影响地球上的75亿人，包括所有人的子孙后代。

"共栖"和中国所倡导的"人类命运共同体"理念有着相同的理论基础。而且最终的目的也相同：使全球臻于至善，使联系更为优化。人类社会必须从国家间传统的竞争格局逐步提升到一个全球共同体的视野。那又如何做得到呢？克尼斯建议遵循以下五个连续的阶段：

第一阶段：地球宜居性政府间专门小组

第一步是扩大气候变化政府间专门小组的讨论范围，成立地球宜居性政府间专门小组（Intergovernmental Panel on

Habitability of Planet Earth, 简称 IPHE），以便为缔结恢复和维持地球足够的宜居性的全球协议提供必要的基础信息。[173] 各国和各地区本着自愿的原则加入这个小组，但小组也可以适当地创造一些奖励来鼓励新成员加入。

第二阶段：各国都成立全球共栖部

第二步，克尼斯建议各国成立全球共栖部，任务是收集世界各地发展中出现的关键性问题，并提请各国政府注意，以便通过国家政策解决这些问题。

第三阶段：类似气候大会的国际共栖会议

一些国家的全球共栖部长们可以开始探索如何通过改变想法、形成政策和汇聚国家能力，来建立适合共同居住的世界。部长们可以组织"共栖"会议，讨论如何解决各种错综复杂的问题（诸如气候、水、食物、福祉、人口增长，以及其他威胁地球宜居性的问题）。会议将制定共栖规则和目标，并逐渐吸引更多的国家参与。

第四阶段：国家从竞争对手突变为共栖伙伴

一些国家可以开始将越来越多的军事预算转投到减少生态破坏和促进国内外人类发展的项目上。他们的军事力量会逐渐被保障共栖世界所必需的人力资源和基础设施所取代。

第五阶段：基于共栖的全球治理

扩大国家共栖模式，将会提升人类以有组织的、建构式的方式解决紧迫的全球问题的能力。越来越多的国家会加入这个"世界联盟"，把全人类视为一个单元，而不是目前近200个独立的、经常敌对的国家和地区。不加入联盟的反而会感到形单影只，尤其是当联盟成功地建立了一个可行的世界，在减少军事支出的同时，利用社会凝聚力改善社会和生态结构。

共栖模式当然还只是个梦想，一个大胆的全球政治创新理念。但它有一个目标：某一天，它将超越联合国的作用，而且应该被称为"联合人类"。许多联合国专设机构还需要由它来维持，在涉及全球性问题的地方，它必须让联合国机构有能力制裁不顾全球利益的行为。这就是全球治理的真正意义。

人类要想生存下去，并不需要一个全球政府，需要的是一些关于如何治理才能奏效的参数。当然，共栖世界需要一定的规则和规范。由于人类纪的条件已经改变，这些准则将取代《联合国宪章》。民主进程应保持并强化，包括通过"世界议会"，[174] 但应遵循权力下放原则。也就是说，属于当地的事项应该在当地进行组织和管理。在州省、国家和地区等更高的层级，应该有各自的民主代议制度。但全球问题应在世界联盟的层面上做出决定，当然，地区、国家、州省或地方的人民的需求始终应得到尊重。

3.17　国家层面的行动：中国和不丹

可持续发展政策，当然应以国家政策为首要。本书第三部分开头讲述的一些成功故事是地方层级的案例。随后的章节讨论了一些企业界，或国际层面的解决方案。从国家层面来说，全球有近 200 个国家和地区，我们不可能一一赘述。但有两个国家是非常好的例子。就人口规模和密度、工业化程度，以及对世界贸易的重要性而言，这两个国家是两个极端：中国和不丹。两国在面对可持续发展的挑战时，都各自展现了特殊的战略。中国选择了快速工业化和经济增长的战略，近年来又选择了"生态文明"创新经济；不丹选择了一个激进的环境保护策略，同时宣布人民的幸福比经济的产值更重要。

192

3.17.1 中国的"十三五"规划

　　中国正在经历深刻的变化。不断扩张的重工业、一味追求规模的制造业和积极的出口都已经走到尽头。同时，严重的空气污染和水污染正折磨着人们；而他们对优质食品的需求又超过了国家的供给能力；对于保持两位数增长的期待，在新常态下已不切实际。这些就是 2015 年，中国发布"十三五"规划前的状况。

　　"五年计划"由国家和党的最高领导层设计，并交由省和地方政府分级实施。自 2006 年以来，"五年计划"的名称改为了"规划纲要"，这表明，计划要得到落实，还需要根据地方的实际状况和市场的变化做出调整。中国从"十一五"规划 (2006—2010 年) 开始强调节能减排和环境保护；在"十二五"规划（2011—2015 年）中，继续增加了低碳循环、环境整治的要点。

　　2016 年开始的"十三五"规划，为中国所制定的可再生能源目标以及进一步提高能源效率、减少碳依赖铺好了道路。这也符合中国对 2015 年《巴黎协定》的承诺。资源效率，也必然在循环经济的大框架下，得到充分的重视。

　　此外，"十三五"规划特别强调在京津冀、长三角和珠三角的进一步发展中，保持区域性自然生态系统的重要性。与联合国环境署的"绿色经济"倡议一致，"十三五"规划将整个"生态文明"的发展深入到工业园区和"城市 – 乡镇"的城镇化聚落中。

　　在工业方面，规划引入绿色制造的概念，并提出了作为十年制造行动纲领的《中国制造 2025》。[175]

　　生态文明应该如何导入，并没有明确的方式，但人可以就环境的现状，尽可能科学地、理性地界定生态控制线或生态红线（底线）。重要的是，需要有修复生态品质的措施，而且要加以落实。这些都需要与当地居民或农民进行讨论，并向他们提供适当的专业知识和培训。

控制线必须落实到地块的层面。例如，考虑到经济增长，地方当局可能会通过建造公园、开垦或绿化山丘等复原措施，来抵消此前占用的绿地，尽管人造森林和自然林在生态可持续方面仍存在重大差异。这是通过实践得来的教训。

2015 年，中国选择四个城市作为试点，参考联合国环境署的"环境经济核算系统2012"，编列了"自然资源资本负债表"。[176] 这项工作既需要准确的数据，又需要克服在不同政府部门之间数据共享的障碍。换句话说，生态文明开始从单纯的口号转向了量化的行动。

农村的宅基地得以流转，农民们能获得经济增长释放的红利，享受过去所没有的快速致富的机会。同时，为了不再重蹈城市房地产炒作的覆辙，政府首先将土地用于农村现代化、旅游、城镇化服务业的绿色经济中。

"互联网 +"[177] 成了最新的社会挑战，尤其是线上的交易，直接减少了传统行业的创收机会。毋庸置疑，互联网是阿里巴巴、淘宝、京东、支付宝、微信等电子商务新巨头的基础，"+"代表的是整合不同的功能。这些公司成功地以 B2B、C2C，以及电子支付平台，将制造商、消费者和银行紧密地联结在一起。然而，由此引发的对新的运输和物流基础设施的需求也在急剧上升，侵蚀着剩余的自然资源。

中国和西方一样，生鲜供应和冷链系统成了食品供应的主流趋势。这也为城市农业带来了新的机遇，比如垂直农业、水培、雾培和社区支持农业（Community Supported Agriculture，简称 CSA），让食品生产更接近城市消费者。此外，"十二五"规划加大了对食品监管的力度，然而增加了监管单位人员的数量，却未能获得所需要的品质保证。在"十三五"规划里，食品安全成了全民期待和必须解决的问题。

在制造业方面，中国正处于重工业产能过剩、劳动力成本接近其他经合组织国家的困境。"十三五"规划给出了解答，就是要进行全面的转型，实现"中国制造2025"的目标，其中包括雄心勃勃的数字化进程。与美国、日本和德国正在进行的大数据趋势一致，中国期待能够实现所有人机参与者之间的实时信息流。中国制造的概念还包括：重视绿色设计，提高资源效率，加强绿色产品全生命周期的管理，以及构建低碳高效、清洁、循环的绿色生产系统。这确实是解决许多城市严重空气污染问题的最佳规划。[178]

194

2013年起，路甬祥和潘云鹤主持的中国工程院"创新设计战略研究"课题提出了"创新设计"（设计3.0）的理念，[179] 呼吁应该以新发展理念为指导，把握网络时代设计的新特征 —— 绿色低碳、网络智能、开放融合、共创分享。路甬祥同时指出创新设计视角下的绿色设计将从追求实现单个产品全生命周期的物耗能耗最低、有害废弃物排放最少、可再生循环利用，发展到依靠网络和大数据设计实现源头在线实时监测治理，促进大系统和全社会绿色低碳发展。创新的工具和符号能帮助管理者和客户根据生态文明的要求重新设计流程。这相当于是一种全局的、共生的思维模式，而不仅只是订立标准。

对于农业来说，这意味着提升生态多样性，减少使用农业化学品；提高产品质量，不再依赖大量的农业化学品和单一作物种植。这些要求都落到了农民的身上。在山东曹县黄河古道上的银香伟业，[180] 是一个运用共生思维的农业集体企业。为了减少甚至避免使用激素或其他动物药剂，他们使用的饲料来自经过监测的健康土壤，并配上当地的草本植物，以此来增强动物的免疫系统。他们规定鲜奶配送的距离限制，以此来确保质量。在中国，单纯的有机农场很难赚钱。为改善这种状况，农场可以提供民宿、休闲、餐饮和旅游的服务；农民需要成为合作的伙伴，而不是企业的雇员；农场还能创造返乡的就业岗位，以及"互联网+"物流直销的创业机会。

　　在"十二五"大力关停效率低下的企业之后，"十三五"规划重点强调了要提高资源效率。与此有关的书籍和案例，诸如冈特·鲍利的《蓝色经济》[181]（见3.3）和儿童生态意识教育系列的《冈特生态童书》、[182]《五倍级》[183]（见3.9）、《从摇篮到摇篮》、[184]以及《资源就是生产力》，[185] 在中国逐渐受到重视。最高可以节省90%能耗的德国被动式建筑的理念，已经成为中国建筑"被动式低能耗居住建筑节能设计标准"[186] 的一部分。"十三五"规划的目标是彻底改变中国建造和装修房屋的方式，让更多的人能享受到成本大幅降低的供暖、干净新鲜的空气和现代的LED照明系统。

　　另一个也在《蓝色经济》中提及的非常特别的故事，是来自沙子（碳酸钙）和塑料废弃物的"石纸"。[187] 这从根本上减少了水、树木纤维和（有毒有害）化学物质的使用。石纸使用过后，可以回收再利用，也可以用作钢铁、玻璃或水泥煅烧的添加剂。《蓝色经济》提出的理念，实际上和巴斯夫的化学品"一体化"（Verbund）系统类似。这种系统将化工产品和能源整合在一起，尽可能地利用生产过程中产生的废物作为下一个产品的原料，充分运用废热，使资源效率最大化。坐落在南京化工产业园的扬子石化-巴斯夫以及上海漕泾的巴斯夫（中国）有限公司，已

195

经为中国带来益处。

　　将不同的流程聚类或者串联起来，将是未来产业园的一个核心方法。工业二氧化碳排放量可能降低 80% 以上，同时大大减少硫化物、氮化物、PM2.5 对空气和水的污染。位于山东滕州市的鲁南化工，是率先使用水煤浆气化技术的企业，他们生产各类合成氨及甲醇衍生物，并附带发电。工业集群会是未来工业园区的方向，通过煤基多联产形成热电能岛，并与钢铁、水泥结合，互补增效，是中国从化石能源时代过渡到再生型能源时代的一个选择。

　　综上所述，可以公正地说，中国的"十三五"规划在很大程度上符合全球绿化经济环保化的要求。作为世界上最大的工业制造国，以及许多发展中国家的榜样，中国决心要对世界的生态保护作出巨大的贡献。

3.17.2　不丹的国民幸福指数

　　直到 20 世纪 70 年代，不丹，这个位于喜马拉雅山脉的人口稀少的国家，基本上与世隔绝。不丹的第四代国王吉格梅·辛格·旺楚克（Jigme Singye Wangchuck）开始了改革，他对来访者打开国家大门。这个改革还包括现代化的教育体系和现代化的经济改革。在此过程中，国王宣布国民幸福指数比 GDP 更重要，因为后者过分强调数量的增长，因而无法代表人民的福祉、生物多样性和可持续。

　　在 2008 年全球金融危机期间，联合国和全球知识分子圈内产生了国民幸福指数（Gross National Happiness Index）的理念。如今，已经出现了定期发布的《世界幸福报告》[188]（World Happiness Report）。然而在不丹，这可不只是口号和承诺。超过 50% 的不丹国土，被指定为国家公园、自然保护区和生物走廊。不丹还承诺做到碳中和，并保证至少 60% 的面积永久保持在自然森林覆盖之下。事实上，不丹全境森林的碳封存能力，比目前整个国家的碳排放，要高出两倍！不丹禁止伐木出口，甚至规定每月都有一天行人日，禁止所有的私家车辆上路。

196

根据宪法，所有不丹人都有保护环境的责任和义务。国家没有所谓经济发展和环境保护孰重孰轻的问题。利用天然的地理优势，他们发展"径流式"（Run-of-the-River）水力发电，自然森林恰恰能起到天然储水区的作用。这种对生态友好的水力发电，不但能满足国家的电力需求，还能出口邻国印度，赚取数量可观的外汇。此外，不丹还提供了"低影响 / 高价值"的旅游方式，防范大众旅游破坏文化这样的负面因素。

在许多方面，不丹都是快乐且可持续的。当然，在现实中，人们也希望享受现代化生活的便利，尤其是年轻的一代。2013年的全国大选，人民民主党的席位从 2 个上升到 32 个，取得了压倒性的绝对胜利。原先主张关注幸福和平的执政党的席位，从 45 个下降到了 15 个。新上任的首相策林·拖杰（Thering Tobgay）表示，他对国家的幸福之说保持谨慎的怀疑态度。

而今天年轻的第五代国王吉格梅·凯萨尔·纳姆耶尔·旺楚克（Jigme Khesar Namgyel Wangchuck）毫无疑问决心坚守父辈对幸福的偏爱，认为国民幸福高于 GDP 的物质价值。人们尊敬他。不丹的发展将会由时间来说明。

3.18　可持续文明的教育

为了满足人类多样化的需求，教育引领者们正在酝酿达成共识—— 全球教育体系需要彻底的变革（见对页表框）。尽管单靠教育无法实现可持续，但教育却是举足轻重的社会关键工具。[189] 教育的目标需要彻底转变：从学习如何记忆和理解，到学习如何思考。真正的挑战是，要培养学生解决问题的能力，以及发展批判、独立和原创性思考的能力。因此，完全专注于智力培养的教育已经不够了。[190] 需要重新定位的是教育的内容和教学法，应该包括传授基于过去经验的知识，但更应该着重拓展不同类型的知识、技巧和能力，使得学生有能力创造性地去适应和应对尚不清晰的未来。如果教育是社会和未来之间的合同，那么，现在我们需要一份新版合同，让年轻一代能够具备"世界社会科学报告"（World Social Science Report, 简称WSSR）所称的面对未来的素养，[191] 有足够的能力应对复杂性和不确定性，动态地参与任何形式的未来。接下来提到的一些方面，似乎对于支持可持续发展的未来教育系统至关重要。

未来的教育是主动型和合作式的：研究证实，阅读或听课式的被动教育，达到的学习效果最差，而在讨论、团队项目或两者结合的学习过程中，达到的效果最佳。在覆盖8 000 万名学生的5 万个研究（2009—2012 年）基础上的800 个元分析[30] 显示，团队合作和同伴辅导对学生的学习有积极影响。当学生被动地听讲，平均学习所得的知识留存率为5%；边做边练习，有75%的留存率；学生教学生，则最高可达90% 的留存率。因此，教师的角色需要从授课者，转变为辅导者，从传授知识到自学引导和结伴学习。

未来的教育是建立在相互联系上的。全球正在兴起的新的

[30]   Meta-Analysis, 元分析, 指将多个研究结果整合在一起的统计学分析方法, 是对众多现有实证文献的再次统计。——译注

表框：联合国教科文组织——可持续发展教育

联合国大会决议把 2005—2014 年定为"联合国可持续发展教育十年"（UNDESD），并由联合国教科文组织负责将可持续发展的原则、价值观和实践与教育的所有方面相结合。目的是为了改变青年和子孙后代的行为，共同创造环境友好的、经济有活力的、社会公正的未来。2014 年，"联合国可持续发展教育十年"结束后，教科文组织又开启了一项全球行动计划（Global Action Program，简称 GAP），以确保帮助实现《2030 议程》可持续发展目标第四项（SDG 4）——优质教育。2016 年 7 月，将近 100 名来自全球各地的 GAP 核心伙伴参加了在巴黎举行的联合国教科文组织会议，审议观察报告，此后还有 2017 年的中期报告以及 2019 年的总结报告。这些报告是可持续发展教育路线图上的标志节点，见证了为建立更美好和可持续的未来所做的努力。

学习模式是人与人之间的联系网络。随着电子产品渗透到生活和学习的各个方面，人们往往会忽略教育是人与人之间有机的交换过程。互联网和通信技术的发展，通过大型开放式网络课程（MOOCs，也称慕课）和虚拟现实的培训，对教育产生了革命性的影响，在促进人与人的联系上，有其特殊的价值和功效。同样，教育需要激发兴趣，释放能量，积极调动每个学生的主动性，让他们不但能自学，还能帮助他人学习（见下页表框）。

未来的教育是"价值观导向"的：价值观代表了几个世纪以来人类智慧的精髓。在新的体系中，新的价值观必须体现可持续发展的基本原则，无论是针对个人还是社会。这样的价值观不能仅仅是为满足人类愿望提供能量的鼓舞人心的理想。价值观是一种知识，也是人类进化的一种决定因素。它们能深入心理层次，并直接影响到外在的实际行为。教育必须建立在促进可持续发展和全民福祉的价值观上。面向可持续发展的价值观转型，是对当前社会的价值观体系的范式变革：立足于人类最

表框：加利福尼亚纳帕的案例

加利福尼亚纳帕新科技中学为了让该校毕业生能够更好地为今后的职业发展做准备，邀请企业团队重新设计高中课程，采用了合作式的学习模式。根据企业的反馈，原先的课程太注重个人的表现，缺乏团队的协作。因此，企业建议重新设计的重点要放在学生身上，而不是科目上。今天，学校传授的不只是书本上的知识，还有生活的技能，以及尊重、信任和负责的文化。学生自己安排项目、工作团队，参与学校的决定。课程以项目为导向，老师引导活动而不是讲课。评分的主要标准是工作的道德性。学校让学生互相帮助，鼓励他们用合作取代竞争。该模式已经形成了一个全球的新技术网络，有160多所以合作式学习为核心的学校加入其中。

高的福祉，而不是更多的生产和消费。就全球来说，要有意识地专注于真正普遍的价值观，同时尊重不同文化的差异；在基层，可持续发展的行动必须融入当地的价值观。

未来教育关注的重点是可持续：可持续科学是相对较新的科学，除非是传统或原住民文化中的一员，否则要将可持续引入现代教育体系，依靠的不能仅是过去几个世纪的工作、经验或前几代人累积的知识。即使人类已经觉察到可持续发展的紧迫性，也并不意味着所有的问题都有答案，甚至有许多相关的问题尚未被提出。因此，可持续教育的前提条件，是各学科的所有分支都要接受广泛的研究，而且还需要组成跨学科的团队来充分代表各方的兴趣和观点。研究的结果需要经过课堂讨论，以及与公众和政策制定者公开辩论来进行推广。全民的教育和参与程度越广泛、越包容，研究结果就越容易实施。

未来的教育培养的是整合思维方式：在20世纪的最后阶段，人们开始转向系统思维来克服分析思维（化约论）的局限性（见2.7）。系统思维聚焦于现象间的关联性和相互依存性，并努力建立整体全局观。然而，系统思维处理现实仍过于机械化，无法

199

将现实捕捉为有机的整体。这种局限，促使系统思维必须从机械思维模式，转向更有机地看待现实的思维模式。人类最伟大的发明、发现和创造往往都是在调和明显的矛盾时产生的。整体思维，能够感知、组织、调停和再统一所有的元素，并且获得更贴近真实世界的理解。教育必须将这样的综合思维能力传授给学生。学生不管来自哪个学科，都需要学习着眼于社会这个整体。

未来的教育促进内容的多元化：教学法必须配合内容的改变做出相应变化。在这个信息泛滥、容易获得大数据的时代，选择正确的内容来建立课程大纲是一项重要的任务。现实社会是既复杂又相互关联的，不能用单一的理论来解释。许多大学只提倡单一的思想学派，而不是将年轻的头脑置于又冲突、又互补的多元观点中。今天的学生所需要的是兼容并蓄的教育模式，他们应该以好奇而不是排斥或拒绝的态度追求知识。令人鼓舞的是，最近在欧洲、北美和其他地区的经济学家和经济系的学生联合起来，抗议门派主义，要求接触所有相关的观点，而不是被局限在所谓的正统学派里。[192] 正如遗传多样性已被证实是人类进化的关键，文化多样性也应当成为社会进化的催化剂。例如芬兰的教育体系（相似的还有法国）取消了课程里严格的科目之分，取而代之的是更关注广泛的主题（如欧盟、生态或空间），将许多不同的学科视角相互关联起来，为学生呈现一个视野宽广的总览。

200　　　这种对于未来教育的思考已经在一些高中和大学付诸实践，例如罗马俱乐部学校和一些北美的大学。

受到罗马俱乐部此前的报告《学习无极限》[193] 的启发，俱乐部的德国协会成立了罗马俱乐部学校网。[31] 该网络联合了15所学校，引导学生成为负责任的世界公民。学校提供的学习环境鼓励学生发现全球视角并对其做出反思。学校的授课方式是以项目学习为主，不分年龄，以题目分组。教育注重跨学科技能，包括自我组织、自我意识、大数据领域的知识，以及合作能力。学校还鼓励学生积极参与当地的相关项目，学习提升工作效率，开发成为世界公民的潜力。

　　加拿大的麦吉尔大学、约克大学和美国的佛蒙特大学共同开设了一门叫作"人类纪教育"的研究生课程，授予硕士和博士学位，涉及的学科有治理、法学、经济学、社会科学，以及系统科学和模型建构。适应拥挤世界的职业资格培训已经成了热门。为了使学生数量从40名翻倍到80名，他们还加入慕课的授课方式，将授课范围扩展到北美以外的澳大利亚、中国和印度的结盟大学。课程重视道德和价值观在培养治理和经济学专家过程中发挥的作用，这些未来的领导者应该同时了解自然和社会系统目前的状况，而不是过去的教科书中对它们的描述。作为课程创始人之一的罗马俱乐部成员彼得·G. 布朗（Peter G. Brown）说，今天的可持续发展教育必须对人类的角色做彻底的反思。[194]

　　确实，可持续发展教育迫切需要新的范式。虽然，在各级教育课程中引入可持续的理念是必要的，但这远不足以快速且彻底地改变全球的经济和生活方式。我们必须要找到不同的教育方式，培养下一代更强的适应社会快速变化的能力，教育他们要有强烈的社会责任感，拥有创新和创造性思维。未来的教育系统正处于变革的早期阶段，将对未来全球社会产生巨大的影响。

[31]　　Club of Rome Schools，见 http://www.club-of-rome-schulen.org. ——译注

它会打破教室的物理边界、大学校园的象牙塔、武断的学位分类、以一小时为单位的讲课模式、不同阶层之间的壁垒，以及经济负担能力的障碍。

结论：给读者的邀请函

作为作者，我们邀请所有读者一同踏上这令人兴奋的旅程。本书第三部分的诸多案例都表明，有勇气的个人、企业或国家，可以不顾打击、阻挠和挫折，已然开始采取行动；并且，某些现存的或正在形成的政策措施能够让这些行动获利，并成为主流。

我们向世界各国——包括中国，以及所有使用汉语的读者们——发出邀请。尽管各地的条件不同，但往往最成功的故事就发生在最意想不到的地方。

放诸四海皆准的原则是，人类要放弃不可持续的增长思维模式。继续攫取环境资源、减少生物多样性、破坏气候稳定，是对子孙后代，尤其是对全世界贫困地区的不公。

目前的世界发展趋势是不可持续的，而通常对这些挑战的应答都依赖于经济增长，而这种经济增长又势必导致额外的资源消耗。加上人口持续增长，这一切都使得当前的趋势更难以持续。不可避免的结果是局部乃至全球的生态崩溃，这与SDG13、14和15完全背道而驰。显然，我们迫切需要的是新的思维方式，甚至新的启蒙。新启蒙的最主要特征是共生平衡。其目标是在经济发展和生态可持续发展目标之间达成和谐一致，实现平衡的世界。

我们邀请工程师、发明家、实干家和金融投资人，请你们将发展经济、满足人类欲望，与自然资源的消耗脱钩。相应的举措包括回收利用资源、修复退化的土地、改善野生动物的生存空间，以及重建丰饶的农业。

我们邀请家庭，特别是来自人口持续高增长国家的家庭，请你们努力稳定人口；我们敦促各国，不论国民的子女数量多寡，首先要建立和维持家庭的社会保障制度。

206　　　我们邀请学术界的读者，请你们共同来改变机械主义和物质至上的哲学观，它们常常只是数字的堆砌，并无真正的意义。我们鼓励学术机构的国家和私人赞助方，支持跨学科的研究和学位课程。

　　我们邀请商业界人士，请你们尊重共同利益和长期视角，而不是沉醉于季度财务报表带来的肤浅的成功之中。这，需要金融业界有挣脱惯性的勇气，能够更加耐心、更加现实地对待合理的利润。

　　我们邀请商业界，请和政策制定者们互通有无，重筑获利的基本框架，让共利有所回报，而不是接受惩罚；我们建议对典范的行为予以回馈或奖励。

　　我们邀请政策制定者，请引入新的税收理念，奖励企业多雇佣劳动力，惩罚他们对自然资源的额外消耗，同时继续尊重每个人必须以负担得起的方式获得资源的需求。

　　我们邀请各国政府，请越过国界，携手合作，本着"共栖"（命运共同体）的精神，合作建立共同的优势。

　　当然，最重要的是，如果罗马俱乐部这份报告中的事实和想法存在错误与纰漏，我们恳请评论家们不吝指正。

　　请直接联系专为这本书开设的电子邮箱：

comeonauthors@clubofrome.org。

注释

第一部分 算了吧，别忽悠我当前的趋势是可持续的！

1   Chris Arsenault, "Top Soil Could Be Gone In 60 Years If Degradation Continues, UN Official Warns," *Reuters*, December 5, 2014.

2   FAO, *The State of World Fisheries and Aquaculture 2016* (Rome: FAO, 2016).

3   Elizabeth Kolbert, *The Sixth Extinction: An Unnatural History* (New York: Henry Holt & Co, 2014).

4   Blue Planet Prize Laureates, "Environment and Development Challenges: The Imperative to Act" (Presented at UNEP, Nairobi, February, 2012).

5   2017年的《爱德曼全球信任度调查报告》(The Edelman Trust Barometer) 指出，来自28个国家占世界53%的人认为管理系统已经崩溃；只有15%的人认为系统还在正常运作。

6   Stefano Liberti, *Land Grabbing: Journeys in the New Colonialism* (London: Verso, 2013).

7   Lynn Stout, *The Shareholder Value Myth* (San Francisco: Berrett Koehler, 2012).

8   Fareed Zakaria, "Populism on the March: Why the West Is in Trouble," *Foreign Affairs*, (November/December, 2016).

9   Branko Milanovic, "The Winners and Losers of Globalization, Branko Milanovic's New Book on Inequality Answers Two Important Questions," *Economics for Public Policy*, May 18, 2016, https://milescorak.com/2016/05/18/the-winners-and-losers-of-globalization-branko-milanovics-new-book-on-inequality-answers-two-important-questions/.

10 Oxfam, "An Economy for the 99%," *Oxfam Briefing Paper*, January 16, 2017, https://www.oxfamamerica.org/static/media/files/bp-economy-for-99-percent-160117-en.pdf. 仅8个人拥有的财富总和就达到世界的一半，数据来自瑞士信贷发布的《2016年度全球财富数据报告》。同见 Muheed Jamaldeen, *The Hidden Billions: How Tax Havens Impact Lives at Home and Abroad* (Melbourne: Oxfam, 2016).

11 OPHI, *Global Multidimensional Poverty Index* (Oxford: University of Oxford, 2017). 同见 Esuna Dugarova and Nergis Gülasan, "Six Megatrends That Could Alter the Course of Sustainable Development," *The Guardian*, April 18, 2017.

12 详见 Adam Corlett, "Examining an Elephant: Globalisation and the Lower Middle Class of the Rich World," *Resolution Foundation*, September 13, 2016.

13 Robin Greenwood and David Scharfstein, "The Growth of Finance," *Journal of Economic Perspectives* 27, no. 2 (2013): 3–28. 作者声称，1980年金融领域从业者人数与其他行业从业者人数基本持平；但到2006年，金融领域从业人数增加了70%。

14 Bruce Bartlett, "'Financialization' as a Source of Economic Malaise," *New York Times*, June 11, 2013, https://economix.blogs.nytimes.com/2013/06/11/financialization-as-a-cause-of-economic-malaise/; Paul Solman, "David Stockman: We're Blind to the Debt Bubble," *PBS Newshour*, May 30, 2013.

15 Sabine Donner, Hauke Hartmann, and Robert Schwarz, "Executive Summary: Politische und soziale Spannungen nehmen weltweit zu," *Transformationsindex der Bertelsmann Stiftung*, January 31, 2015.

16   Timothy Snyder, *On Tyranny: Twenty Lessons from the Twentieth Century* (New York: Tim Duggan
      Books, 2017).

17   Rui Fan, Jichang Zhao, Yan Chen, and Ke Xu, "Anger Is More Influential than Joy: Sentiment
      Correlation in Weibo," *PLoS ONE* 9, no. 10 (2014): e110184, DOI: https://doi.org/10.1371/
      journal.pone.0110184.

18   Walter Quattrociocchi, Antonio Scala, and Cass R. Sunstein, "Echo Chambers on Facebook," *SSRN*,
      June 13, 2016, https://ssrn.com/abstract=2795110.

19   Bassam Tibi, *Islamism and Islam* (New Haven: Yale University Press, 2012). 迪比认为 "伊斯兰主义"
      和民主制格格不入，而其实伊斯兰则在 12 世纪伊本·路世德（Ibn Rushd）的启蒙后就有了根深蒂固
      的民主协商传统。

20   如 P. D. Hsu, E. S. Lander, and F. Zhang, "Development and Applications of CRISPR-Cas9
      for Genome Engineering," *Cell* 157, no. 6, (2014): 1262–78, DOI: https://doi.org/10.1016/
      j.cell.2014.05.010.

21   Anat Admati and Martin Hellwig, *The Bankers New Clothes: What's Wrong with Banking and What to
      Do about It* (Princeton, NJ: Princeton University Press, 2013).

22   如 Bethany McLean and Joe Nocera, *All the Devils Are Here: The Hidden History of the Financial Crisis*
      (Portfolio, Penguin, 2010).

23   NCPA, "The 2008 Housing Crisis Displaced More Americans than the 1930s Dust Bowl," *National
      Center for Policy Analysis*, May 11, 2015.

24   James Crotty, "Structural Causes of the Global Financial Crisis: A Critical Assessment of the 'New
      Financial Architecture,'" *Cambridge Journal of Economics* 33, no. 4 (2009): 576. 1981 年家庭负债占
      GDP 的 48%，2007 年占 100%；1981 年私人部门的债务是 GDP 的 123%，2008 年底到达 290%。

25   同上，563–80。

26   Adair Turner, *Between Debt and the Devil: Money, Credit and Fixing Global Finance* (Princeton, NJ:
      Princeton University Press, 2016), 1. "在发达经济体中，私有企业债务从 1950 年占国民收入 50% 增
      加到 2006 年的 170%。"

27   英国商业银行与投资银行的区分在 1986 年取消。

28   Saskia Sassen, "Too Big to Save: The End of Financial Capitalism," *Open Democracy*, April 1, 2009,
      http://www.opendemocracy.net/article/too-big-to-save-the-end-of-financial-capitalism-0.

29   Bernard Lietaer, Christian Arnsperger, Sally Goerner, and Stenfan Brunnhuber, *Money and
      Sustainability: The Missing Link* (Devon, UK: Triarchy Press, 2012).

30   Otto Scharmer, "Seven Acupuncture Points for Shifting Capitalism to Create a Regenerative
      Ecosystem Economy," *Oxford Leadership Journal* 1, no. 3 (2010): 1–21.

31   Adam Rome, "Sustainability: The Launch of Spaceship Earth," *Nature* 527, (November, 2015):
      443–45.

32   Herman E. Daly, "Economics in a Full World," *Scientific American* 293, (September, 2005): 100–107.
      同见本书 1.12。

33   Donella Meadows, Dennis Meadows, Jørgen Randers, and William Behrens, *The Limits to Growth*,

3rd ed. (Milford, CT: Universe Books, 1974), 中译本：德内拉·梅多斯, 乔根·兰德斯, 丹尼斯·梅多斯. 增长的极限 [M]. 李涛, 王智勇, 译. 北京：机械工业出版社, 2013。

34   Graham Turner and Cathy Alexander, "Limits to Growth was Right. New Research Shows We're Nearing Collapse," *The Guardian*, September 2, 2014. 更多的来源见：Tim Jackson and Robin Webster, *Limits Revisited: A Review of the Limits to Growth Debate* (London: Creative Commons, 2016).

35   Johan Rockström and Mattias Klum, *The Human Quest: Prospering Within Planetary Boundaries* (Princeton, NJ: Princeton University Press, 2012).

36   William McDonough and Michael Braungart, *Cradle to Cradle: Remaking the Way We Make Things* (New York: North Point Press, 2002). 中译本：威廉·麦克唐, 迈克尔·布朗嘉特. 从摇篮到摇篮：循环经济设计之探索 [M]. 中国 21 世纪议程管理公司, 译. 上海：同济大学出版社, 2005。William McDonough and Michael Braungart, *The Upcycle: Beyond Sustainability, Designing for Abundance* (New York: North Point Press, 2013).

37   Jeff Y. Tsao et al., "Solid-State Lighting: An Energy-Economics Perspective," *Journal of Physics D: Applied Physics* 43, no. 35 (2010).

38   Meadows et al., *The Limits to Growth*.

39   Kerryn Higgs, *Collision Course: Endless Growth on a Finite Planet* (Cambridge MA: MIT Press, 2014), 51–62, 257–68.

40   Ugo Bardi, *Extracted: How the Quest for Mineral Wealth is Plundering the Planet. A Report to the Club of Rome* (Chelsea Green Publisher, 2014).

41   Higgs, *Collision Course*, 91–93.

42   Graham Turner, "A Comparison of Limits to Growth with Thirty Years of Reality" (CSIRO Working Papers Series 2008-09).

43   Johan Rockström et al., "Planetary Boundaries: Exploring the Safe Operating Space for Humanity," *Ecology and Society* 14, no. 2 (2009): 1–32; and Johan Rockström et al., "A Safe Operating Space for Humanity," *Nature* 461, (September, 2009): 472–75. 同见 Will Steffen et al., "Planetary Boundaries: Guiding Human Development on a Changing Planet," *Science* 347, no. 6223 (2015): 1259855.

44   Michael Appleby and WSPA, "Eating Our Future: The Environmental Impact of Industrial Animal Agriculture" (World Society for the Protection of Animals, 2008); Vaclav Smil, "Harvesting the Biosphere: The Human Impact," *Population and Development Review* 37, no. 4 (2011): 613–36.

45   Will Steffen, Paul. J. Crutzen, and John R. McNeill, "The Anthropocene: Are Humans Now Overwhelming the Great Forces of Nature?," *Ambio* 36, no. 8 (2007): 614–21.

46   Bill McKibben, "Climate Deal: The Pistol Has Fired, So Why Aren't We Running?," *The Guardian*, December 13, 2015, https://www.theguardian.com/commentisfree/2015/dec/13/paris-climate-talks-15c-marathon-negotiating-physics.

47   George Monbiot, "Grand Promises of Paris Climate Deal Undermined by Squalid Retrenchments," *The Guardian*, December 13, 2015, https://www.theguardian.com/environment/georgemonbiot/2015/dec/12/paris-climate-deal-governments-fossil-fuels.

48   Kevin Andersson, "The Hidden Agenda: How Veiled Techno-utopias Shore up the Paris Agreement,"

Nature's World View, December, 2015, https://kevinanderson.info/blog/the-hidden-agenda-how-veiled-techno-utopias-shore-up-the-paris-agreement/.

49   Tom Randall, "World Energy Hits a Turning Point: Solar That's Cheaper Than Wind," *Bloomberg*, December 15, 2016.

50   Joe Romm, "Warming Crushes Global Records again in 2016," *Think Progress*, January 4, 2017.

51   Jeff Masters, "The 360 Degree Rainbow," Jeff Masters Blog, April 14, 2015.

52   Seán Ó hÉigeartaigh, "Technological Wild Cards: Existential Risk and a Changing Humanity," Open Mind, https://www.bbvaopenmind.com/en/article/technological-wild-cards-existential-risk-and-a-changing-humanity/.

53   Christoph Lübbert et al., "Environmental Pollution with Antimicrobial Agents from Bulk Drug Manufacturing Industries in Hyderabad, South India," *Infection* 45, no. 4 (2017), DOI: https://doi.org/10.1007/s15010-017-1007-2.

54   Martin Lukacs, "Trump Presidency 'Opens Door' to Planet-Hacking Geoengineer Experiments," *The Guardian*, March 27, 2017, https://www.theguardian.com/environment/true-north/2017/mar/27/trump-presidency-opens-door-to-planet-hacking-geoengineer-experiments.

55   见 2016 年 9 月，谷歌搜索 "Economic Collapse"。

56   Colin N. Waters et al., "The Anthropocene is Functionally and Stratigraphically Distinct from the Holocene," *Science* 351, no. 6269 (2016): aad2622, http://science.sciencemag.org/content/351/6269/aad2622.

57   Associated Press, "Up to 90% of Seabirds Have Plastic in Their Guts, Study Finds," *The Guardian*, September 1, 2015, http://www.theguardian.com/environment/2015/sep/01/up-to-90-of-seabirds-have-plastic-in-their-guts-study-finds.

58   Nicole D'Alessandro, "22 Facts about Plastic Pollution (And 10 Things We Can Do About It)," *EcoWatch*, August 7, 2014, http://ecowatch.com/2014/04/07/22-facts-plastic-pollution-10-things-can-do-about-it/.

59   Beyond Petroleum, "BP Statistical Review of World Energy 2006," 2007, http://www.bp.com/statisticalreview.

60   Gernot Walter and Martin L. Weitzman, *Climate Shock: The Economic Consequences of a Hotter Planet* (Princeton, NJ: Princeton University Press, 2015).

61   Elizabeth Kolbert, *The Sixth Extinction: An Unnatural History* (New York: Henry Holt & Co, 2014).

62   Edward O. Wilson, *Half-Earth: Our Planet's Fight for Life* (New York: Liveright, 2016).

63   例如 J. P. van der Sluijs et al., "Conclusions of the Worldwide Integrated Assessment on the Risks of Neonicotinoids and Fipronil to Biodiversity and Ecosystem Functioning," *Environmental Science and Pollution Research* 22, no, 1 (2015): 148–54.

64   Elaine Ingham, "The Roots of Your Profits," Youtube video, 1:36:13, posted by Oxford Real Farming, January 25, 2015, https://www.youtube.com/watch?v=x2H60ritjag.

65   National Academies of Sciences, Engineering, and Medicine, *Gene Drives on the Horizon: Advancing Science, Navigating Uncertainty, and Aligning Research with Public Values* (Washington, DC: The

National Academies Press, 2016).

66   同上。

67   Civil Society Working Group on Gene Drives, "The Case for a Global Moratorium on Genetically-Engineered Gene Drives," 2016, http://www.etcgroup.org/sites/www.etcgroup.org/files/files/cbd_cop_13_gene_drive_moratorium_briefing.pdf.

68   这章的警告来自核子时代和平基金会（Nuclear Age Peace Foundation）主席，也是罗马俱乐部成员的大卫·克里格（David Krieger）。详见 https://www.wagingpeace.org/.

69   由 granoff@gsinstitute.org 邮箱于 2016 年 12 月 16 日撰写的电子邮件，传播广泛。

70   "People's Tribunal on Nuclear Weapons Convicts Leaders—Tribute to Tribunal Visionary," *Unfold Zero, August* 17, 2016, http://www.unfoldzero.org/peoples-tribunal-on-nuclear-weapons-convicts-leaders-tribute-to-tribunal-visionary/.

71   Michael Herrmann, "Consequential Omissions: How Demography Shapes Development—Lessons from the MDGs for the SDGs" (UNFPA, 2015).

72   Jacqueline E. Darroch, Vanessa Woog, Akinrinola Bankole, and Lori S. Ashford, "Adding It Up: Costs and Benefits of Meeting the Contraceptive Needs of Adolescents," Guttmacher Institute, 2016.

73   见国际货币组织的《性别收入差距研究》，以及麦肯锡关于日本性别差异导致的收入损失研究，这两项研究均于 2015 年完成。

74   Paul R. Ehrlich and John P. Holdren, "Impact of Population Growth," *Science* 171, no. 3977 (1971): 1212–17.

75   United Nations, *World Urbanization Prospects* (New York: UN, 2011).

76   World Resources Institute Washington, Urban Growth, http://www.wri.org/wr-98-99/citygrow.htm.

77   George Martine, Jose E. Alves, and Suzana Cavenaghi, *Urbanisation and Fertility Decline: Cashing in on Structural Change* (London: IIED, 2013).

78   Shirish Sankhe et al., "India's Urban Awakening: Building Inclusive Cities, Sustaining Economic Growth," McKinsey Global Institute, 2010. 同见 Jeb Brugmann, *Welcome to the Urban Revolution: How Cities Are Changing the World* (London and New York: Penguin Books, 2009).

79   Herbert Girardet, *Creating Sustainable Cities, Schumacher Briefing 2* (Totnes: Green Books, 1999).

80   International Institute for Sustainable Development (IISD), 如 http://www.gdrc.org.uem/e-footprints.html 网站报道。

81   Chinese Government, "China to Promote New Type of Urbanization," The State Council the People's Republic of China, February 6, 2016, http://english.gov.cn/policies/latest_releases/2016/02/06/content_281475285253766.htm.

82   Global Agriculture, *Agriculture at a Crossroads: IAASTD Findings and Recommendations for Future Farming* (Washington: Island Press, 2009). 此书含一份全球报告，一份执行摘要和五份区域报告。

83   Stefan Bringezu, *Assessing Global Land Use: Balancing Consumption with Sustainable Supply* (United Nations Publications, 2014); UNCTAD, *Trade and Environment Review 2013. Wake Up Before It Is Too*

Late: Make Agriculture Truly Sustainable Now for Food Security in a Changing Climate (United Nations Publication, 2013); IFAD, *Smallholders, Food Security, and the Environment* (International Fund for Agricultural Development, 2013).

84   GRAIN and La Via Campesina, "Hungry for Land: Small Farmers Feed the World with Less Than a Quarter of all Farmland," *Grain*, May 28, 2014, https://www.grain.org/article/entries/4929. 大坝、工业区和采矿区也赶走了小农户。

85   UNEP-TEEB, *Towards a Global Study on the Economics of Eco-Agri-Food Systems* (Genf: UNEP, 2015).

86   Brian Machovina, Kenneth J. Feeley, and William J. Ripple, "Biodiversity Conservation: The Key is Reducing Meat Consumption," *Science of the Total Environment* 536, (December, 2015): 419–31.

87   Raoul A. Weiler and Kris Demuynck, *Food Scarcity Unavoidable by 2100?: Impact of Demography & Climate Change* (CreateSpace Independent Publishing Platform, 2017).

88   Higgs, *Collision Course*; WTO, "Mexico etc versus US: 'Tuna-dolphin,'" World Trade Organization, 2010, http://www.wto.org/english/tratop_e/envir_e/edis04_e.htm.

89   Sharon Beder, *Suiting Themselves: How Corporations Drive the Global Agenda* (London: Earthscan, 2006), 42.

90   Higgs, *Collision Course*, 249–50. 该资料在本文中被全文引用。

91   Arthur Neslen, "Leaked TTIP Documents Cast Doubt on EU-US Trade Deal," *The Guardian*, May 2, 2016, https://www.theguardian.com/business/2016/may/01/leaked-ttip-documents-cast-doubt-on-eu-us-trade-deal.

92   Eduardo Galeano, *Open Veins of Latin America: Five Centuries of the Pillage of a Continent* (New York: Monthly Revire Press, 1973). 此书的西班牙语版于1971年面世。

93   Martin Khor, "Shocks for Developing Countries from President Trump's First Days," Inter Press Service News Agency, January 30, 2017, twnis@twnnews.net.

94   United Nations, "Report of the Commission of Experts of the President of the United Nations General Assembly on Reforms of the International Monetary and Financial System," September 21, 2009, http://www.un.org/ga/econcrisissummit/docs/FinalReport_CoE.pdf.

95   Prabhat Patnaik, "The Real Face of Financial Liberalisation," *Frontline Magazine* 16, no. 4 (1999): 13–26, http://www.frontline.in/static/html/fl1604/16041010.htm.

96   United Nations, "Transforming Our World: The 2030 Agenda for Sustainable Development" (resolutions and descisions, United Nations Sustainable Development Summit 2015, New York, September 25–27, 2015); United Nations, "General Assembly, 69 Session, Agenda Items 13 and 115, A/69/L.85" (outcome documents, United Nations Sustainable Development Summit 2015, New York, September 25–27, 2015), https://sustainabledevelopment.un.org/post2015/summit; 中文版《2030议程》见：https://sustainabledevelopment.un.org/content/documents/94632030%20Agenda_Revised%20Chinese%20translation.pdf.

97   United Nations, "Transforming Our World," 3.

98   United Nations Conference on Environment and Development, *Agenda 21* (New York: UNCED, 1992), https://sustainabledevelopment.un.org/content/documents/Agenda21.pdf; 联合国《21世纪议程》中文版：http://www.un.org/chinese/events/wssd/agenda21.htm.

99   Lucas Chancel and Thomas Piketty, "Carbon and Inequality: From Kyoto to Paris," *Paris School of Economics*, November 3, 2015.

100   UNDESA Population Division, *Revision of World Population Prospects* (New York: United Nations, 2017).

101   National Academies of Sciences, Engineering, and Medicine, *Gene Drives on the Horizon*.

102   Arjen Y. Hoekstra, *The Water Footprint of Modern Consumer Society* (London: Routledge, 2013).

103   International Resource Panel and Development Alternatives (Lead author: Ashok Khosla), *Addressing Resource Inter-linkages and Trade-offs in the Sustainable Development Goals* (Nairobi, 2015).

104   Michael Obersteiner et al., "Assessing the Land Resource-Food Price Nexus of the Sustainable Development Goals," *Science Advances* 2, no. 9 (2016): e1501499, DOI: http://10.1126/sciadv.1501499.

105   M. Lenzen, "International Trade Drives Biodiversity Threats in Developing Nations," *Nature* 486, (June, 2012): 109–12.

106   Jeffrey Sachs et al., *2016 SDG Index and Dashboards: A Global Report* (New York: Bertelsmann Stiftung and Sustainable Development Solutions Network, 2016).

107   这也是Wadleigh和Muster的观点，见Michael Wadleigh and Birgit van Munster, Nature perspective, closed mass Homo Sapiens Foundation, 2017. hsfound@gmail.com, closedmass@gmail.com.

108   Joseph Bower and Clayton Christensen, *Disruptive Technologies: Catching the Wave* (Boston: Harvard Business School, 1995).

109   Joseph A. Schumpeter, *Capitalism, Socialism and Democracy* (London: Routledge, 1942), 139.

110   Graham Vickery, "Smarter and Greener? Information Technology and the Environment: Positive or negative impacts?," International Institute for Sustainable Development (IISD), October 2012.

111   Jeremy Rifkin, *The Third Industrial Revolution* (London: Palgrave MacMillan, 2011). 中译本：杰里米·里夫金．第三次工业革命[M]．张体伟，译．北京：中信出版社，2012。

112   Peter Diamandis and Steven Kotler, *Affluence: The Future is Better than You Think* (New York: Free Press, 2012).

113   Peter Diamandis and Steven Kotler, *Bold: How to Go Big, Create Wealth and Impact the World* (New York: Simon & Schuster, 2015).

114   Dave Eggers, *The Circle* (New York: Knopf, 2011).

115   Raymond Kurzweil, *The Singularity Is Near: When Humans Transcend Biology* (London: Duckworth, 2006).

116   Suhas Kumar, "Fundamental Limits to Moore's Law," Cornell University, November 18, 2015, https://arxiv.org/abs/1511.05956.

117   European Union, "Critical Raw Materials," *European Commission*, 2014, http://ec.europa.eu/growth/sectors/raw-materials/specific-interest/critical_en; Eric D. Williams, Robert U. Ayres, and Miriam Heller, "The 1.7 Kilogram Microchip: Energy and Material Use in the Production of Semiconductor Devices," *Environment Science & Technology* 36, no. 24 (2002): 5504–10; Anita Sarah

Jackson et al., "Toxic Sweatshops: How UNICOR Prison Recycling Harms Workers, Communities, the Environment, and the Recycling Industry," October, 2006, http://svtc.org/our-work/e-waste/; Ralph Hintemann and Jens Clausen, "Green Cloud? Current and Future Developments of Energy Consumption by Data Centers, Networks and End-User Devices," in *Proceedings of 4th International Conference on ICT4S*, August, 2016; Climate Group for the Global eSustainability Initiative, "SMART 2020: Enabling the Low-Carbon Economy in the Information Age," June, 2008, http://www.smart2020.org/_assets/files/02_Smart2020Report.pdf.

118　Carl Benedikt Frey and Michael A. Osborne, "The Future of Employment: How Susceptible Are Jobs to Computerization?," September 17, 2013, http://www.oxfordmartin.ox.ac.uk/downloads/academic/.

119　World Economic Forum, "The Future of Jobs: Employment, Skills and Workforce Strategy for the Fourth Industrial Revolution," WEC, January, 2016.

120　TIME, "Time Events and Promotion ad," *TIME Magazine*, (March 27, 2017): 26; http://www.beyondsport.org.

121　Dieter Helm, "The State of Natural Capital: Restoring Our Natural Assets" (report to the Economic Affirs Committee, UK, 2014).

122　Nicholas Georgescu-Roegen, *The Entropy Law and the Economic Process* (Cambridge, MA: Harvard University Press, 1971).

123　Kenneth Boulding, "The Economics of the Coming Spaceship Earth," in *Environmental Quality in a Growing Economy*, ed. Henry Jarrett (Baltimore: Johns Hopkins University Press, 1966).

124　Peter A. Victor, *Managing Without Growth: Slower by Design, Not Disaster* (Cheltenham, UK: Edward Elgar Publisher, 2008), 54–58; Tim Jackson, *Prosperity without Growth: Economics for a Finite Planet* (London: Earthscan, 2009), 67–71; 同见于 Graeme Maxton and Jorgen Randers, *Reinventing Prosperity: Managing Economic Growth to Reduce Unemployment, Inequality, and Climate Change* (Vancouver, Canada: Greystone Books, 2016).

125　UNEP 的 IRP 出版了两份有关脱钩的报告：Marina Fischer-Kowalski et al., *Decoupling Natural Resource Use and Environmental Impacts from Economic Growth* (Nairobi: UNEP, 2011); Ernst von Weizsäcker et al., *Decoupling 2: Technologies, Opportunities and Policy Options* (Nairobi: UNEP, 2014).

126　例如 OECD, *Green Growth and Sustainable Development* (Paris: OECD, 2011). 盛馥来，诸大建. 绿色经济：联合国视野中的立论、方法与案例 [M]. 上海：中国财政经济出版社，2015。

127　Michael Howes, "After 25 Years of Trying, Why Aren't We Environmentally Sustainable Yet?," *The conversation*, April 3, 2017.

128　Maja Göpel, *The Great Mindshift* (Berlin: Springer, 2016), 20–21.

129　UNEP, "Global Environment Outlook 5: Environment for the Future We Want" (Report, Global Environment Outlook, 2012), 447.

130　OECD, "The OECD Innovation Strategy: An Agenda for Policy Action" (Meeting of the OECD Council at Ministerial Level, Paris, June 3–4, 2015), 6

131　Paul Raskin, *Journey to Earthland: The Great Transition to Planetary Civilization* (Boston MA: Tellus Institute, 2016).

第二部分　别扯了，这套哲学不管用了！

1　Pope Francis, *Laudato Si: On Care for Our Common Home* (Vatican City, 2015)；翻译全文见：http://www.docin.com/p-1551491197.html.

2　同上，第20段和14段。

3　同上，第195段；通谕的英文原文是"文化革命"，为了与中国的"文化大革命"区分，改为"文化变革"。

4　同上，第114段。

5　IFEES/Ecolslam, http://islamicclimatedeclaration.org/islamic-declaration-on-global-climate-change/.

6　IFEES/Ecolslam, "Islamic Declaration on Global Climate Change," (declaration, International Islamic Climate Change Symposium, August 18, 2015), http://www.ifees.org.uk/declaration/#about.

7　Christopher G. Weeramantry, *Tread Lightly on the Earth: Religion, the Environment and the Human Future* (Pannipitiya, Sri Lanka: Stamford Lake, 2009).

8　Philippe Buc, *Holy War, Martyrdom, and Terror, Christianity, Violence, and the West* (Philadelphia: University of Pennsylvania Press, 2015); Karen Armstrong, *Fields of Blood: Religion and the History of Violence* (Canada: Knopf, 2014).

9　David Korten, *Change the Story, Change the Story, Change the Future: A Living Economy for a Living Earth, A Report to the Club of Rome* (Oakland, CA; Berrett-Koehler, 2014).

10　同上，40。

11　同上，25–27, 87–97。

12　Alexander King and Bertrand Schneider, *The First Global Revolution: A Report by the Council of the Club of Rome* (New York: Pantheon, 1991).

13　Francis Fukuyama, *The End of History and the Last Man* (New York: Free Press, 1992). 中译本：弗兰西斯·福山. 历史的终结[M]. 黄胜强，许铭原，译. 呼和浩特：远方出版社，1998。

14　例如Ernst U. von Weizsäcker, Oran Young, and Matthias Finger, eds., *Limits to Privatization: How to Avoid Too Much of a Good Thing: A Report to the Club of Rome* (London: Earthscan, 2005)，中译本：魏伯乐，奥兰·扬，马塞厄斯·芬格. 私有化的局限[M]. 王小卫，周缨，译. 上海：上海人民出版社，2006。

15　Hans-Werner Sinn, *The New Systems Competition* (Oxford: Wiley-Blackwell, 2003).

16　Stephania Vitali, James B. Glattfelder, and Stefano Battison. 2011. "The Network of Global Corporate Control," *PLoS ONE* 6, no. 10 (2011): e25995, DOI: https://doi.org/10.1371/journal.pone.0025995.

17　Graeme Maxton and Jorgen Randers, *Reinventing Prosperity: Managing Economic Growth to Reduce Unemployment, Inequality, and Climate Change* (Vancouver, Canada: Greystone Books, 2016).

18　同上。

19　Jean Ziegler, *Retournez les fusils!, Choisir son camp: Choisir son camp* (Paris: Le Seuil, 2014).

20　Joseph E. Stiglitz, *The Price of Inequality: How Today's Divided Society Endangers Our Future* (New York:

W. W. Norton, 2012). 中译本：约瑟夫 E. 斯蒂格利茨. 不平等的代价 [M]. 张子源，译. 北京：机械工业出版社, 2013。

21 Thomas Piketty, *Capital in the Twenty-First Century*, trans. Arthur Goldhammer (Boston: Harvard University Press, 2014). 原著为法文, 2013 年出版。

22 Anders Wijkman and Johan Rockström, *Bankrupting Nature: Denying Our Planetary Boundaries, A Report to the Club of Rome* (London: Earthscan, 2012).

23 Erik Brynjolfsson and Andrew McAfee, *The Second Machine Age: Work, Progress, and Prosperity in a Time of Brilliant Technologies* (New York: W.W.Norton, 2014). 中译本：埃里克·布莱恩约弗森, 安德鲁·麦卡菲. 第二次机器革命：数字化技术将如何改变我们的经济与社会 [M]. 蒋永军, 译. 北京：中信出版社, 2016。

24 Ralph Harris, "The Plan to End Planning: The Founding of the Mont Pèlerin Society," *National Review*, June 16, 1997; 同见于 Higgs, *Collision Course*, 第 6、10、11 章。

25 Jonathan D. Ostry, Prakash Loungani, and Davide Furceri, "Neoliberalism: Oversold?," *Financial & Development* 53, no.2 (2016): 38–41.

26 Bastian Obermayer and Frederik Obermaier, *The Panama Papers: Breaking the Story of How the Rich and Powerful Hide Their Money* (London: Oneworld Publicatons, 2016).

27 James S. Henry, "The Price of Offshore Revisited," Tax Justice Network, July 2012. http://www.taxjustice.net/cms/upload/pdf/Price_of_Offshore_Revisited_120722.pdf.

28 Obermayer and Obermaier, *The Panama Papers*.

29 亚当·斯密最早在其《道德情操论》一书中介绍了此概念, 见 Adam Smith, *The Theory of Moral Sentiments* (Edinburgh, 1759).

30 传统经济学家对这样的 "转变" 不以为然, 最佳的例子是 Richard Baldwin, "Thinking about Offshoring and Trade: An Integrating Framework," *VOX*, April 23, 2010, http://voxeu.org/article/thinking-clearly-about-offshoring, 强调了科技的差别值得进一步探索。

31 David Ricardo, *On the Principles of Political Economy and Taxation*, Sraffa ed. (Cambridge, Cambridge University Press, 1951), 136.

32 进一步的探讨见 Herman Daly and Joshua Farley, *Ecological Economics: Principles and Applications* (Washington, DC: Island Press, 2004), 第 18 章。

33 Charles Darwin, *The Origin of Species by Means of Natural Selection* (London: John Murray, 1859).

34 例如 Theodosius Dobzhansky, *Genetics and the Origin of Species*, 3rd ed. (New York: Columbia University Press, 1951), 或者 Julian Huxley, *Evolution: The Modern Synthesis* (London: Allen & Unwin, 1942).

35 Niles Eldredge and Stephen J. Gould, "Punctuated Equilibria: An Alternative to Phyletic Gradualism," in *Models in Paleobiology*, ed. Thomas J. M. Schopf (San Francisco: Freeman Cooper, 1972), 82–115.

36 Andreas Wagner, *Arrival of the Fittest: How Nature Innovates* (New York: Penguin Random House, 2015).

37 关于该研究早期但全面的描述, 见 P. D. Hsu, E. S. Lander, and F. Zhang, "Development and Applications of CRISPR-Cas9 for Genome Engineering," *Cell* 157, no. 6 (2014): 1262–78.

38　The National Academy of Sciences, Engineering, Medicine, *Gene Drives on the Horizon. Advancing Science, Navigating Uncertainty, and Aligning Research with Public Values* (Washington, DC: National Academies Press, 2016).

39　ETC行动小组致力于解决影响世界最弱势群体的新技术所带来的社会经济和生态问题。

40　起初，无歧视这一概念是在人权的背景下提出的，用于保护弱者！

41　"ISIPE International Student Initiative for Pluralism in Economics, Open Letter," ISIPE, 2014, http://www.isipe.net.

42　Tim Jackson, *Prosperity Without Growth: Economics for a Finite Planet* (London: Earthscan, 2009).

43　Peter A. Victor, *Managing Without Growth: Slower by Design, Not Disaster, Advances in Ecological Economics* (Cheltenham, UK: Edward Elgar, 2008).

44　Enrico Giovannini, Jon Hall, and Marco M. d'Ercole, *Measuring Well-being and Societal Progress* (Paris: OECD, 2007); 又见 OECD, *Measuring Well-Being* (Paris: OECD, 2015)。

45　例如 Werner Heisenberg, *The Physical Principles of the Quantum Theory* (Chicago: University of Chicago Press, 1930).

46　Gregory Bateson, *Mind and Nature, A Necessary Unity* (Bantam Books, 1979).

47　Fritjof Capra and Pier Luigi Luisi, *The Systems View of Life: A Unifying Vision* (Cambridge: Cambridge University Press, 2014).

48　Humberto Maturana and Francisco Varela,"Autopoiesis: The Organization of the Living," in *Autopoiesis and Cognition: The Realization of the Living*, ed. Humberto Maturana and Francisco Varela (Dordrecht: Reidel, 1980).

49　Capra and Luisi, *The Systems View of Life*, 204-07.

50　同上，282-85。

51　David Steindl-Rast, "Spirituality as Common Sense," *The Quest* 3, no. 2 (1990): 2.

52　Fritjof Capra, *The Tao of Physics: An Exploration of the Parallels between Modern Physics and Eastern Mysticism* (Boston: Shambhala, 1975). 中译本：卡普拉. 物理学之道[M]. 朱润生，译. 北京：中央编译出版社,2012。

53　Andreas Weber, *The Biology of Wonder: Aliveness, Feeling and the Metamorphosis of Science* (Gabriola Island, BC Canada: New Society Publishers, 2016).

54　Yuval Noah Harari, *Sapiens: A Brief History of Humankind* (New York: Harper Collins, 2011); Yuval Noah Harari, *Homo Deus: A Brief History of Tomorrow* (New York: Harper Collins, 2017). 中译本：尤瓦尔·赫拉利. 未来简史－从智人到智神[M]. 林俊宏，译. 北京：中信出版集团,2017。

55　Daniel Kahneman, *Schnelles Denken, Langsames Denken* (Berlin: Siedler, 2012).

56　Mihály Csíkszentmihályi, *Flow: The Psychology of Optimal Experience* (Stuttgart: Klett-Cotta, 2008).

57　Tomas Björkman, "The Market Myth," *Cadmus* 2, no.6 (2016): 43–59.

58　Ruud Koopmans, "Religious Fundamentalism and Hostility against Out-groups: A Comparison of Muslims and Christians in Western Europe," *Journal of Ethnic and Migration Studies* 41, no. 1 (2015): 33–57.

59   Peter Sloterdijk, *God's Zeal: The Battle of the Three Monotheisms* (Hoboken, NJ: Wiley, 2009).

60   Chris R. Tame, *The New Enlightenment: The Revival of Libertarian Ideas. Philosophical Notes No. 48* (London: Libertarian Alliance, 1998).

61   http://hopi.org/wp-content/uploads/2009/12/ABOUT-THE-HOPI-2.pdf.

62   Randall L. Nadeau, *Asian Religions: A Cultural Perspective* (Wiley Blackwell, 2014).

63   *Ancient History Encyclopedia*, s.v. "Yin and Yang," by Mark Cartwright, 2012, https://www.ancient. eu/Yin_and_Yang/.

64   同上。

65   Capra, *The Tao of Physics*.

66   Paul de Grauwe, *The Limits of the Market: The Pendulum between Government and Market, trans. Anna Asbury* (Oxford: Oxford University Press, 2017).

67   Riane Eisler, *The Chalice and the Blade: Out History, Our Future* (San Francisco: Harper Collins, 1987). 中译本：理安·艾斯勒. 圣杯与剑—男女之间的战争 [M]. 程志民，译. 上海：社会科学文献出版社,1997。

68   Riane Eisler, *The Real Wealth of Nations: Creating a Caring Economics* (San Francisco: Berrett-Koehler, 2007). 中译本：理安·艾斯勒. 国家的真正财富：创建关怀经济学 [M]. 高铦, 汐汐，译. 上海：社会科学文献出版社,2009。

69   Richard Wilkinson and Kate Pickett, *The Spirit Level: Why Greater Equality Makes Societies Stronger* (New York: Bloomsbury Press, 2009).

70   Guido Mingels在其书中进行了总结：Guido Mingels, *Früher war alles schlechter* (Munich: DVA Publication, 2017).

71   关于暴力事件的减少也可见Steven Pinker的书：Steven Pinker, *Better Angels of Our Nature: Why Violence Has Declined* (New York: Penguin, 2012).

72   Ashok Natarajan, "The Conscious Individual," *Cadmus* 2, no. 3 (2014): 50–54.

第三部分 来吧，加入我们，加入这个令人振奋的创新之旅！

1   Adam Vaughn, "Human Impact has Pushed Earth into the Anthropocene, Scientists Say," *The Guardian*, January 7, 2016, http://www.theguardian.com/environment/2016/jan/07/human-impact-has-pushed-earth-into-the-anthropocene-scientists-say.

2   Donella H. Meadows, Dennis L. Meadows, and Jorgen Randers, *Beyond the Limits: Confronting Global Collapse, Envisioning a Sustainable Future* (White River Junction: Chelsea Green, 1992).

3   Anamarie Mann and Harter Jim, "The Worldwide Employee Engagement Crisis," *Gallup Business Journal*, January 7, 2016.

4   Pope Francis, *Laudato Si: On Care for Our Common Home* (Vatican City, 2015). 翻译全文见：http://www.docin.com/p-1551491197.html. 第217段，引用前任教皇本笃十六世所言。

5   同上，第207段。

6   Riane Eisler, *The Real Wealth of Nations: Creating a Caring Economics* (San Francisco: Berrett Koehler, 2007).

7   New Economics Foundation, http://www.happyplanetindex.org/.

8   同上。

9   同上。

10   Paul Hawken, Amory Lovins, and Hunter Lovins, *Natural Capitalism: Creating the Next Industrial, Revolution* (Boston: Little, Brown & Company, 1999). 中译本：Paul Hawken, Amory Lovins, and Hunter Lovins. 自然资本论：关于下一次工业革命 [M]. 王乃粒，诸大建，龚义台，译．上海：上海科学普及出版社，2002。

11   UN Global Compact 2016—Accenture Strategy CEO Study, https://acnprod.accenture.com/us-en/insight-un-global-compact-ceo-study.

12   Jigar Shah, *Creating Climate Wealth: Unlocking the Impact Economy* (Denver: ICOSA, 2013), http://creatingclimatewealth.co/.

13   https://biomimicry.org/janine-benyus/.

14   John Fullerton, "Regenerative Capitalism: How University Principles and Patterns Will Shape Our New Economy," *Capital Institute*, 2015, http://capitalinstitute.org/wp-content/uploads/2015/04/2015-Regenerative-Capitalism-4-20-15-final.pdf.

15   Susan Arterian Chang, "The Fieldguide to Investing in a Regenerative Economy," *Capital Institute*, http://fieldguide.capitalinstitute.org/.

16   Ashok Khosla, *To Choose Our Future* (Gurugram, India: Academic Foundation, 2016).

17   Karla Wolfensen, "Coping with the Food and Agriculture Challenge: Smallholders' Agenda," *FAO*, 2013, http://www.fao.org/fileadmin/templates/nr/sustainability_pathways/docs/Coping_with_food_and_agriculture_challenge__Smallholder_s_agenda_Final.pdf.

18   Joel Salatin, "Meet the Farmer," Youtube video, post by Frank Melli, Parts 1–3, April 29, 2012, https://www.youtube.com/playlist?list=PL6C0D6709117A0049.

19   Savory Institute, "Introduction to Savory Hubs," Youtube video, 2:38, post by savoryinstitutevideo, November 13, 2012, https://www.youtube.com/watch?v=SKWeqkq6tP4.

20   Allan Savory, "How to Green the World's Deserts and Reverse Climate Change," Youtube video, 22:19, post by TED, https://www.youtube.com/watch?v=vpTHi7O66pI.

21   Tim Radford, "Stop Burning Fossil Fuels Now: There Is No CO2 Technofix," *The Guardian*, August 2, 2015; 同见 Gabe Brown, "Keys to Building a Healthy Soil," Youtube video, 58:52, post by Transcend Productions, December 8, 2014, https://www.youtube.com/watch?v=9yPjoh9YJMk.

22   Central Minnesota Sustainable Development Partnership, "A Landowner's Guide to Carbon Sequestration Credits, in Association with the Commonwealth Project," 8, http://www.cinram.umn.edu/publications/landowners_guide1.5-1.pdf.

23   Adam D. Sacks, "Putting Carbon Back into the Ground—The Way Nature Does It," Climate Code Red, March 7, 2013, http://www.climatecodered.org/2013/03/putting-carbon-back-into-ground-way.html.

24   Alex Steffen, "A Talk Given at a Conservation Meeting a Hundred Years from Now," November 3, 2015, http://www.alexsteffen.com/future_conservation_meeting_talk.

25   阿肖克·科斯拉强调, 大部分DA的影响力来自于其庞大的合作伙伴网络的努力, 这些合作伙伴通过强化自身能力建设和其他支持, 大大增加了实地活动。

26   Gunter Pauli, *The Blue Economy, Ten Years, 100 Innovations, 100 Million Jobs: A Report to the Club of Rome* (New Mexico: Paradigm Publications, 2010). 中译本: 冈特·鲍利. 蓝色经济—10年, 100项创新, 1亿个工作 [M]. 程一恒, 译. 上海: 复旦大学出版社, 2012。

27   Gunter Puli, *The Blue Economy Version 2.0: 200 Projects Implemented, US$ 4 Billion Invested, 3 Million Jobs Created* (Gurugram, India: Academic Foundation, 2015). 中译本: 冈特·鲍利. 蓝色经济2.0—200个项目落地, 40亿投资, 3百万工作 [M]. 薛林, 扈喜林, 译. 上海: 学林出版社, 2017。

28   https://ec.europa.eu/eip/agriculture/en/content/eip-agri-workshop-building-new-biomass-supply-chains-bio-based-economy.

29   关于蓝色经济的案例请见: http://www.zeri.org and http://www.TheBlueEconomy.org, 或者联系: Twitter @MyBlueEconomy.

30   Amory Lovins and Rocky Mountain Institute, *Reinventing Fire. Bold Business Solutions for the New Energy Era* (White River Junction VT: Chelsea Green, 2011), xi. 中译本: 卢安武. 重塑能源 [M]. 秦海岩, 译. 长沙: 湖南科学技术出版社, 2014。

31   Vanessa Dezem and Javiera Quiroga, "Chile Has So Much Solar Energy It's Giving It Away for Free," *Bloomberg*, June 3, 2016.

32   Tom Randall, "Fossil Fuels Just Lost the Race Against Renewables," *Bloomberg Business*, April 14, 2015, http://www.bloomberg.com/news/articles/2015-04-14/fossil-fuels-just-lost-the-race-against-renewables.

33   Paul Gilding, "Fossil Fuels are Finished—the Rest Is Just Detail," *Renew Economy*, July 13, 2015. http://reneweconomy.com.au/2015/fossil-fuels-are-finished-the-rest-is-just-detail-71574.

34   Carbon tracker and the Grantham Research Institute on Climate Change and the Environment at the LSE. Carbon Tracker and the Grantham Research Institute, "Wasted Capital and Stranded Assets," Carbon Tracker, April 19, 2013, http://www.carbontracker.org/report/unburnable-carbon-wasted-capital-and-stranded-assets/.

35   "The Big Choice," *Capital Institute*, July 19, 2011, also referring to Carbon Tracker, http://capitalinstitute.org/blog/big-choice-0/.

36   Mark Z. Jacobson et al., "100% Clean and Renewable Wind, Water, and Sunlight All-Sector Energy Roadmaps for 139 Countries of the World," *Joule Cell Press*, December 13, 2015, http://web.stanford.edu/group/efmh/jacobson/Articles/I/CountriesWWS.pdf.

37   David Coady, Ian Parry, Louis Sears, and Baoping Shang, "How Large are Global Energy Subsidies?" (IMF Working Paper WP/15/105, 2015), https://www.imf.org/external/pubs/ft/wp/2015/wp15105.pdf.

38   Anindya Uphadhyay, "Narendra Modi lures India's Top Fossil Fuel Companies to Back Solar Boom," *Live Mint*, July 22, 2016, http://www.livemint.com/Industry/n6JGIUiAK3dBZHvUxWprWO/Narendra-Modi-lures-Indias-top-fossil-fuel-companies-to-bac.html.

39   Nafeez Ahmed, "This Could Be Witnessing the Death of the Fossil Fuel Industry—Will It Take the Rest of the Economy Down with It?," April 22, 2016, http://www.alternet.org/environment/we-could-be-witnessing-death-fossil-fuel-industry-will-it-take-rest-economy-down-it.

40   Deloitte Center for Energy Solutions, "The Crude Downturn for Exploration and Production Companies: One Situation, Diverse Responses," Deloitte, 2016; See also Doug Arent, "After Paris, the Smart Bet Is on a Clean Energy Future," *Greenmoney Journal*, July/August, 2016.

41   "IBM Research Launches Project 'Green Horizon' to Help China Deliver on Ambitious Energy and Environmental Goals," IBM, January 7, 2014, http://www-03.ibm.com/press/us/en/pressrelease/44202.wss.

42   "China to Approve over 17.8GW of PV in 2015," *Bloomberg New Energy Finance*, http://about.bnef.com/landing-pages/china-approve-17-8gw-pv-2015/.

43   "China 2050 High Renewable Energy Penetration Scenario and Roadmap Study," China National Renewable Energy Centre, April 20, 2015, http://www.rff.org/Documents/Events/150420-Zhongying-ChinaEnergyRoadmap-Slides.pdf.

44   "Renewable Energy and Jobs: Annual Review 2016," International Renewable Energy Agency, 2016, http://www.irena.org/DocumentDownloads/Publications/IRENA_RE_Jobs_Annual_Review_2016.pdf.

45   Tony Seba, *Clean Disruption of Energy and Transportation: How Silicon Valley Will Make Oil, Nuclear, Natural Gas, Coal, Electric Utilities and Conventional Cars Obsolete by 2030*, 20 May 2014, https://www.amazon.com/Clean-Disruption-Energy-Transportation-Conventional/dp/0692210539?ie=UTF8&redirect=true.

46   Young Rae Kim, "A Look at McKinsey & Company's Biggest Mistakes," *Equities*, September 12, 2013, https://www.equities.com/news/a-look-at-mckinsey-company-s-biggest-mistakes.

47   Tony Seba, "How to Lose $40 Trillion," Tony Seba, June 23, 2014, http://tonyseba.com/how-to-lose-40-trillion/. 截止2015年，IEA认为这数值在2035年将达到48万亿，见 "World Needs $48 Trillion in Investment to Meet Its Energy Needs to 2035," International Energy Agency, June 3, 2014, https://www.iea.org/newsroomandevents/pressreleases/2014/june/world-needs-48-trillion-in-investment-to-meet-its-energy-needs-to-2035.html.

48   Jon C. Ogg, "Ahead of Model 3: Tesla Value for 2019 Versus Ford and GM Today," *24/7 Wall St*, March 29, 2016, http://247wallst.com/autos/2016/03/29/ahead-of-model-3-tesla-value-for-2019-versus-ford-and-gm-today/.

49   又见 UNEP and International Resource Panel, "Assessing Global Land Use: Balancing Consumption with Sustainable Supply" (report, Nairobi, 2014).

50   UNEP, "Food Systems and Natural Resources" (A Report of the Working Group on Food System of the International Resource Panel, 2016).

51   Sinan Koont, "The Urban Agriculture of Havana," *Monthly Review 60*, no. 8 (2009), available at https://monthlyreview.org/2009/01/01/the-urban-agriculture-of-havana/.

52   SRI-Rice, "The System of Crop Intensification: Agroecological Innovation for Improving Agricultural Production, Food Security, and Resilience to Climate Change," SRI International Network and Resources Center, Cornell University, and the Technical Centre for Agricultural and Rural Cooperation (CTA), Wageningen, Netherlands, 2014.

53   Norman Uphoff, "The System of Rice Intensification (SRI) as a System of Agricultural Innovation," *Jurnal Ilmu Tanah dan Lingkungan* 10, no. 1 (2008): 27–40.

54   The International Centre of Insect Physiology and Ecology (icipe), *The 'Push-Pull' Farming System: Climate-Smart, Sustainable Agriculture for Africa* (Green Ink Ltd, 2015).

55   例如 Legado; Oxfam; International Institute for Environment and Development, 见 https://www.iied.org/partnerships-coalitions.

56   Gilgai Farms website, http://www.gilgaifarms.com.au/.

57   Dean Kuipers, "Buying the Farm," Orion, July 22, 2015, https://orionmagazine.org/article/buying-the-farm/.

58   Ministry of Environment and Food, "Regierung stärkt die organische Produktion mit neuem Aktionsplan," Dänemark, 2015.

59   Herbert Girardet, *Creating Regenerative Cities* (Oxford: Routledge, 2014).

60   Kraas F. Leggewie et al., *Humanity on the Move: Unlocking the Transformative Power of Cities*, German Advisory Council on Global Change (Berlin: WBGU, 2016).

61   Abel Wolman, "The Metabolism of Cities," *Scientific American* 213, (2013): 179–90; https://en.wikipedia.org/wiki/Abel_Wolman.

62   Michael Batty, *The New Science of Cities* (Cambridge, MA: MIT Press, 2013).

63   Yoshitsugu Hayashi, Yasuhiro Suzuki, Shinji Sato, and Kenichi Tsukahara, *Disaster Resilient City: Concept and Practical Examples* (Amsterdam: Elsevier, 2016).

64   Herbert Girardet, "Regenerative Adelaide," *Solutions* 3, no. 5 (2012): 46–54, http://www.thesolutionsjournal.com/node/1153.

65   http://www.infosperber.ch/data/attachements/Girardet_Report.pdf.

66   Girardet, *Creating Regenerative Cities*.

67   https://gofossilfree.org/commitments, accessed March 13, 2017.

68   Carbon Tracker and the Grantham Initiative, "Expect the Unexpected: The Disruptive Power of Low-Carbon Technology," Carbon Tracker, February 1, 2017.

69   北方国家包括了澳大利亚和新西兰。

70   Anil Agarwal and Sunita Narain, *Global Warming in an Unequal World: A Case of Environmental Colonialism* (New Delhi: Centre for Science and Environment, 1991).

71   WBGU, *Solving the Climate Dilemma: The Budget Approach* (Berlin: WBGU, 2009).

72   Joseph Thorndike, "Refundable Carbon Tax—Not Perfect but Good Enough" *Forbes*, February 19, 2017; https://www.clcouncil.org/our-plan/.

73   转引自Tartar. Andre Tartar, "World War II Economy Is a Master Class in How to Fight Climate Change," *Bloomberg*, September 8.

74   Johan Rockström et al., "A Roadmap for Rapid Decarbonisation," *Science* 24, no. 6331, (2017): 1269–71.

75   Fridolin Krausmann et al., "Global Socioeconomic Material Stocks Rise 23-Fold over the 20th Century and Require Half of Annual Resource Use," *PNAS* 114, no. 8 (2017): 1180–85, DOI: https://doi.org/10.1073/pnas.1613773114.

76   UNEP IRP, *Resource Efficiency: Potential and Economic Implications, a Report of the International Resource Panel* (Nairobi: UNEP, 2016).

77   如，见 Ken Webster, *The Circular Economy: A Wealth of Flows*, 2nd ed. (Cowes, England: Ellen MacArthur Foundation, 2017).

78   Anders Wijkman and Kristian Skånberg, *The Circular Economy and Benefits for Society: Swedish Case Study Shows Jobs and Climate as Clear Winners* (Winterthur: Club of Rome, 2015).

79   Ernst von Weizsäcker et al., *Factor Five: Transforming the Global Economy through 80% Improvements in Resource Productivity* (London: Earthscan, 2009). 中译本：魏伯乐. 五倍级 [M]. 程一恒，等，译. 上海：格致出版社，2010。

80   本部分由卡尔森（查理）·哈格洛弗斯（Karlson "Charlie" Hargroves）、丹尼尔·康利（Daniel Conley）、奈斯托·塞克拉（Nestor Sequera）、乔舒亚·伍德（Joshua Wood）基里·吉宾斯（Kiri Gibbins）和乔治娅·格兰特（Georgia Grant）起草，他们是澳大利亚科廷大学可持续发展政策研究所（CUSP）和阿德莱德大学创业、商业化与创新中心（ECIC）的成员。

81   Julia Pyper, "To Boost Gas Mileage, Automakers Explore Lighter Cars," *Scientific American*, September 27, 2012.

82   RMI, "Reinventing Fire: Transportation Sector Methodology," Rocky Mountain Institute, 2001.

83   Peter W. G. Newman and Jeffrey R. Kenworthy, *Cities and Automobile Dependence: An Source Book* (Aldershot, UK: Gower, 1989).

84   Peter Newman and Jeffrey Kenworthy, *The End of Automobile Dependence: How Cities are Moving beyond Car-Based Planning* (Washington: Island Press, 2015).

85   H. Christopher Frey and Po-Yao Kuo, "Assessment of Potential Reductions in Greenhouse Gas (GHG) Emissions in Freight Transportation," North Carolina State University, Raleigh, NC, 2007.

86   John Dulac, "Global Land Transport Infrastructure Requirements: Estimating Road and Railway Infrastructure Capacity and Costs to 2050," International Energy Agency, 2013.

87   Felix Creutzig, "Evolving Narratives of Low-Carbon Futures in Transportation," *Transport Reviews* 36, no. 3 (2016): 341–60, DOI: https://doi.org/10.1080/01441647.2015.1079277.

88   David Souter and Jim MacNeill, "ICTs, the Internet, and Sustainability: An Interview with Jim MacNeill," The International Institute for Sustainable Development, June, 2012.

89   "Tunis Commitment," World Summit on the Information Society, Geneva 2003–Tunis 2005, November 18, 2005, paragraph 13, http://www.itu.int/wsis/docs2/tunis/off/7.html.

90   "Geneva Declaration of Principles—Building the Information Society: A Global Challenge in the New Millennium," World Summit on the Information Society, Geneva 2003–Tunis 2005, December 12, 2005, http://www.itu.int/wsis/docs/geneva/official/dop.html.

91   Martin R. Stuchtey, Per-Anders Enkvist, and Klaus Zumwinkel, *A Good Disruption: Redefining Growth in the Twenty-First Century* (London: Bloomsbury Publishing Plc, 2016).

92   例见 Aaron Dejoia and Matt Duncan, "What Is 'Precision Agriculture' and Why Is It Important?," *Soils Matter*, February 27, 2015, https://soilsmatter.wordpress.com/2015/02/27/what-is-precision-agriculture-and-why-is-it-important/.

93   Arthur J. Cordell, T. Ran Ide, Luc Soete, and Karin Kamp, *The New Wealth of Nations: Taxing Cyberspace* (Toronto: Between The Lines, 1997).

94   例见：Jathan Sadowski, "Why Silicon Valley is Embracing Universal Basic Income," *The Guardian*, June 22, 2016.

95   Adair Turner, *Between Debt and the Devil: Money, Credit and Fixing Global Finance* (Princeton: Princeton University Press, 2016).

96   这40年来，发展中国家的实际储备（储蓄）占银行债务的比例，从20%降到相当的低（仅约1%～2%）。

97   书名和出版商都尚在筹划中，感谢作者提供的材料。

98   Richard Sanders, "Sustainability—Implications for Growth, Employment and Consumption," *International Journal of Environment, Workplace and Employment* 2, no. 4 (2006): 385–401, DOI: https://doi.org/10.1504/IJEWE.2006.011757.

99   Anat Admati and Martin Hellwig, *The Bankers New Clothes: What's Wrong with Banking and What to Do about It* (Princeton: Princeton University Press, 2013).

100 Mira Tekelova, *Full-Reserve Banking: A Few Simple Changes to Banking that Could End the Debt Crisis* (London: Positive Money, 2012).

101 Jaromir Benes and Michael Kumhof, "The Chicago Plan Revisited" (IMF Working Paper, 2012).

102 James Crotty, "Structural Causes of the Global Financial Crisis: A Crtial Assessment of the 'New Finacial Architecture,'" *Cambridge Journal of Economics* 33, no. 4 (2009): 563–80, 576, DOI: https://doi.org/10.1093/cje/bep023.

103 Nicholas Shaxson, *Treasure Islands: Tax Havens and the Men Who Stole the World* (London: Vintage, 2012).

104 James S. Henry, "The Price of Offshore Revisited," Tax Justice Network, July 2012, http://www.taxjustice.net/cms/upload/pdf/Price_of_Offshore_Revisited_120722.pdf.

105 Antony Ting, "Multinational Tax Avoidance Is Still a Revenue Issue for Government," *The Conversation*, July 14, 2016, https://theconversation.com/multinational-tax-avoidance-is-still-a-revenue-issue-for-government-61674.

106 OECD, "New Steps to Strengthen Transparency in International Tax Matters: OECD Releases Guidance on the Implementation of Country-by-Country Reporting," OECD, June 29, 2016, http://www.oecd.org/tax/automatic-exchange/news/new-steps-to-strengthen-transparency-in-international-tax-matters-oecd-releases-guidance-on-the-implementation-of-country-by-country-reporting.htm.

107 Gabriel Zucman, *The Hidden Wealth of Nations: The Scourge of Tax Havens*, trans. Teresa Fagan (Chicago: University of Chicago Press, 2015), 详见 http://www.gabriel-zucman.eu.

108 Muheed Jamaldeen, *The Hidden Billions: How Tax Havens Impact Lives at Home and Abroad* (Melbourne: Oxfam, 2016), 20.

109 Ken Brown and Ianthe Jeanne Dugan, "Arthur Andersen's Fall from Grace Is a Sad Tale of Greed and Miscues," *Wall Street Journal*, June 7, 2002, http://www.wsj.com/articles/SB1023409436545200.

110 Simon Bowers, "Luxembourg Tax Files: How Tiny State Rubber-Stamped Tax Avoidance on an Industrial Scale," *The Guardian*, November 5, 2014, http://www.theguardian.com/business/2014/nov/05/-sp-luxembourg-tax-files-tax-avoidance-industrial-scale.

111 Michael West, "Oligarchs of the Treasure Islands," Michael West, July 11, 2016, http://www.michaelwest.com.au/oligarchs-of-the-treasure-islands/.

112 Kate Raworth, *Doughnut Economics: Seven Ways to Think Like a 21st-Century Economist* (London: Penguin Random House, 2017).

113 雷沃斯在她2017年4月7日的博客中发布了这本书。

114 Graeme Maxton and Jorgen Randers, *Reinventing Prosperity: Managing Economic Growth to Reduce Unemployment, Inequality, and Climate Change* (Vancouver, Canada: Greystone Books, 2016).

115 Riane Eisler, *The Real Wealth of Nations: Creating a Caring Economics* (San Francisco: Berrett Koehler, 2007).

116 Sadowski, "Why Silicon Valley is Embracing Universal Basic Income."

117 International Resource Panel, ed., *Decoupling 2. Technologies, Opportunities and Policy Options* (Nairobi: UNEP, 2014), 同见 Ernst von Weizsäcker, *Factor Five*, 313–31, Chapter 9: A Long-Term Ecological Tax Reform.

118 Lena Höglund-Isaksson and Thomas Sterner, *Innovation Effects of the Swedish NOx Charge* (Paris: OECD, 2009).

119 本节由福尔克·耶格（Volker Jäger）提供德文原稿。

120 Garrett Hardin, "The Tragedy of the Commons," *Science* 162, no. 3859 (1968): 1243–48.

121 "征收金融交易税协助公民组织"（法文 Association pour la taxation des transactions financières pour l'aide aux citoyens，缩写为 Attac）是一个活动在欧洲的组织，主要针对新自由全球化带来的后果。

122 例见 Alfie Kohn, *The Brighter Side of Human Nature: Altruism and Empathy in Everyday Life* (New York: Basic Books, 1990).

123 网上可以下载适合公司用的共利经济评估手册及表格：http://balance.ecogood.org/matrix-4-1-en/ecg-matrix-en.pdf/view.

124 Christian Felber, *Gemeinwohl-Ökonomie* (Munich: Piper, 2018), 107.

125 Charles Eisenstein, *Ökonomie der Verbundenheit* (Berlin: Scorpio, 2013); 英文版本见：http://sacred-economics.com/about-the-book/.

126 Felber, *Gemeinwohl-Ökonomie*.

127 https://de.wikipedia.org/wiki/Erste_Bank.

128 N. Gregory Mankiw, *Principles of Economics* (Fort Worth, PA: The Dryden Press, 1998).

129 Begum Erdogan, Rishi Kant, Allen Miller, and Kara Sprague, "Grow Fast or Die Slow: Why Unicorns

are Staying Private," Mckinsey & Company, May 12, 2016, http://www.mckinsey.com/industries/high-tech/our-insights/grow-fast-or-die-slow-why-unicorns-are-staying-private?

130　2014年冰岛的GDP为170.4亿美元：May 11, 2016, "Iceland GDP: 1960–2018," Trading Economics, http://www.tradingeconomics.com/iceland/gdp.

131　Giving USA, "Giving USA: Americans Donated an Estimated $358.38 Billion to Charity in 2014," Giving USA, June 29, 2015, http://givingusa.org/giving-usa-2015-press-release-giving-usa-americans-donated-an-estimated-358-38-billion-to-charity-in-2014-highest-total-in-reports-60-year-history/.

132　Giving Pledge, "Forty U.S. Families Take Giving Pledge: Billionaires Pledge Majority of Wealth to Philanthropy," Giving Pledge, September 10, 2010, http://givingpledge.org/Content/media/PressRelease_8_4.pdf.

133　Katherine Fulton, Gabriel Kasper, Barbara Kibbe, "What's Next for Philanthropy: Acting Bigger and Adapting Better in a Networked World," Monitor Institute, July 8, 2010, http://monitorinstitute.com/downloads/what-we-think/whats-next/Whats_Next_for_Philanthropy.pdf.

134　Charles Piller, Edmund Sanders, and Robyn Dixon, "Dark Clouds over Good Works of Gates Foundation," retrieved October, 3, 2010, from latimes.com/news/nationworld/nation/la-na-gatesx07.

135　Guru Focus, "Gates Foundation Buys Ecolab Inc., Goldman Sachs, Monsanto Company, Exxon Mobil Corp., Sells M&T Bank," Guru Focus, viewed October 10th, 2010 at http://www.gurufocus.com/news.php?id=104835.

136　UN PRI, "Overcoming Strategic Barriers to a Sustainable Financial System: A Consultation with Signatories on a New PRI Work Programme," Viewed May 13, 2016 at https://www.unpri.org/explore/?q=Overcoming+strategic+barriers+to+a+sustainable+financial+system.

137　http://www.naturalcapitaldeclaration.org.

138　Thomas Piketty, "La dette publique est une blague!," Reporterre, June 2, 2015, http://pressformore.com/view/la-dette-publique-est-une-blague-la-vraie-dette-est-celle-du-capital-naturel.

139　http://www.gabv.org.

140　GABV, "Global Alliance for Banking on Values: Real Economy—Real Returns: The Business Case for Sustainability Focused Banking," GABV, October 2014, http://www.gabv.org/wp-content/uploads/Real-Economy-Real-Returns-GABV-Research-2014.pdf.

141　https://thegiin.org/impact-investing/need-to-know/#s2.

142　Extel/UKSIF SRI & Sustainability Survey 2015 https://www.extelsurveys.com/Panel_Pages/PanelPagesBriefings.aspx?FileName=Extel-UKSIF_SRI_Report_2015.

143　Global Sustainable Investment Alliance, "2014 Global Sustainable Investment Review," GISA, viewed on May 14, 2016 at http://www.gsi-alliance.org/wp-content/uploads/2015/02/GSIA_Review_download.pdf.

144　Joel Bryce, Michael Drexler, and Abigail Noble, "From the Margins to the Mainstream Assessment of the Impact Investment Sector and Opportunities to Engage Mainstream Investors" (report, the World Economic Forum Investors Industries Prepared in Collaboration with Deloitte Touche

Tohmatsu, September 2013), http://www3.weforum.org/docs/WEF_II_FromMarginsMainstream_ Report_2013.pdf.

145   http://www.socialimpactinvestment.org.

146   Will Fitzpatrick and Omidyar Network, "Unlocking Pension Funds for Impact Investing," EMPEA, Feburary 5, 2016, http://empea.org/_files/listing_pages/UnlockingPensionFunds_Winter2016.pdf.

147   https://www.missioninvestors.org/news/irs-issues-notice-clarifying-treatment-of-mission-related-investments-by-private-foundations.

148   Hideki Takada and Rob Youngman, "Can Green Bonds Fuel the Low-Carbon Transition?," *OECD Insights*, April 19, 2017, See also OECD, *Mobilising Bond Markets for a Low-Carbon Transition* (Paris: OECD, 2017).

149   Charles J. Moore et al., "A Comparison of Neustonic Plastic and Zooplankton Abundance in Southern California's Coastal Waters," *Marine Pollution Bulletin* 44, no. 10 (2002): 1035–38, DOI: https://doi.org/10.1016/S0025-326X(02)00150-9.

150   Ian Allison, "R3 Connects 11 Banks to Distributed Ledger Using Ethereum and Microsoft Azure," *International Business Time*, January 20, 2016, http://www.ibtimes.co.uk/r3-connects-11-banks-distributed-ledger-using-ethereum-microsoft-azure-1539044.

151   Ida Kubiszewski et al., "Beyond GDP: Measuring and Achieving Global Genuine Progress," *Ecological Economics* 93, (2013): 57–68.

152   Components of GPI, genuineprogress website (EU): https://genuineprogress.wordpress.com/the-components-of-gpi/.

153   Kubiszewski, "Beyond GDP."

154   Robert Costanza et al., "Time to Leave GDP Behind," *Nature* 505, no. 7483 (2014): 283–85.

155   Robert Costanza, "Modelling and Measuring Sustainable Wellbeing in Connection with the UN Sustainable Development Goals," *Ecological Economics* 130, October (2016): 350–55, DOI: https://doi.org/10.1016/j.ecolecon.2016.07.009. 进一步研究，见 Lorenzo Fioramonti, *The World after GDP: Politics, Business and Society in the Post Growth Era* (Cambridge: Polity books, 2017).

156   Robert Costanza et al., "The Value of the World's Ecosystem Services and Natural Capital," *Nature* 387, no. 6630 (2016): 253–60. Robert Costanza et al., "Changes in the Global Value of Ecosystem Services," *Global Environmental Change* 26 (2014): 152–58.

157   Wealth Accounting and Valuation of Ecosystem Services (WAVES), https://www.wavespartnership.org/.

158   Intergovernmental Science-Policy Platform on Biodiversity and Ecosystem Services (IPBES), http://www.ipbes.net/; The Economics of Ecosystems and Biodiversity (TEEB), http://www.teebweb.org; and the Ecosystem Services Partnership (ESP), http://www.fsd.nl/esp.

159   Mary Kaldor, "The Idea of Global Civil Society," *International Affairs* 79, no. 3 (2003): 585.

160   历史的回顾请见 Charles Tilly, *Social Movements, 1768–2004* (Oxford: Routledge, 2004)；全球背景见 John Keane, *Global Civil Society?* (Cambridge: Cambridge University Press, 2003)。

161   Rui Fan, Jichang Zhao, Yan Chen, and Ke Xu, "Anger Is More Influential than Joy: Sentiment Correlation in Weibo," *Plos*, October 15, 2014, https://doi.org/10.1371/journal.pone.0110184.

162 Francis Fukuyama, "Social Capital, Civil Society and Development," *Third World Quarterly* 22, no. 1 (2001): 7-20.

163 http://www.planungszelle.de.

164 Petra Kuenkel and Kristiane Schaefer, "Shifting the Way We Co-create. How We Can Turn the Challenges of Sustainability into Opportunities," The Collective Leadership Institute, 2013.

165 David J. Snowden and Mary E. Boone, "A Leader's Framework for Decision Making," *Harvard Business Review*, November (2007): 69-76.

166 Petra Kuenkel, *The Art of Collective Leadership* (White River Junction, VT: Chelsea Green, 2016).

167 Petra Kuenkel, Vera Fricke, and Stanislava Cholakova, "The Common Code for the Coffee Community," in *Enhancing the Effectiveness of Sustainability Partnerships: Summary of a Workshop*, ed. Derek Volmer (Washington, D.C.: National Academies Press, 2009), 85-88.

168 World Future Council Foundation, *Global Policy Action Plan. Incentives for a Sustainable Future* (Braunschweig: Oeding Print, 2014). For more go to http://www.worldfuturecouncil.org or mail to the programme's coordinator, catherine.pearce@worldfuturecouncil.org.

169 Paul Raskin, *Journey to Earthland: The Great Transition to Planetary Civilization* (Boston: Tellus Institute, 2016), 21.

170 同上, 84-87。

171 详见 http://www.desertec.org.

172 Gerhard Knies, "Model of a Viable World for 11 Billion Humans and Future Generations" (unpublished typoscript, 2016).

173 Gerhard Knies, "Proposal to create an Intergovernmental Panel on Habitability of Earth for Humanity," IPHEH, 2017, http://www.ViableWorld.net.

174 Jo Leinen and Andreas Bummel, *Das demokratische Weltparlament: Ein kosmopolische Vision* (Bonn: Diez Verlag, 2017).

175 http://news.china.com/domestic/945/20150519/19710486.html.

176 http://www.gov.cn/zhengce/content/2015-11/17/content_10313.htm; 选择的五个城市是：内蒙古自治区呼伦贝尔市、浙江省湖州市、湖南省娄底市、贵州省赤水市、陕西省延安市。

177 "互联网＋"是2015年出现在中文里的新词汇，意为将互联网与任何传统业务相结合，并将其转变为新的商业模式。

178 中国环保部, http://www.ocn.com.cn/chanjing/201602/bndbu19094535.shtml.

179 http://zjnews.zjol.com.cn/system/2014/10/10/020294575.shtml.

180 娄永琪，刘力丹，杨文庆. 中国好设计：绿色低碳创新案例研究[M]. 北京：中国科技出版社,2016: 99-106。

181 Gunter Pauli, *Blue Economy*.

182 冈特·鲍利. 刚特生态童书[M]. 上海：学林出版社,2015-2017(全书共 360册，分成10 辑，目前已出版4辑)。

183   Weizsäcker, *Factor 5*.

184   William McDonough and Michael Braungart, *Cradle to Cradle: Remaking the Way We Make Things* (New York: North Point Press, 2002).

185   Michael Lettenmeier, Holger Rohn, Christa Liedtke, Friedrich Schmidt-Bleek, "Resource Productivity in 7 Steps: How to Develop Eco-innovative Products and Services and Improve Their Material Footprint," *Wuppertal Spezial* 41, (2009). 资源生产力 MIPS 的定义是，每单位服务投入的资源量；服务指的是产品的功效。同见菲德烈·斯密特 - 布列克. 资源就是生产力 [M]. 程一恒，译. 北京：化学工业出版社,2009。

186   被动式建筑节能标准与普通建筑节能标准区别，中国节能网,2016 年 1 月 5 日。http://news.ces.cn/jianzhu/jianzhuzhengce/2016/01/05/98843_1.shtml.

187   娄永琪，刘力丹，杨文庆. 中国好设计：绿色低碳创新案例研究 [M]. 北京：中国科技出版社,2016: 20-25.

188   John Helliwell, Richard Lay, and Jeffrey Sachs, *World Happiness Report* (New York: Sustainable Development Solutions Network, 2016).

189   Heitor Gurgulino de Souza et al., "Reflections on the Future of Global Higher Education" (report, WAAS Conference, October 21, 2013).

190   Alberto Zucconi, "Person Centered Education," *Cadmus* 2, no. 5 (2015): 59–61.

191   ISSC and UNESCO, *World Social Science Report 2013: Changing Global Environments* (Paris: OECD Publishing and UNESCO Publishing, 2013).

192   一些倡议重新思考经济理论的论述，请见：http://www.rethinkeconomics.org/, http://reteacheconomics.org/, http://www.isipe.net/, http://www.cemus.uu.se/, http://www.schumachercollege.org.uk/.

193   James W. Botkin, Mahdi Elmandjra, and Mircea Malitza, *No Limits to Learning. Bridging the Human Gap: The Report to the Club of Rome* (Oxford: Pergamon, 1979), now as e-book at Elsevier Science Direct, 2014; CoR Schools contact: Eiken Prinz, Rosenstr.2, 20095 Hamburg.

194   http://www.e4a-net.org.

词语对照表

* 本词语对照表根据英文版译出，并按汉语拼音排序，其中人名按姓氏拼音排序。

数字

2℃的目标	2℃ Target
2030议程	2030 Agenda 21
3D打印（打印机）	3D printing (printer)

A

阿德莱德	Adelaide
阿德马蒂，阿纳特	Anat Admati
阿富汗	Afghanistan
阿根廷	Argentina
阿加瓦尔，阿尼尔	Anil Agarwal
阿拉伯之春	Arab Spring
阿里巴巴	Alibaba
阿姆斯特丹	Amsterdam
阿姆斯特朗，凯伦	Karen Armstrong
阿斯伯里，安娜	Anna Asbury
阿维森纳	Avicenna
埃尔德雷奇，尼尔斯	Eldredge, Niles
埃利希，保罗	Paul Ehrlich
艾德，拉纳尔德	Ranald Ide
艾伦·麦克阿瑟基金会	Ellen MacArthur Foundation

北京	Beijing
贝丁顿零能源	Beddington Zero Energy
贝伦斯, 威廉	William Behrens
贝内什, 亚罗米尔	Jaromir Benes
贝塔斯曼	Bertelsmann
被动式建筑	Passivhaus
比尔及梅琳达·盖茨基金会	Bill and Melinda Gates Foundation
比较优势	Comparative advantages
比特税	Bit Tax
比约克曼, 托马斯	Tomas Björkman
毕马威（会计师事务所）	KPMG
避税天堂	Tax havens
表型	Phenotype
冰川时代	Ice Age
波兰	Poland
波士顿	Boston
波特兰市, 俄勒冈州	Portland
玻尔, 尼尔斯	Niels Bohr
博尔丁, 肯尼思	Kenneth Boulding
不丹	Bhutan
不可持续	Unsustainable
不确定性原理	Uncertainty relation
布朗, 彼得·G	Peter G. Brown
布雷顿森林	Bretton Woods
布林于尔松, 埃里克	Erik Brynjolfsson
布伦特兰, 格罗·哈莱姆	Gro Harlem Brundtland
布什, 乔治·W（小布什）	George W. Bush

C

才能经济	TalentNomics
曹县, 山东	Cao Xian, Shandong
查孔, 苏珊娜	Susana Chacón
长江三角洲（长三角）	Yangtse Delta
长期、长远	Long-term
超量	Overshoot
朝圣社	Mont Pèlerin Society (MPS)
成簇调控居间短回文重复序列	CRISPR Cas9
承载力	Carrying capacity
城市化	Urbanisation
城镇人口	Urban population
臭氧层破坏	Ozone depletion
除草剂	Herbicides
储蓄银行	Saving banks
创造	Creation
慈善事业	Philanthropy
次贷危机	Subprime Crisis
从摇篮到摇篮	Cradle to Cradle

D

DNA	
达尔斯滕, 乌尔夫	Ulf Dahlsten
达尔文, 查尔斯	Charles Darwin
大地母亲	Mother Earth
大过渡网	Great Transition Network (GTN)
大量	Abundance

国民幸福指数	Gross National Happiness Index
国内生产总值	Gross Domestic Product (GDP)
过度消耗	Overconsumption

H

哈马比 – 思约斯达	Hammarby-Sjöstad
哈耶克, 弗里德里希	Friedrich von Hayek
海德堡	Heidelberg
海鸟	Seabirds
海森堡, 维尔纳	Werner Heisenberg
海思威斯（公司）	Healthways
海洋	Oceans
海洋法	Law of the Sea
韩国	Korea
汉堡	Hamburg
汉森, 詹姆斯	James (Jim) Hansen
行星界限	Planetary Boundaries
豪格兰, 比约恩	Bjørn Haugland
豪斯, 迈克尔	Michael Howes
耗散结构	Dissipative structures
合成生物	Synthetic biology
和平	Peace
荷兰	The Netherlands
核冬季	Nuclear Winter
核能	Nuclear energy
核武器	Nuclear weapons
赫拉利, 尤瓦尔	Yuval Harari

可行世界的共栖模式	Cohabitation Mode of States (COHAB)
可再生（能源）	Renewable (energies)
克里斯滕森，克雷顿	Clayton Christensen
克鲁岑，保罗	Paul Crutzen
克罗斯比，内德	Ned Crosby
克尼斯，格哈德	Gerhard Knies
空旷世界	Empty world
控制性（法规）	Command and control
库毕兹夫斯基，伊达	Ida Kubiszewski
库兹威尔，雷	Ray Kurzweil
跨大西洋	Transatlantic
跨大西洋贸易与投资伙伴关系协定	Transatlantic Trade and Investment Partnership (TTIP)
跨太平洋伙伴关系协定	Trans-Pacific Parnership (TPP)
快乐星球指数	Happy Planet Index (HPI)
快速公交系统	Bus Rapid Transport
昆霍夫，麦克	Michael Kumhof

L

垃圾焚烧	Waste incineration
拉丁美洲	Latin America
拉斯金，保罗	Paul Raskin
莱布尼茨，G.W.	G.W. Leibniz
兰德斯，约恩	Jørgen Randers
兰恩，麦克	Mike Rann
蓝色经济	Blue Economy
蓝色星球奖	Blue Planet Prize

劳动生产率	Labour productivity
乐捐誓言	Giving Pledge
雷沃斯, 凯特	Kate Raworth
冷战	Cold War
李嘉图, 大卫	David Ricardo
里布瑞奇, 麦克	Liebreich, Michael
里夫金, 杰里米	Jeremy Rifkin
里根, 罗纳德	Ronald Reagan
里科塔, 亚历山大	Alexander Likhotal
里特, 阿尔弗雷德	Alfred Ritter
里约热内卢	Rio de Janeiro
利益相关者	Stakeholder
联合国	United Nations (UN)
联合国环境规划署	United Nations Environment Programme (UNEP)
联合国教科文组织	United Nations Educational, Scientific, and Clutural Oranization (UNESCO)
联合国可持续发展教育十年	UN Decade of Education for Sustainable Development (UNDESD)
联合国粮食及农业组织	UN Food and Agriculture Organization (FAO)
联合国贸易与发展会议	The United Nations Conference on Trade and Development (UNCTAD)
联合国人口基金会	United Nations Population Fund (UNFPA)
联合国责任投资原则	Principles of Responsible Investing (UN PRI)
脸书	Facebook
列塔尔, 伯纳德	Bernard Lietaer
林格, 雷托	Reto Ringger
林奈	K. von Linnaeus

磷	Phosphorus
零排放研究计划	Zero Emissions Research Initiative (ZERI)
龙虾	Lobsters
卢安武	Amory Lovins
卢梭，让·雅克	Jean Jacques Rousseau
鲁世德，伊本	Ibn Rušd
路易西，皮尔·路易吉	Pier Luigi Luisi
伦敦	London
罗马俱乐部学校	Club of Rome Schools
罗姆，乔	Joe Romm
罗萨斯·西科塔，霍安	Joan Rosàs Xicota
罗斯福，富兰克林	Franklin Roosevelt
罗兹瓦尼，乔治	George Rozvany
洛福洛克，詹姆斯	James Lovelock
洛克，约翰	John Locke
洛克菲勒（基金会）	Rockefeller
洛克夫，休	Hugh Rockoff
洛克斯特伦，约翰	Johan Rockström
洛文斯，亨特·L	Hunter L. Lovins
洛希尔公园太阳能示范村	Lochiel Park Solar
绿带运动	Green Belt Movement
绿色和平（组织）	Greenpeace
绿色建筑	Green Buildings
绿色增长	Green Growth
绿色债券	Green Bonds

M

面对未来的素养	Futures literacy
民粹主义	Populism/populist
民间社会组织	Civil society organizations, CSO's
民主	Democracy
摩尔定律	Moore's law
蘑菇	Mushrooms
墨尔本	Melbourne
墨西哥	Mexico
墨西哥城	Mexico City
默里, 席拉	Sheila Murray

N

纳拉因, 苏妮塔	Sunita Narain
纳帕, 加利福尼亚州	Napa, California
南方国家 (发展中国家)	South (global)
南京, 中国	Nanjing, China
南苏丹	South Sudan
南希, 法国	Nancy
难民	Refugees
内在风险	Existential risks
能源效率	Energy efficiency
能源转型	Energy transition
尼泊尔	Nepal
《尼各马可伦理学 》	*Nicomachean Ethics*
尼加瓜拉	Nicaragua
尼罗河三角洲	Nile River Delta
鸟	Birds

皮乐, C	C. Piller
皮诺切特, 奥古斯都	Augusto Pinochet
贫困	Poverty
贫困指数	Poverty Index
平衡	Balance
评级机构	Rating agencies
苹果 (公司)	Apple
珀斯	Perth
普华永道 (会计事务所)	PwC
普世教会协会	World Council of Churches (WCC)

Q

栖息地III (大会)	Habitat III
栖息地丧失	Habitat losses
奇点	Singularity
启蒙	Enlightenment
气候变化	Climate change
乔万尼尼, 恩里科	Enrico Giovannini
切尔诺贝利核事故	Chernobyl disaster
侵蚀、科技和浓度小组	Erosion, Technology and Concentration (ETC) group
区块链	Blockchain
全部成本	Full cost (pricing)
全球变暖	Global warming
全球关税保护协定	Global Agreement on Tariffs and Trade (GATT)
全球化	Globalisation

森林砍伐	Deforestation
沙漠	Desertec
沙特阿拉伯	Saudi Arabia
熵	Entropy
上海, 中国	Shanghai, China
舍尔胡伯, 约翰	John Schellnhuber
社交媒体	Social media
生活经济	Living Economy
生命周期分析	Life-cycle analysis
生态城市	Ecopolis
生态设计指令	Eco-design directive
生态文明	Eco-civilization
生态系统服务	Ecosystem services
生态系统和生物多样性经济小组	The Economics of Ecosystems and Biodiversity (TEEB)
生态足迹	Ecological footprint
生物城市	Biopolis
生物多样性	Biodiversity
生物多样性公约	Convention on Biological Diversity (CBD)
生物精炼	Biorefinery
生态承载力	Biocapacity
生育率	Fertility rate
失业	Unemployment
施塔尔, 瓦尔特	Walter Stahel
"十三五"计划	13th Five Year Plan
石油	Oil
石油输出国组织	OPEC

苏联	Soviet Union
苏州, 中国	Suzhou, China
塑料垃圾	Plastic waste
所罗门, 苏珊	Susan Solomon
索马里	Somalia
STEM 教育	Science, technology, engineering, and mathematics (STEM)

T

太阳能	Solar energy
泰勒, 弗雷德里克	Frederick Taylor
泰勒斯研究院	Tellus Institute
碳汇	Carpools
碳排放价格	Carbon pricing
碳预算方法	Carbon budget approach
碳中和	Carbon-neutral
淘宝	Taobao
特朗普, 唐纳德	Donald Trump
特纳, 阿代尔	Adair Turner
特纳, 格雷厄姆	Graham Turner
特斯拉	Tesla
滕州市, 山东	Teng Xian, Shandong
替代方案公司	Development Alternatives (DA)
天然气	Gas
甜甜圈经济	Doughnut Economics
廷德尔气候变化研究中心	Tyndall Centre
通用汽车	General Motors

维拉曼特雷，克里斯多夫·格里高利	C.G. Weeramantry
维也纳	Vienna
委内瑞拉	Venezuela
卫报	*The Guardian*
未来的分类	Taxonomy of the Future
温哥华	Vancouver
温室气体排放	Greenhouse gas (GHG) emissions
文化变革	Cultural revolution
文盲	Illiteracy
问题	Problematique
乌拉圭回合	Uruguay Round
污染	Pollution
无人驾驶汽车	Driverless car
无条件的基本收入	Unconditional basic income
无形的手	Invisible hand
《五要素》	*Factor Five*
物种灭绝	Species extinction

X

西班牙	Spain
西方价值观	Western values
希腊	Greece
系统理论	Systems theory
夏莫，奥托	Otto Scharmer
闲置碳资产	Stranded assets
现存风险研究中心	Centre for the study of existential risks (CSER)

《易经》	*I Ching*
伊拉斯谟	Erasmus von Rotterdam
伊斯兰教	Islam, Islamic
伊斯兰生态与环境科学基金会	EcoIslam
以太坊	Ethereum
议程	Agenda
抑制	Suppression
易洛魁联盟	Iroquois Confederacy
意大利	Italy
阴阳	Yin and Yang
银行业	Banking
印度	India
印度教	Hinduism
英格兰	England
英格兰银行	Bank of England
英国	Britain
英国脱欧	Brexit
英国	United Kingdom (UK)
影响力投资	Impact investing
影子银行	Shadow banking
应声虫	Echo chambers
拥挤世界	Full World
优步	Uber
尤努斯，穆罕默德	Muhammad Yunus
犹太教	Judaism
有毒化学物质	Toxic chemicals
预防	Precautionary

仲裁机构	Tribunal
众筹	Crowd funding
珠江三角洲	Zhujiang Delta
主权	Sovereignty
专业化	Specialization
转折点	Tipping points
赚钱	Money creation
资本主义	Capitalism
资源生产力	Resource productivity
自创生	Autopoiesis
自然资本主义	Natural Capitalism
自由化	Liberalization
尊严	Dignity

感谢语

这份报告由多人合作而成，作为主笔，我们非常感谢与我们共事的合作者，如果没有他们宝贵的贡献，我们会感到茫然。他们分别贡献了以下章节的初稿：

诺拉·贝特森（Nora Bateson, 2.7 部分内容），玛莉亚娜·波泽桑（Mariana Bozesan, 3.13），程一恒（3.17.1），赫曼·戴利（1.12 和 2.6.2），拉斯·恩格哈特（Lars Engelhard, 3.13 部分内容），赫比·吉拉德特（1.7.2 和 3.6），玛娅·葛培尔（Maja Göpel, 1.1 及三部分的间奏），盖里·雅各布与海托·古力诺·德·索萨（Garry Jacobs and Heitor Gurgulino de Souza, 2.8 和 3.18），福尔克·耶格与克里斯蒂安·费尔伯（3.12.4），卡尔森（查理）·哈格洛弗斯（Karlson "Charlie" Hargroves, 3.9），林良嗣（3.6.3），汉斯·黑伦（Hans Herren, 1.8 和 3.5），凯伦·希格斯（Kerryn Higgs, 1.9 和 3.11，及其他数小节），阿肖克·科斯拉（3.2），格哈德·克尼斯（3.16.3），大卫·克里格（1.6.2），伊达·库毕兹夫斯基与罗伯特·科斯坦扎（3.14 以及 1.12 部分内容），佩特拉·金克尔（3.15），乌尔里希·乐宁（Ulrich Loening, 2.6 及 2.7 的重要评论），亨特·洛文斯（3.1，以及 1.6 和 3.4 的部分内容），马光明（2.5 和 3.12.2），冈特·鲍利（3.3），罗伯托·佩切伊（前言、第二部分及结构），乔根·兰德斯（2.5 和 3.12.2），凯特·雷沃斯（3.12.1），阿尔弗雷德·里特（Alfred Ritter, 3.5 部分内容），霍安·罗萨斯·西科塔（3.11 和 1.1.2 的重要评论），阿格尼·维拉维阿诺斯·阿凡尼提斯（3.6 部分内容），马提斯·瓦科纳格尔（Mathis Wackernagel, 1.10 部分内容）。作为主笔，我们对这些章节稍加修改，以使本书在内容和文风上保持一致。

我们还要感谢凯伦·希格斯（Kerryn Higgs）、曼菲拉·兰菲尔（Mamphela Ramphele）、乔根·兰德斯、亚历山大·里科塔、乌尔里希·乐宁、大卫·科腾、伊雷妮·舍内（Irene Schoene）、马提斯·瓦科纳格尔、雅各布·冯·怀兹泽科（Jakob von Weizsäcker）对初稿的审阅、建议和修改；苏珊娜·查孔（Susana Chacón）和彼得·维克托的口头建议；薇莱娜·赫默林迈尔（Verena Hermelingmeier）与主笔们共同在主要章节上做的文句修饰；安娜·墨菲（Anna Murphy）制作的精美插图，汉斯·克里奇默（Hans Kretschmer）监督了插图的质量并确认使用许可事宜。

英文版文字上的润色尤其要感谢霍莉·德莱塞（Holly Dressel），她提高了本书的可读性。我们也感谢丹尼尔·本尼迪克特·施密特（Daniel Benedikt Schmidt）的德文版初译，黑尔格·伯克（Helge Bork）所做的德文对应注解，以及乌多·凯勒基金会（Udo Keller Stiftung）人文论坛提供的酬金。

此外，本书得以从想法到实现，我们还要感谢主要的赞助者瑞特斯波德巧克力公司的阿尔弗雷德·里特，以及博世基金会（Robert Bosch Foundation）的部分赞助。

魏伯乐（Ernst Ulrich von Weizsäcker）和
安德斯·维杰克曼（Anders Wijkman）
罗马俱乐部联合主席
2017年6月

图书在版编目（CIP）数据

翻转极限：生态文明的觉醒之路 / (德) 魏伯乐,
(瑞典) 安德斯·维杰克曼编著；程一恒译. -- 上海：
同济大学出版社, 2018.11
　　（一点设计）
　　ISBN 978-7-5608-8184-3

Ⅰ.①翻... Ⅱ.①魏... ②安... ③程... Ⅲ.①生态文
明—研究 Ⅳ.①X24

中国版本图书馆CIP数据核字(2018)第225081号

翻转极限：生态文明的觉醒之路

[德] 魏伯乐 [瑞典] 安德斯·维杰克曼 编著 程一恒 译

出 品 人：华春荣
责任编辑：袁佳麟
特约编辑：马谨 谢怡华 周慧琳
装帧设计：杜晓君
内文设计：胡佳颖
责任校对：徐春莲
出版发行：同济大学出版社
地址：上海市杨浦区四平路1239号
邮政编码：200092
网址：http://www.tongjipress.com.cn
经销：全国各地新华书店
版次：2018年11月第1版
印次：2018年11月第1次印刷
印刷：上海安兴汇东纸业有限公司
开本：889mm×1194mm 1/32
印张：11
字数：296 000
书号：ISBN 978-7-5608-8184-3
定价：78.00 元

本书由2018年上海市设计学Ⅳ类高峰学科资助出版。